|2025年版|

二级造价工程师职业资格考试辅导教材

建设工程造价管理
基础知识

广东省工程造价协会 ◎ 编

中国建筑工业出版社

图书在版编目（CIP）数据

建设工程造价管理基础知识 / 广东省工程造价协会
编. -- 北京：中国建筑工业出版社, 2024. 12.
(2025 年版二级造价工程师职业资格考试辅导教材).
ISBN 978-7-112-30698-5

Ⅰ. TU723.3

中国国家版本馆 CIP 数据核字第 2024EZ6127 号

责任编辑：张智芊　周娟华
责任校对：赵　菲

2025 年版二级造价工程师职业资格考试辅导教材
建设工程造价管理基础知识
广东省工程造价协会　编

*

中国建筑工业出版社出版、发行（北京海淀三里河路 9 号）
各地新华书店、建筑书店经销
国排高科（北京）人工智能科技有限公司制版
北京云浩印刷有限责任公司印刷

*

开本：787 毫米×1092 毫米　1/16　印张：19 ½　字数：376 千字
2025 年 1 月第一版　　2025 年 1 月第一次印刷
定价：**88.00** 元
ISBN 978-7-112-30698-5
（44416）

本书编审委员会

主　　编：张红霞　李卫平　龙星宇

主　　审：卢立明　许锡雁

参 编 人（按姓氏笔画排序）：

丁　洁　卢春燕　卢集富　付兴华　白晓敏　冯美欣

朱延锋　任萍萍　许楚阳　肖娟丽　陈丹丹　范学清

郑丽文　孟　阳　钟惠华　徐雄峰　黄佳敏　蔡建原

管学锋

审 核 人（按姓氏笔画排序）：

王　军　王　巍　丘　文　朱俊乐　刘运平

苏惠宁　杨　玲　张艳平　陈金海　陈曼文

查世伟　顾伟传　高　峰　黎华权

主编单位：广东省工程造价协会

广东省吉光工程咨询有限公司

广东省国际工程咨询有限公司

参编单位（排名不分先后）：

广东立真工程项目咨询有限公司

河源市振丰工程造价咨询有限公司

广东华建工程咨询有限公司

广州穗科建设管理有限公司

工程造价管理是一门不断发展并具有广阔前景的学科，它涵盖了工程项目的经济规划、成本控制、效益评估等多个关键环节，对于推动建筑行业的可持续发展具有重要的意义。自造价工程师职业资格制度建立以来，工程造价行业呈现出蓬勃发展的良好态势，工程建设各方均对造价工程师的专业作用给予了高度重视。随着科技的飞速进步和建筑行业的持续革新，大数据、云计算、人工智能等先进技术的广泛应用，使得工程造价管理更加注重数字化、智能化和精细化的管理。

为积极响应国家职业资格制度改革的要求，培养符合新时代要求的造价工程师，帮助造价从业人员学习掌握二级造价工程师职业资格考试的内容和要求，广东省工程造价协会根据住房和城乡建设部、交通运输部、水利部、人力资源和社会保障部联合印发的《造价工程师职业资格制度规定》和《造价工程师职业资格考试实施办法》（建人〔2018〕67号），以及2019年《全国二级造价工程师职业资格考试大纲》的要求，编写广东省二级造价工程师职业资格考试辅导参考教材《建设工程计量与计价实务（土木建筑工程）》《建设工程计量与计价实务（安装工程）》《建设工程造价管理基础知识》。

本系列教材的编写，旨在辅助我省二级造价工程师考生备考学习和促进我省工程造价从业人员职业水平和能力的提升。教材严格按照二级造价工程师职业资格考试大纲要求和有关工程造价管理的法律法规和政策规定进行编写，内容涵盖工程造价管理的基础知识、工程计量与计价实务等多个方面，力求体现行业新发展要求和二级造价工程师职业资格考试特点，使读者能够及时了解行业最新发展动态，掌握前沿技术知识，并快速全面掌握考试所需的知识点和技能。教材在注重理论知识传授的同时，还通过思维导图、大量案例分析、图表展示和习题实战演练，指导读者将所学知识应用于实际工作中，提升实践操作能力。

本系列教材可面向参加二级造价工程师职业资格考试的考生，也可作为高等院校工程管理、土木工程等相关专业师生的教学参考书，同时也是建筑行业从业人员自我提升的专业资料。

在教材编写过程中，参阅和引用了许多专家学者的著作、论文等，在此表示衷心感谢！

由于编写时间有限，书中难免存在不妥之处，敬请广大读者提出宝贵意见和建议。

目　录
CONTENTS

第**1**章

工程造价管理相关法律法规与制度

本章提示

掌握 建筑许可；建筑工程的发包与承包；建设单位、施工单位的质量责任和义务；造价工程师行为准则。

熟悉 招标；投标；合同订立；合同效力；合同履行；造价工程师执业管理。

了解 政府定价行为；工程造价咨询资质管理制度。

知识体系

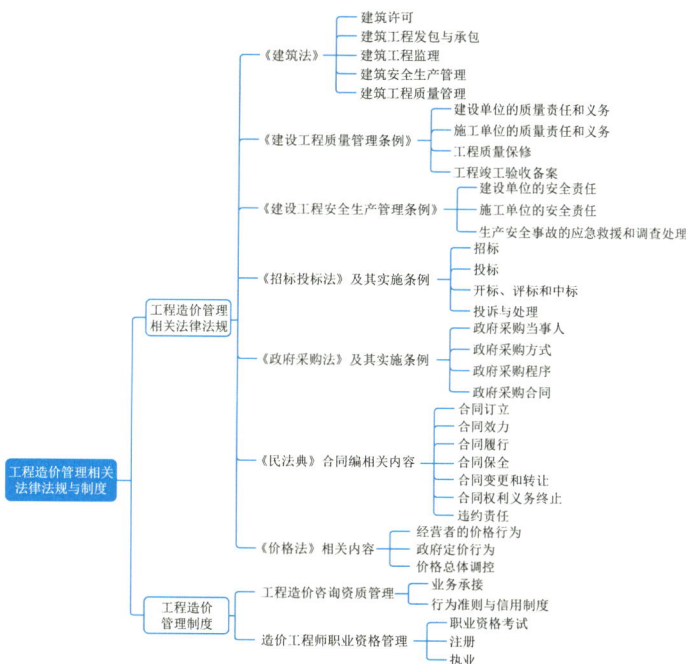

第1节　工程造价管理相关法律法规

工程造价管理相关的法律主要有：《中华人民共和国建筑法》（2019年4月23日第二次修订，以下简称《建筑法》）、《中华人民共和国招标投标法》（2017年12月27日修订，以下简称《招标投标法》）、《中华人民共和国政府采购法》（2014年8月31日颁布，以下简称《政府采购法》）、《中华人民共和国民法典》（2021年1月1日施行，以下简称《民法典》）和《中华人民共和国价格法》（1997年12月29日颁布，以下简称《价格法》）。

工程造价管理相关行政法规主要有：《建设工程质量管理条例》（2019年4月23日第二次修订）、《建设工程安全生产管理条例》（2003年11月24日颁布）、《中华人民共和国招标投标法实施条例》（2019年3月2日第三次修订，以下简称《招标投标法实施条例》）和《中华人民共和国政府采购法实施条例》（2015年1月30日颁布，以下简称《政府采购法实施条例》）。

1.1.1 《建筑法》及相关条例

1.《建筑法》相关内容

1）建筑许可

建筑许可包括建筑工程施工许可和从业资格两方面。

（1）建筑工程施工许可。建筑工程开工前，建设单位应当按照国家有关规定向工程所在地县级以上人民政府建设行政主管部门申请领取施工许可证，按照国务院规定的权限和程序批准开工报告的建筑工程，不再领取施工许可证。

①申请领取施工许可证的条件。申请领取施工许可证，应当具备如下条件：

a. 已经办理该建筑工程用地批准手续。

b. 依法应当办理建设工程规划许可证的，已经取得建设工程规划许可证。

c. 需要拆迁的，其拆迁进度符合施工要求。

d. 已经确定建筑施工企业。

e. 有满足施工需要的资金安排、施工图纸及技术资料。

f. 有保证工程质量和安全的具体措施。

建设行政主管部门应当自收到申请之日起7日内，对符合条件的申请颁发施工许可证。

②施工许可证的有效期限。建设单位应当自领取施工许可证之日起 3 个月内开工。因故不能按期开工的，应当向发证机关申请延期；延期以两次为限，每次不超过 3 个月。既不开工又不申请延期或者超过延期时限的，施工许可证自行废止。

③中止施工和恢复施工。在建的建筑工程因故中止施工的，建设单位应当自中止施工之日起 1 个月内，向发证机关报告，并按照规定做好建筑工程的维护管理工作。

建筑工程恢复施工时，应当向发证机关报告；中止施工满 1 年的工程恢复施工前，建设单位应当报发证机关核验施工许可证。

按照国务院有关规定批准开工报告的建筑工程，因故不能按期开工或者中止施工的，应当及时向批准机关报告情况。因故不能按期开工超过 6 个月的，应当重新办理开工报告的批准手续。

（2）从业资格。包括企业资质和专业技术人员资格。

从事建筑活动的建筑施工企业、勘察单位、设计单位和工程监理单位，应当具备下列条件：

①有符合国家规定的注册资本。

②有与其从事的建筑活动相适应的具有法定执业资格的专业技术人员。

③有从事相关建筑活动所应有的技术装备。

④法律、行政法规规定的其他条件。

a. 企业资质。从事建筑活动的建筑施工企业、勘察单位、设计单位和工程监理单位，按照其拥有的注册资本、专业技术人员、技术装备和已完成的建筑工程业绩等资质条件，划分为不同的资质等级，经资质审查合格，取得相应等级的资质证书后，方可在其资质等级许可的范围内从事建筑活动。

b. 专业技术人员资格。从事建筑活动的专业技术人员，应当依法取得相应的执业资格证书，并在执业资格证书许可的范围内从事建筑活动。

2）建筑工程发包与承包

（1）一般规定。

①订立书面合同。建筑工程的发包单位与承包单位应当依法订立书面合同，明确双方的权利和义务。发包单位和承包单位应当全面履行合同约定的义务。不按照合同约定履行义务的，依法承担违约责任。

②建筑工程造价。建筑工程造价应当按照国家有关规定，由发包单位与承包单位在合同中约定。公开招标发包的，其造价的约定应当遵守招标投标法律的规定。发包单位应当按照合同的约定，及时拨付工程款项。

（2）建筑工程发包。

①发包方式。建筑工程依法实行招标发包，对不适于招标发包的可以直接发包。建筑工程实行招标发包的，发包单位应当将建筑工程发包给依法中标的承包单位。建筑工程实行直接发包的，发包单位应当将建筑工程发包给具有相应资质条件的承包单位。政府及其所属部门不得滥用行政权力，限定发包单位将招标发包的建筑工程发包给指定的承包单位。

②禁止行为。提倡对建筑工程实行总承包，禁止将建筑工程肢解发包。建筑工程的发包单位可以将建筑工程的勘察、设计、施工、设备采购一并发包给一个工程总承包单位。但是，不得将应当由一个承包单位完成的建筑工程肢解成若干部分发包给几个承包单位。按照合同约定，建筑材料、建筑构配件和设备由工程承包单位采购的，发包单位不得指定承包单位购入用于工程的建筑材料、建筑构配件和设备或者指定生产厂、供应商。

（3）建筑工程承包。

①承包资质。承包建筑工程的单位应当持有依法取得的资质证书，并在其资质等级许可的业务范围内承揽工程。禁止建筑施工企业超越本企业资质等级许可的业务范围或者以任何形式用其他建筑施工企业的名义承揽工程。禁止建筑施工企业以任何方式允许其他单位或个人使用本企业的资质证书、营业执照，以本企业的名义承揽工程。

②联合承包。大型建筑工程或结构复杂的建筑工程，可以由两个以上的承包单位联合共同承包。共同承包的各方对承包合同的履行承担连带责任。两个以上不同资质等级的单位实行联合共同承包的，应当按照资质等级低的单位的业务许可范围承揽工程。

③工程分包。建筑工程总承包单位可以将承包工程中的部分工程发包给具有相应资质条件的分包单位。但是，除总承包合同中已约定的分包外，必须经建设单位认可。施工总承包的，建筑工程主体结构的施工必须由总承包单位自行完成。建筑工程总承包单位按照总承包合同的约定对建设单位负责；分包单位按照分包合同的约定对总承包单位负责。总承包单位和分包单位就分包工程对建设单位承担连带责任。

④禁止行为。禁止承包单位将其承包的全部建筑工程转包给他人，或将其承包的全部建筑工程肢解后以分包的名义分别转包给他人。禁止总承包单位将工程分包给不具备资质条件的单位。禁止分包单位将其承包的工程再分包。

3）建筑工程监理

国家推行建筑工程监理制度。国务院可以规定实行强制监理的建筑工程的范围。

实行监理的建筑工程，由建设单位委托具有相应资质条件的工程监理单位监理。建设单位与其委托的工程监理单位应当订立书面委托监理合同。建筑工程监理应当依照法律、行政法规及有关的技术标准、设计文件和建筑工程承包合同，对承包单位在施工质量、建设工期和建设资金使用等方面，代表建设单位实施监督。实施建筑工程监理前，建设单位应当将委托的工程监理单位、监理的内容及监理权限，书面通知被监理的建筑施工企业。

工程监理单位应当在其资质等级许可的监理范围内，承担工程监理业务。工程监理单位应当根据建设单位的委托，客观、公正地执行监理任务。工程监理单位不得转让工程监理业务。

4）建筑安全生产管理

建筑工程安全生产管理必须坚持"安全第一、预防为主"的方针，建立健全安全生产的责任制度和群防群治制度。

建筑工程设计应当符合按照国家规定制定的建筑安全规程和技术规范，保证工程的安全性能。建筑施工企业在编制施工组织设计时，应当根据建筑工程的特点制定相应的安全技术措施；对专业性较强的工程项目，应当编制专项安全施工组织设计，并采取安全技术措施。

建筑施工企业应当在施工现场采取维护安全、防范危险、预防火灾等措施；有条件的，应当对施工现场实行封闭管理。施工现场对毗邻的建筑物、构筑物和特殊作业环境可能造成损害的，建筑施工企业应当采取安全防护措施加以保护。

施工现场安全由建筑施工企业负责。实行施工总承包的，由总承包单位负责。分包单位向总承包单位负责，服从总承包单位对施工现场的安全生产管理。建筑施工企业应当依法为职工参加工伤保险缴纳工伤保险费。鼓励企业为从事危险作业的职工办理意外伤害保险，支付保险费。

涉及建筑主体和承重结构变动的装修工程，建设单位应当在施工前委托原设计单位或者具有相应资质条件的设计单位提出设计方案；没有设计方案的，不得施工。房屋拆除应当由具备保证安全条件的建筑施工单位承担，由建筑施工单位负责人对安全负责。

5）建筑工程质量管理

建设单位不得以任何理由要求建筑设计单位或建筑施工单位违反法律、行政法规和建筑工程质量、安全标准，降低工程质量，建筑设计单位和建筑施工单位应当拒绝建设单位的此类要求。

建筑工程的勘察、设计单位必须对其勘察、设计的质量负责。勘察、设计文件应当符合有关法律、行政法规的规定和建筑工程质量、安全标准，建筑工程勘察、设计技术规范以及合同的约定。设计文件选用的建筑材料、建筑构配件和设备，应当注明其规格、型号、性能等技术指标，其质量要求必须符合国家规定的标准。建筑设计单位对设计文件选用的建筑材料、建筑构配件和设备，不得指定生产厂、供应商。

建筑施工企业对工程的施工质量负责。建筑施工企业必须按照工程设计图纸和施工技术标准施工，不得偷工减料。工程设计的修改由原设计单位负责，建筑施工企业不得擅自修改工程设计。建筑施工企业必须按照工程设计要求、施工技术标准和合同的约定，对建筑材料、建筑构配件和设备进行检验，不合格的不得使用。

建筑工程竣工经验收合格后，方可交付使用；未经验收或验收不合格的，不得交付使用。交付竣工验收的建筑工程，必须符合规定的建筑工程质量标准，有完整的工程技术经济资料和经签署的工程保修书，并具备国家规定的其他竣工条件。

建筑工程实行质量保修制度。保修期限应当按照保证建筑物合理寿命年限内正常使用，维护使用者合法权益的原则确定。

2.《建设工程质量管理条例》相关内容

《建设工程质量管理条例》明确了建设单位、勘察单位、设计单位、施工单位、工程监理单位的质量责任和义务，以及工程质量保修期限。

1）建设单位的质量责任和义务

（1）工程发包。建设单位应当将工程发包给具有相应资质等级的单位。建设单位不得将建设工程肢解发包。

（2）采购招标。建设单位应当依法对工程建设项目的勘察、设计、施工、监理以及与工程建设有关的重要设备、材料等的采购进行招标。建设工程发包单位不得迫使承包方以低于成本的价格竞标，不得任意压缩合理工期；建设单位不得明示或者暗示设计单位或者施工单位违反工程建设强制性标准，降低建设工程质量。

（3）采购建材设备。按照合同约定，由建设单位采购建筑材料、建筑构配件和设备的，建设单位应当保证建筑材料、建筑构配件和设备符合设计文件和合同要求。建设单位不得明示或者暗示施工单位使用不合格的建筑材料、建筑构配件和设备。

（4）建立与移交项目档案。建设单位应当严格按照国家有关档案管理的规定，及时收集、整理建设项目各环节的文件资料，建立健全建设项目档案，并在建设工程竣工验收后，及时向建设行政主管部门或者其他有关部门移交建设项目档案。

2）施工单位的质量责任和义务

（1）质量责任。施工单位对建设工程的施工质量负责。施工单位应当建立质量责任制，确定工程项目的项目经理、技术负责人和施工管理负责人。施工单位还应当建立、健全教育培训制度，加强对职工的教育培训；未经教育培训或者考核不合格的人员，不得上岗作业。

施工单位必须按照工程设计图纸和施工技术标准施工，不得擅自修改工程设计，不得偷工减料。施工单位在施工过程中发现设计文件和图纸有差错的，应当及时提出意见和建议。

（2）质量检验。施工单位必须按照工程设计要求、施工技术标准和合同约定，对建筑材料、建筑构配件、设备和商品混凝土进行检验，检验应当有书面记录和专人签字；未经检验或者检验不合格的，不得使用。施工单位必须建立、健全施工质量的检验制度，严格工序管理，做好隐蔽工程的质量检查和记录；对施工中出现质量问题的建设工程或者竣工验收不合格的建设工程，应当负责返修。

3）工程质量保修

建设工程实行质量保修制度。建设工程承包单位在向建设单位提交工程竣工验收报告时，应当向建设单位出具质量保修书。质量保修书中应当明确建设工程的保修范围、保修期限和保修责任等。建设工程的保修期，自竣工验收合格之日起计算。在正常使用条件下，建设工程最低保修期限为：

（1）基础设施工程、房屋建筑的地基基础工程和主体结构工程，为设计文件规定的该工程合理使用年限。

（2）屋面防水工程、有防水要求的卫生间、房间和外墙面的防渗漏，为 5 年。

（3）供热与供冷系统，为 2 个供暖期、供冷期。

（4）电气管道、给水排水管道、设备安装和装修工程，为 2 年。其他工程的保修期限由发包方与承包方约定。

4）工程竣工验收备案

建设单位应当自建设工程竣工验收合格之日起 15 日内，将建设工程竣工验收报告和规划、公安消防、环保等部门出具的认可文件或者准许使用文件报建设行政主管部门或者其他有关部门备案。

3.《建设工程安全生产管理条例》相关内容

《建设工程安全生产管理条例》明确了建设单位、勘察单位、设计单位、施工单位、工程监理单位及其他与建设工程安全生产有关单位的安全生产责任，并规定了生产安全事故的应急救援和调查处理事宜。

1）建设单位的安全责任

建设单位应当向施工单位提供施工现场及毗邻区域内供水、排水、供电、供气、供热、通信、广播电视等地下管线资料，气象和水文观测资料，相邻建筑物和构筑物、地下工程的有关资料，并保证资料的真实、准确、完整。

建设单位不得对勘察、设计、施工、工程监理等单位提出不符合建设工程安全生产法律、法规和强制性标准规定的要求；不得压缩合同约定的工期；不得明示或者暗示施工单位购买、租赁、使用不符合安全施工要求的安全防护用具、机械设备、施工机具及配件、消防设施和器材。

建设单位在编制工程概算时，应当确定建设工程安全作业环境及安全施工措施所需费用；在申请领取施工许可证时，应当提供建设工程有关安全施工措施的资料。

2）施工单位的安全责任

（1）安全生产责任制度。施工单位主要负责人依法对本单位的安全生产工作全面负责。施工单位应当建立健全安全生产责任制度和安全生产教育培训制度，制定安全生产规章制度和操作规程，保证本单位安全生产条件所需资金的投入，对所承担的建设工程进行定期和专项安全检查，并做好安全检查记录。

（2）安全生产管理费用。施工单位对列入建设工程概算的安全作业环境及安全施工措施所需费用，应当用于施工安全防护用具及设施的采购和更新、安全施工措施的落实、安全生产条件的改善，不得挪作他用。

（3）施工现场安全管理。施工单位应当设立安全生产管理机构，配备专职安全生产管理人员。专职安全生产管理人员负责对安全生产进行现场监督检查。发现安全事故隐患，应当及时向项目负责人和安全生产管理机构报告；对违章指挥、违章操作应当立即制止。

（4）安全生产教育培训。施工单位的主要负责人、项目负责人、专职安全生产管理人员应当经建设行政主管部门或者其他有关部门考核合格后方可任职。垂直运输机械作业人员、安装拆卸工、爆破作业人员、起重信号工、登高架设作业人员等特种作业人员，必须按照国家有关规定经过专门的安全作业培训，并取得特种作业操作资格证书后，方可上岗作业。

（5）安全技术措施和专项施工方案。施工单位应当在施工组织设计中编制安全技术措施和施工现场临时用电方案，对下列达到一定规模的危险性较大的分部分项工程编制专项施工方案，并附安全验算结果，经施工单位技术负责人、总监理工程师签字后实施，由专职安全生产管理人员进行现场监督：①基坑支护与降水工程；②土方开挖工程；③模板工程；④起重吊装工程；⑤脚手架工程；⑥拆除、爆破工程；⑦国务院建设行政主管部门或者其他有关部门规定的其他危险性较大的工程。

上述所列工程中涉及深基坑、地下暗挖工程、高大模板工程的专项施工方案，施工单位还应当组织专家进行论证、审查。

建设工程施工前，施工单位负责项目管理的技术人员应当对有关安全施工的技术要求向施工作业班组、作业人员作出详细技术交底，并经双方签字确认。

（6）施工现场安全防护。施工单位应当在施工现场入口处、施工起重机械、临时用电设施、脚手架、出入通道口、楼梯口、电梯井口、孔洞口、桥梁口、隧道口、基坑边沿、爆破物及有害危险气体和液体存放处等危险部位，设置明显的符合国家标准的安全警示标志。施工单位应当根据不同施工阶段和周围环境及季节、气候的变化，在施工现场采取相应的安全施工措施。施工现场暂时停止施工，施工单位应当做好现场防护，所需费用由责任方承担，或者按照合同约定执行。

3）生产安全事故的应急救援和调查处理

（1）生产安全事故应急救援。县级以上地方人民政府建设行政主管部门应当根据本级人民政府的要求，制定本行政区域内建设工程特大生产安全事故应急救援预案。施工单位应当制定本单位生产安全事故应急救援预案，建立应急救援组织或者配备应急救援人员，配备必要的应急救援器材、设备，并定期组织演练。

（2）生产安全事故调查处理。施工现场发生生产安全事故，应当按照国家有关伤亡事故报告和调查处理的规定，及时、如实地向负责安全生产监督管理的部门、建设行政主管部门或者其他有关部门报告；特种设备发生事故的，还应当同时向特种设备安全监督管理部门报告。接到报告的部门应当按照国家有关规定，如实上报。实行施工总承包的建设工程，由总承包单位负责上报事故。发生生产安全事故后，施工单位应当采取措施防止事故扩大，保护事故现场。需要移动现场物品时，应当作出标记和书面记录，妥善保管有关证物。

1.1.2　《招标投标法》及其实施条例

1.《招标投标法》相关内容

《招标投标法》规定，在中华人民共和国境内进行下列工程建设项目包括项目的勘察、设计、施工、监理以及与工程建设有关的重要设备、材料等的采购，必须进行招标：

（1）大型基础设施、公用事业等关系社会公共利益、公众安全的项目。

（2）全部或者部分使用国有资金投资或者国家融资的项目。

（3）使用国际组织或者外国政府贷款、援助资金的项目。

任何单位和个人不得将依法必须进行招标的项目化整为零或者以其他任何方式规避招标。

依法必须进行招标的项目，其招标投标活动不受地区或者部门的限制。任何单位和个人不得违法限制或者排斥本地区、本系统以外的法人或者其他组织参加投标，不得以任何方式非法干涉招标投标活动。

1）招标

（1）招标条件和方式。

①招标条件。招标项目按照国家有关规定需要履行项目审批手续的，应当先履行审批手续，取得批准。招标人应当有进行招标项目的相应资金或者资金来源已经落实，并应当在招标文件中如实载明。

招标人有权自行选择招标代理机构，委托其办理招标事宜。任何单位和个人不得以任何方式为招标人指定招标代理机构。招标人具有编制招标文件和组织评标能力的，可以自行办理招标事宜。任何单位和个人不得强制其委托招标代理机构办理招标事宜。

依法必须进行招标的项目，招标人自行办理招标事宜的，应当向有关行政监督部门备案。

②招标方式。招标分为公开招标和邀请招标两种方式。

招标公告或投标邀请书应当载明招标人的名称和地址、招标项目的性质、数量、实施地点和时间以及获取招标文件的办法等事项。招标人不得以不合理的条件限制或者排斥潜在投标人，不得对潜在投标人实行歧视待遇。

（2）招标文件。招标人应当根据招标项目的特点和需要编制招标文件。招标文件应当包括招标项目的技术要求、对招标人资格审查的标准、投标报价要求和评标标准等所有实质性要求和条件以及拟签订合同的主要条款。招标项目需要划分标段、确定工期的，招标人应当合理划分标段、确定工期，并在招标文件中载明。

招标文件不得要求或者标明特定的生产供应者以及含有倾向或者排斥潜在投标人的其他内容。招标人不得向他人透露已获取招标文件的潜在投标人的名称、数量及可能影响公平竞争的有关招标投标的其他情况。

招标人对已发出的招标文件进行必要的澄清或者修改的，应当在招标文件要求提交投标文件截止时间至少15日前，以书面形式通知所有招标文件收受人。该澄清或者修改的内容为招标文件的组成部分。

（3）其他规定。招标人设有标底的，标底必须保密。招标人应当确定投标人编制投标文件所需要的合理时间。依法必须进行招标的项目，自招标文件开始发出之日起至投标人提交投标文件截止之日止，最短不得少于20日。

2）投标

投标人应当具备承担招标项目的能力。国家有关规定对投标人资格条件或者招标文件对投标人资格条件有规定的，投标人应当具备规定的资格条件。

（1）投标文件。

①投标文件内容。投标人应当按照招标文件的要求编制投标文件。投标文件应当对招标文件提出的实质性要求和条件作出响应。

根据招标文件载明的项目实际情况，投标人如果准备在中标后将中标项目的部分非主体、非关键工程进行分包的，应当在投标文件中载明。在招标文件要求提交投标文件的截止时间前，投标人可以补充、修改或者撤回已提交的投标文件，并书面通知招标人。补充、修改的内容为投标文件的组成部分。

②投标文件送达。投标人应当在招标文件要求提交投标文件的截止时间前，将投标文件送达投标地点。招标人收到投标文件后，应当签收保存，不得开启。投标人少于 3 个的，招标人应当依照《招标投标法》重新招标。

在招标文件要求提交投标文件的截止时间后送达的投标文件，招标人应当拒收。

（2）联合投标。两个以上法人或者其他组织可以组成一个联合体，以一个投标人的身份共同投标。联合体各方均应具备承担招标项目的相应能力。联合体各方应当签订共同投标协议，明确约定各方拟承担的工作和责任，并将共同投标协议连同投标文件一并提交给招标人。联合体中标的，联合体各方应当共同与招标人签订合同，就中标项目向招标人承担连带责任。

招标人不得强制投标人组成联合体共同投标，不得限制投标人之间的竞争。

（3）其他规定。投标人不得相互串通投标报价，不得排挤其他投标人的公平竞争，损害招标人或其他投标人的合法权益。投标人不得与招标人串通投标，损害国家利益、社会公共利益或者他人的合法权益。禁止投标人以向招标人或者评标委员会成员行贿的手段谋取中标。

投标人不得以低于成本的报价竞标，也不得以他人名义投标或者以其他方式弄虚作假，骗取中标。

3）开标、评标和中标

（1）开标。开标由招标人主持，邀请所有投标人参加。开标应当在招标文件确定的提交投标文件截止时间的同一时间公开进行；开标地点应当为招标文件中预先确定的地点。

开标时，由投标人或者其推选的代表检查投标文件的密封情况，也可以由招标人委托的公证机构检查并公证；经确认无误后，由工作人员当众拆封，宣读投标人名称、投标价格和投标文件的其他主要内容。招标人在招标文件要求提交投标文件的截止时间前收到的所有投标文件，开标时都应当当众予以拆封、宣读。开标过程应当记录，并存档备查。

（2）评标。评标由招标人依法组建的评标委员会负责。

①评标委员会的组成。依法必须进行招标的项目，其评标委员会由招标人的代表和有关技术、经济等方面的专家组成，成员人数为 5 人以上单数，其中技术、经济等方面的专家不得少于成员总数的 2/3。评标委员会的专家成员应当从国务院有关部门或者省、自治区、直辖市人民政府有关部门提供的专家名册或者招标代理机构的专家库内的相关专业的专家名单中确定；一般招标项目可以采取随机抽取方式，特殊招标项目可以由招标人直接确定。

与投标人有利害关系的人不得进入相关项目的评标委员会；已经进入的应当更换。评标委员会成员的名单在中标结果确定前应当保密。

②投标文件的澄清或者说明。评标委员会可以要求投标人对投标文件中含义不明确的内容作必要的澄清或者说明，但是澄清或者说明不得超出投标文件的范围或者改变投标文件的实质性内容。

③评标规范。招标人应当采取必要的措施，保证评标在严格保密的情况下进行。评标委员会应当按照招标文件确定的评标标准和方法，对投标文件进行评审和比较；设有标底的，应当参考标底。中标人的投标应当符合下列条件之一：

a.能够最大限度地满足招标文件中规定的各项综合评价标准。

b.能够满足招标文件的实质性要求，并且经评审的投标价格最低；但是投标价格低于成本的除外。

评标委员会经评审，认为所有投标都不符合招标文件要求的，可以否决所有投标。

评标委员会完成评标后，应当向招标人提出书面评标报告，并推荐合格的中标候选人，招标人据此确定中标人。招标人也可以授权评标委员会直接确定中标人。在确定中标人前，招标人不得与投标人就投标价格、投标方案等实质性内容进行谈判。

（3）中标。中标人确定后，招标人应当向中标人发出中标通知书，并同时将中标结果通知所有未中标的投标人。

招标人和中标人应当自中标通知书发出之日起三十日内，按照招标文件和中标人的投标文件订立书面合同。招标人和中标人不得再行订立背离合同实质性内容的其他协议。

招标文件要求中标人提交履约保证金的，中标人应当提交。

2.《招标投标法实施条例》相关内容

为了规范招标投标活动，《招标投标法实施条例》进一步明确了招标、投标、开标、评标和中标以及投诉与处理等方面内容，并鼓励利用信息网络进行电子招标投标。

1）招标

（1）招标范围和方式。

①可以邀请招标的项目。国有资金占控股或者主导地位的依法必须进行招标的项目，应当公开招标；但有下列情形之一的，可以邀请招标：

a. 技术复杂、有特殊要求或者受自然环境限制，只有少量潜在投标人可供选择。

b. 采用公开招标方式的费用占项目合同金额的比例过大。

②可以不招标的项目。有下列情形之一的，可以不进行招标：

a. 需要采用不可替代的专利或者专有技术。

b. 采购人依法能够自行建设、生产或者提供。

c. 已通过招标方式选定的特许经营项目投资人依法能够自行建设、生产或者提供。

d. 需要向原中标人采购工程、货物或者服务，否则将影响施工或者功能配套要求。

e. 国家规定的其他特殊情形。

（2）招标文件与资格审查。

①资格预审公告和招标公告。公开招标的项目，应当依照《招标投标法》和《招标投标法实施条例》的规定发布招标公告、编制招标文件。招标人采用资格预审办法对潜在投标人进行资格审查的，应当发布资格预审公告、编制资格预审文件。

资格预审文件或者招标文件的发售期不得少于 5 日。招标人发售资格预审文件、招标文件收取的费用应当限于补偿印刷、邮寄的成本支出，不得以营利为目的。

潜在投标人或者其他利害关系人对资格预审文件有异议，应当在提交资格预审申请文件截止时间 2 日前提出；如对招标文件有异议，应当在投标截止时间 10 日前提出。招标人应当自收到异议之日起 3 日内作出答复；作出答复前，应当暂停招标投标活动。

招标人编制的资格预审文件、招标文件的内容违反法律、行政法规的强制性规定，违反公开、公平、公正和诚实信用原则，影响资格预审结果或者潜在投标人投标的，依法必须进行招标的项目的招标人应当在修改资格预审文件或者招标文件后重新招标。

②资格预审。招标人应当合理确定提交资格预审申请文件的时间。依法必须进行招标的项目提交资格预审申请文件的时间，自资格预审文件停止发售之日起不得少于 5 日。

资格预审应当按照资格预审文件载明的标准和方法进行。国有资金占控股或者主导地位的依法必须进行招标的项目，招标人应当组建资格审查委员会审查资格预审申请文件。

资格预审结束后，招标人应当及时向资格预审申请人发出资格预审结果通知书。未通过资格预审的申请人不具有投标资格。通过资格预审的申请人少于 3 个的，应当重新招标。

招标人可以对已发出的资格预审文件或者招标文件进行必要的澄清或者修改。澄清或者修改的内容可能影响资格预审申请文件或者投标文件编制的，招标人应当在提交资格预审申请文件截止时间至少 3 日前，或者投标截止时间至少 15 日前，以书面形式通知所有获取资格预审文件或者招标文件的潜在投标人；不足 3 日或者 15 日的，招标人应当顺延提交资格预审申请文件或者投标文件的截止时间。

招标人采用资格后审办法对投标人进行资格审查的，应当在开标后由评标委员会按照招标文件规定的标准和方法对投标人的资格进行审查。

（3）招标工作实施。

①禁止投标限制。招标人对招标项目划分标段的，应当遵守《招标投标法》的有关规定，不得利用划分标段限制或者排斥潜在投标人。依法必须进行招标的项目的招标人不得利用划分标段规避招标。招标人不得以不合理的条件限制、排斥潜在投标人或者投标人。招标人有下列行为之一的，属于以不合理条件限制、排斥潜在投标人或者投标人：

a. 就同一招标项目向潜在投标人或者投标人提供有差别的项目信息。

b. 设定的资格、技术、商务条件与招标项目的具体特点和实际需要不相适应或者与合同履行无关。

c. 依法必须进行招标的项目以特定行政区域或者特定行业的业绩、奖项作为加分条件或者中标条件。

d. 对潜在投标人或者投标人采取不同的资格审查或者评标标准。

e. 限定或者指定特定的专利、商标、品牌、原产地或者供应商。

f. 依法必须进行招标的项目非法限定潜在投标人或者投标人的所有制形式或者组织形式。

g. 以其他不合理条件限制、排斥潜在投标人或者投标人。

另外，招标人不得组织单个或者部分潜在投标人踏勘项目现场。

②总承包招标。招标人可以依法对工程以及与工程建设有关的货物、服务全部或者部分实行总承包招标。以暂估价（指总承包招标时不能确定价格而由招标人在招标文件中暂时估定的工程、货物、服务的金额）形式包括在总承包范围内的工程、货物、服务属于依法必须进行招标的项目范围且达到国家规定规模标准的，应当依法进行招标。

③两阶段招标。对技术复杂或者无法精确拟定技术规格的项目，招标人可以分两阶段进行招标：

第一阶段，投标人按照招标公告或者投标邀请书的要求提交不带报价的技术建议，招标人根据投标人提交的技术建议确定技术标准和要求，编制招标文件。

第二阶段，招标人向在第一阶段提交技术建议的投标人提供招标文件，投标人按照招标文件的要求提交包括最终技术方案和投标报价的投标文件。招标人要求投标人提交投标保证金，应当在第二阶段提出。

④投标有效期。招标人应当在招标文件中载明投标有效期。投标有效期从提交投标文件的截止之日起算。

⑤投标保证金。招标人在招标文件中要求投标人提交投标保证金的，投标保证金不得超过招标项目估算价的 2%。投标保证金有效期应当与投标有效期一致。

⑥标底及最高投标限价。招标人可以自行决定是否编制标底。一个招标项目只能有一个标底。标底必须保密。接受委托编制标底的中介机构不得参加受托编制标底项目的投标，也不得为该项目的投标人编制投标文件或者提供咨询。招标人设有最高投标限价的，应当在招标文件中明确最高投标限价或者最高投标限价的计算方法。招标人不得规定最低投标限价。

2）投标

（1）投标规定。投标人参加依法必须进行招标的项目的投标，不受地区或者部门的限制，任何单位和个人不得非法干涉。与招标人存在利害关系可能影响招标公正性的法人、其他组织或者个人，不得参加投标。单位负责人为同一人或者存在控股、管理关系的不同单位，不得参加同一标段投标或者未划分标段的同一招标项目投标。

投标人撤回已提交的投标文件，应当在投标截止时间前书面通知招标人。招标人已收取投标保证金的，应当自收到投标人书面撤回通知之日起 5 日内退还。投标截止后投标人撤销投标文件的，招标人可以不退还投标保证金。未通过资格预审的申请人提交的投标文件，以及逾期送达或者不按照招标文件要求密封的投标文件，招标人应当拒收。招标人应当如实记载投标文件的送达时间和密封情况，并存档备查。

招标人应当在资格预审公告、招标公告或者投标邀请书中载明是否接受联合体投标。招标人接受联合体投标并进行资格预审的，联合体应当在提交资格预审申请文件前组成。资格预审后联合体增减、更换成员的，其投标无效。联合体各方在同一招标项目中以自己名义单独投标或者参加其他联合体投标的，相关投标均无效。

投标人发生合并、分立、破产等重大变化的，应当及时书面告知招标人。投标人不再具备资格预审文件、招标文件规定的资格条件或者其投标影响招标公正性，其投标无效。

（2）属于串通投标和弄虚作假的情形。

①投标人相互串通投标。包括相互串通投标和视为相互串通投标两种情形。

a. 有下列情形之一的，属于投标人相互串通投标：（a）投标人之间协商投标报价等投标文件的实质性内容；（b）投标人之间约定中标人；（c）投标人之间约定部分投标人放弃投标或者中标；（d）属于同一集团、协会、商会等组织成员的投标人按照该组织要求协同投标；（e）投标人之间为谋取中标或者排斥特定投标人而采取的其他联合行动。

b. 有下列情形之一的，视为投标人相互串通投标：（a）不同投标人的投标文件由同一单位或者个人编制；（b）不同投标人委托同一单位或者个人办理投标事宜；（c）不同投标人的投标文件载明的项目管理成员为同一人；（d）不同投标人的投标文件异常一致或者投标报价呈规律性差异；（e）不同投标人的投标文件相互混装；（f）不同投标人的投标保证金从同一单位或者个人的账户转出。

②招标人与投标人串通投标。有下列情形之一的，属于招标人与投标人串通投标：

a. 招标人在开标前开启投标文件并将有关信息泄露给其他投标人。

b. 招标人直接或者间接向投标人泄露标底、评标委员会成员等信息。

c. 招标人明示或者暗示投标人压低或者抬高投标报价。

d. 招标人授意投标人撤换、修改投标文件。

e. 招标人明示或者暗示投标人为特定投标人中标提供方便。

f. 招标人与投标人为谋求特定投标人中标而采取的其他串通行为。

③弄虚作假。投标人不得以他人名义投标，如使用通过受让或者租借等方式获取的资格、资质证书投标。投标人也不得以其他方式弄虚作假，骗取中标，包括：

a. 使用伪造、变造的许可证件。

b. 提供虚假的财务状况或者业绩。

c. 提供虚假的项目负责人或者主要技术人员简历、劳动关系证明。

d. 提供虚假的信用状况。

e. 其他弄虚作假的行为。

3）开标、评标和中标

（1）开标。招标人应当按照招标文件规定的时间、地点开标。投标人少于3个的，不得开标，招标人应当重新招标。投标人对开标有异议的，应当在开标现场提出，招标人应当当场作出答复，并制作记录。

（2）评标。招标人应当根据项目规模和技术复杂程度等因素合理确定评标时间。超过1/3的评标委员会成员认为评标时间不够的，招标人应当适当延长。

招标人应当向评标委员会提供评标所必需的信息，但不得明示或者暗示其倾向或者排斥特定投标人。

评标委员会成员应当依照招标投标法和本条例的规定，按照招标文件规定的评标标准和方法，客观、公正地对投标文件提出评审意见。招标文件没有规定的评标标准和方法不得作为评标的依据。招标项目设有标底的，招标人应当在开标时公布。标底只能作为评标的参考，不得以投标报价是否接近标底作为中标条件，也不得以投标报价超过标底上下浮动范围作为否决投标的条件。

（3）投标否决。有下列情形之一的，评标委员会应当否决其投标：

①投标文件未经投标单位盖章和单位负责人签字。

②投标联合体没有提交共同投标协议。

③投标人不符合国家或者招标文件规定的资格条件。

④同一投标人提交两个以上不同的投标文件或者投标报价，但招标文件要求提交备选投标的除外。

⑤投标报价低于成本或者高于招标文件设定的最高投标限价。

⑥投标文件没有对招标文件的实质性要求和条件作出响应。

⑦投标人有串通投标、弄虚作假、行贿等违法行为。

（4）投标文件澄清。投标文件中有含义不明确的内容、明显文字或者计算错误，评标委员会认为需要投标人做出必要澄清、说明的，应当书面通知该投标人。投标人的澄清、说明应当采用书面形式，并不得超出投标文件的范围或者改变投标文件的实质性内容。

评标委员会不得暗示或者诱导投标人做出澄清、说明，不得接受投标人主动提出的澄清、说明。

（5）中标。评标完成后，评标委员会应当向招标人提交书面评标报告和中标候选人名单。中标候选人应当不超过 3 个，并标明排序。

评标报告应当由评标委员会全体成员签字。对评标结果有不同意见的评标委员会成员应当以书面形式说明其不同意见和理由，评标报告应当注明该不同意见。评标委员会成员拒绝在评标报告上签字又不书面说明其不同意见和理由的，视为同意评标结果。

依法必须进行招标的项目，招标人应当自收到评标报告之日起 3 日内公示中标候选人，公示期不得少于 3 日。投标人或者其他利害关系人对依法必须进行招标的项目的评标结果有异议的，应当在中标候选人公示期间提出。招标人应当自收到异议之日起 3 日内作出答复；作出答复前，应当暂停招标投标活动。

国有资金占控股或者主导地位的依法必须进行招标的项目，招标人应当确定排名第一的中标候选人为中标人。排名第一的中标候选人放弃中标、因不可抗力不能履行合同、不按照招标文件要求提交履约保证金，或者被查实存在影响中标结果的违法行为等情形，不符合中标条件的，招标人可以按照评标委员会提出的中标候选人名单排序依次确定其他中标候选人为中标人，也可以重新招标。

中标候选人的经营、财务状况发生较大变化或者存在违法行为，招标人认为可能影响其履约能力的，应当在发出中标通知书前由原评标委员会按照招标文件规定的标准和方法审查确认。

（6）签订合同及履约。招标人和中标人应当依照《招标投标法》和《招标投标法实施条例》的规定签订书面合同，合同的标的、价款、质量、履行期限等主要条款应当与招标文件和中标人的投标文件的内容一致。招标人和中标人不得再行订立背离合同实质性内容的其他协议。

招标人最迟应当在书面合同签订后 5 日内向中标人和未中标的投标人退还投标保证金及银行同期存款利息。招标文件要求中标人提交履约保证金的，中标人应当按照招标文件的要求提交。履约保证金不得超过中标合同金额的 10%。

4）投诉与处理

（1）投诉。投标人或者其他利害关系人认为招标投标活动不符合法律、行政法规规定的，可以自知道或者应当知道之日起 10 日内向有关行政监督部门投诉。投诉应当有明确的请求和必要的证明材料。

（2）处理。行政监督部门应当自收到投诉之日起 3 个工作日内决定是否受理投诉，并自受理投诉之日起 30 个工作日内作出书面处理决定；需要检验、检测、鉴定、专家评审的，所需时间不计算在内。投诉人捏造事实、伪造材料或者以非法手段取得证明材料进行投诉的，行政监督部门应当予以驳回。

1.1.3 《政府采购法》及其实施条例

1.《政府采购法》相关内容

《政府采购法》所称政府采购是指各级国家机关、事业单位和团体组织，使用财政性资金采购依法制定的集中采购目录以内的或采购限额标准以上的货物、工程和服务的行为。政府采购工程进行招标投标的，适用《招标投标法》。

政府采购实行集中采购和分散采购相结合。集中采购的范围由省级以上人民政府公布的集中采购目录确定。

1）政府采购当事人

采购人采购纳入集中采购目录的政府采购项目，必须委托集中采购机构代理采购；采购未纳入集中采购目录的政府采购项目，可以自行采购，也可以委托集中采购机构在委托的范围内代理采购。

采购人可以根据采购项目的特殊要求，规定供应商的特定条件，但不得以不合理的条件对供应商实行差别待遇或者歧视待遇。

两个以上的自然人、法人或者其他组织可以组成一个联合体，以一个供应商的身份共同参加政府采购。

2）政府采购方式

政府采购可采用的方式有：公开招标、邀请招标、竞争性谈判、单一来源采购、询价，以及国务院政府采购监督管理部门认定的其他采购方式。公开招标应作为政府采购的主要采购方式。

（1）公开招标。采购货物或服务应当采用公开招标方式的，其具体数额标准，属于中央预算的政府采购项目，由国务院规定；属于地方预算的政府采购项目，由省、自治区、直辖市人民政府规定；因特殊情况需要采用公开招标以外的采购方式的，应当在采购活动开始前获得设区的市、自治州以上人民政府采购监督管理部门的批准。

（2）邀请招标。符合下列情形之一的货物或服务，可采用邀请招标方式采购：

①具有特殊性，只能从有限范围的供应商处采购的。

②采用公开招标方式的费用占政府采购项目总价值的比例过大的。

（3）竞争性谈判。符合下列情形之一的货物或服务，可采用竞争性谈判方式采购：

①招标后没有供应商投标或没有合格标的或重新招标未能成立的。

②技术复杂或性质特殊，不能确定详细规格或具体要求的。

③采用招标所需时间不能满足用户紧急需要的。

④不能事先计算出价格总额的。

（4）单一来源采购。符合下列情形之一的货物或服务，可以采用单一来源方式采购：

①只能从唯一供应商处采购的。

②发生不可预见的紧急情况，不能从其他供应商处采购的。

③必须保证原有采购项目一致性或服务配套的要求，需要继续从原供应商处添购，且添购资金总额不超过原合同采购金额 10%的。

（5）询价。采购的货物规格、标准统一、现货货源充足且价格变化幅度小的政府采购项目，可以采用询价方式采购。

3）政府采购合同

政府采购合同应当采用书面形式。采购人可以委托采购代理机构代表其与供应商签订政府采购合同。由采购代理机构以采购人名义签订合同的，应当提交采购人的授权委托书，作为合同附件。

经采购人同意，中标、成交供应商可依法采取分包方式履行合同。政府采购合同履行中，采购人需追加与合同标的相同的货物、工程或服务的，在不改变合同其他条款的前提下，可以与供应商协商签订补充合同，但所有补充合同的采购金额不得超过原合同采购金额的10%。

2.《政府采购法实施条例》相关内容

《政府采购法实施条例》进一步明确了政府采购当事人、政府采购方式、政府采购程序、政府采购合同、质疑与投诉等方面内容，并明确国家实行统一的政府采购电子交易平台建设标准，推动利用信息网络进行电子化政府采购活动。

1）政府采购当事人

采购人或者采购代理机构有下列情形之一的，属于以不合理的条件对供应商实行差别待遇或者歧视待遇：

（1）就同一采购项目向供应商提供有差别的项目信息。

（2）设定的资格、技术、商务条件与采购项目的具体特点和实际需要不相适应或者与合同履行无关。

（3）采购需求中的技术、服务等要求指向特定供应商、特定产品。

（4）以特定行政区域或者特定行业的业绩、奖项作为加分条件或者中标、成交条件。

（5）对供应商采取不同的资格审查或者评审标准。

（6）限定或者指定特定的专利、商标、品牌或者供应商。

（7）非法限定供应商的所有制形式、组织形式或者所在地。

（8）以其他不合理条件限制或者排斥潜在供应商。

2）政府采购方式

列入集中采购目录的项目，适合实行批量集中采购的，应当实行批量集中采购，但紧急的小额零星货物项目和有特殊要求的服务、工程项目除外。

政府采购工程依法不进行招标的，应当依照政府采购法和本条例规定的竞争性谈判或者单一来源采购方式采购。

3）政府采购程序

（1）招标文件。招标文件的提供期限自招标文件开始发出之日起不得少于5个工作日。采购人或者采购代理机构可以对已发出的招标文件进行必要的澄清或者修改。澄清或者修改的内容可能影响投标文件编制的，采购人或者采购代理机构应当在投标截止时间至少15日前，以书面形式通知所有获取招标文件的潜在投标人；不足15日的，采购人或者采购代理机构应当顺延提交投标文件的截止时间。

（2）投标保证金。招标文件要求投标人提交投标保证金的，投标保证金不得超过采购项目预算金额的 2%。

（3）评标程序。政府采购招标评标方法分为最低评标价法和综合评分法。技术、服务等标准统一的货物和服务项目，应当采用最低评标价法。采用综合评分法的，评审标准中的分值设置应当与评审因素的量化指标相对应。招标文件中没有规定的评标标准不得作为评审的依据。

4）政府采购合同

采购文件要求中标或者成交供应商提交履约保证金的，供应商应当以支票、汇票、本票或者金融机构、担保机构出具的保函等非现金形式提交。履约保证金的数额不得超过政府采购合同金额的 10%。

中标或者成交供应商拒绝与采购人签订合同的，采购人可以按照评审报告推荐的中标或者成交候选人名单排序，确定下一候选人为中标或者成交供应商，也可以重新开展政府采购活动。

采购人应当按照政府采购合同规定，及时向中标或者成交供应商支付采购资金。政府采购项目资金支付程序，按照国家有关财政资金支付管理的规定执行。

1.1.4 《民法典》合同编相关内容

《民法典》合同编指出，合同是民事主体之间设立、变更、终止民事法律关系的协议。《民法典》合同编第一分编"通则"中明确了合同订立、合同效力、合同履行、合同保全、合同变更和转让、合同权利义务终止、违约责任等事项。第二分编"典型合同"中明确了 19 类合同，分别是买卖合同，供用电、水、气、热力合同，赠与合同，借款合同，保证合同，租赁合同，融资租赁合同，保理合同，承揽合同，建设工程合同，运输合同，技术合同，保管合同，仓储合同，委托合同，物业服务合同，行纪合同，中介合同，合伙合同。第三分编"准合同"明确了无因管理和不当得利。

1. 合同订立

1）合同形式

当事人订立合同，可以采用书面形式、口头形式或者其他形式。

（1）书面形式。书面形式是合同书、信件、电报、电传、传真等可以有形地表现所载内容的形式。以电子数据交换、电子邮件等方式能够有形地表现所载内容，并可以随时调取查用的数据电文，视为书面形式。建设工程合同应当采用书面形式。

（2）口头形式。口头形式是指当事人以谈话方式订立的合同，如当面交谈、电话联系等。口头合同形式一般运用于标的数额较小和即时结清的合同。

（3）其他形式。其他形式是指除书面形式和口头形式以外的方式来表现合同内容的形式，主要包括默示形式和推定形式。

2）合同内容

合同的内容由当事人约定，一般包括下列条款：①当事人的姓名或者名称和住所；②标的；③数量；④质量；⑤价款或者报酬；⑥履行期限、地点和方式；⑦违约责任；⑧解决争议的方法。当事人可以参照各类合同的示范文本订立合同。

《民法典》合同编典型合同中对建设工程合同（包括工程勘察、设计、施工合同）内容做了专门规定。

（1）勘察、设计合同内容。一般包括提交基础资料和概预算等文件的期限、质量要求、费用以及其他协作条件等条款。

（2）施工合同内容。一般包括工程范围、建设工期、中间交工工程的开工和竣工时间、工程质量、工程造价、技术资料交付时间、材料和设备供用责任、拨款和结算、竣工验收、质量保修范围和质量保证期、相互协作等条款。

3）合同订立程序

当事人订立合同，可以采取要约、承诺方式或者其他方式。

（1）要约。要约是希望与他人订立合同的意思表示。

①要约有效的条件。应当符合条件：（a）内容具体确定；（b）表明经受要约人承诺，要约人即受该意思表示约束。

②要约生效。以非对话方式作出的意思表示，到达相对人时生效。以非对话方式作出的采用数据电文形式的意思表示，相对人指定特定系统接收数据电文的，该数据电文进入该特定系统时生效；未指定特定系统的，相对人知道或者应当知道该数据电文进入其系统时生效。当事人对采用数据电文形式的意思表示的生效时间另有约定的，按照其约定。

③要约撤回和撤销。要约可以撤回。要约的撤回适用本法第一百四十一条的规定。要约可以撤销，但是有这两种情形之一的除外：（a）要约人以确定承诺期限或者其他形式明示要约不可撤销；（b）受要约人有理由认为要约是不可撤销的，并已经为履行合同做了合理准备工作。

撤销要约的意思表示以对话方式作出的，该意思表示的内容应当在受要约人作出承诺之前为受要约人所知道；撤销要约的意思表示以非对话方式作出的，应当在受要约人作出承诺之前到达受要约人。

④要约失效。有这几种情形之一的，要约失效：（a）要约被拒绝；（b）要约被依法撤销；（c）承诺期限届满，受要约人未作出承诺；（d）受要约人对要约的内容作出实质性变更。

（2）承诺。承诺是受要约人同意要约的意思表示。除根据交易习惯或者要约表明可以通过行为作出承诺的外，承诺应当以通知的方式作出。

①承诺期限。承诺应当在要约确定的期限内到达要约人。要约没有确定承诺期限的，承诺应当依照此规定到达：（a）要约以对话方式作出的，应当即时作出承诺；（b）要约以非对话方式作出的，承诺应当在合理期限内到达。

要约以信件或者电报作出的，承诺期限自信件载明的日期或者电报交发之日开始计算。信件未载明日期的，自投寄该信件的邮戳日期开始计算。要约以电话、传真、电子邮件等快速通信方式作出的，承诺期限自要约到达受要约人时开始计算。

②承诺生效。承诺通知到达要约人时生效。承诺不需要通知的，根据交易习惯或者要约的要求作出承诺的行为时生效。

受要约人在承诺期限内发出承诺，按照通常情形能够及时到达要约人，但是因其他原因致使承诺到达要约人时超过承诺期限的，除要约人及时通知受要约人因承诺超过期限不接受该承诺外，该承诺有效。

③承诺撤回。承诺可以撤回，撤回承诺的通知应当在承诺通知到达要约人前或者与承诺通知同时到达要约人。

④逾期承诺。受要约人超过承诺期限发出承诺，或者在承诺期限内发出承诺，按照通常情形不能及时到达要约人的，为新要约。但是，要约人及时通知受要约人该承诺有效的除外。

⑤要约内容变更。承诺的内容应当与要约的内容一致。受要约人对要约的内容作出实质性变更的，为新要约。有关合同标的、数量、质量、价款或者报酬、履行期限、履行地点和方式、违约责任和解决争议方法等的变更，是对要约内容的实质性变更。

承诺对要约的内容作出非实质性变更的，除要约人及时表示反对或者要约表明承诺不得对要约的内容作出任何变更外，该承诺有效，合同的内容以承诺的内容为准。

4）合同成立

承诺生效时合同成立，但是法律另有规定或者当事人另有约定的除外。

（1）合同成立的时间。当事人采用合同书形式订立合同的，自当事人均签名、盖章或者按指印时合同成立。

当事人采用信件、数据电文等形式订立合同要求签订确认书的，签订确认书时合同成立。

（2）合同成立的地点。承诺生效的地点为合同成立的地点。采用数据电文形式订立合同的，收件人的主营业地为合同成立的地点；没有主营业地的，其住所地为合同成立的地点。当事人另有约定的，按照其约定。

当事人采用合同书形式订立合同的，最后签名、盖章或者按指印的地点为合同成立的地点，但是当事人另有约定的除外。

（3）合同成立的其他情形。包括：①法律、行政法规规定或者当事人约定合同应当采用书面形式订立，当事人未采用书面形式但是一方已经履行主要义务，对方接受的。②在签名、盖章或者按指印之前，当事人一方已经履行主要义务，对方接受的。

5）特殊合同

（1）特殊需求合同。国家根据抢险救灾、疫情防控或者其他需要下达国家订货任务、指令性任务的，有关民事主体之间应当依照有关法律、行政法规规定的权利和义务订立合同。

依照法律、行政法规的规定负有发出要约义务的当事人，应当及时发出合理的要约。负有作出承诺义务的当事人，不得拒绝对方合理的订立合同要求。

（2）预约合同。当事人约定在将来一定期限内订立合同的认购书、订购书、预订书等，构成预约合同。当事人一方不履行预约合同约定的订立合同义务的，对方可以请求其承担预约合同的违约责任。

6）格式条款

格式条款是当事人为了重复使用而预先拟定，并在订立合同时未与对方协商的条款。

（1）格式条款提供者的义务。采用格式条款订立合同的，提供格式条款的一方应当遵循公平原则确定当事人之间的权利和义务，并采取合理的方式提示对方注意免除或者减轻其责任等与对方有重大利害关系的条款，按照对方的要求，对该条款予以说明。提供格式条款的一方未履行提示或者说明义务，致使对方没有注意或者理解与其有重大利害关系的条款的，对方可以主张该条款不成为合同的内容。

（2）格式条款无效。提供格式条款一方不合理地免除或者减轻其责任、加重对方责任、限制对方主要权利或者排除对方主要权利的，该条款无效。此外，《民法典》合同编规定的无效合同情形，同样适用于格式条款合同。

（3）格式条款争议解决。对格式条款的理解发生争议的，应当按照通常理解予以解释。对格式条款有两种以上解释的，应当作出不利于提供格式条款一方的解释。格式条款和非格式条款不一致的，应当采用非格式条款。

7）缔约过失责任

缔约过失责任发生于合同不成立或者合同无效的缔约过程。当事人在订立合同过程中有下列情形之一，造成对方损失的，应当承担赔偿责任：

（1）假借订立合同，恶意进行磋商。

（2）故意隐瞒与订立合同有关的重要事实或者提供虚假情况。

（3）有其他违背诚信原则的行为。

当事人在订立合同过程中知悉的商业秘密或者其他应当保密的信息，无论合同是否成立，不得泄露或者不正当地使用；泄露、不正当地使用该商业秘密或者信息，造成对方损失的，应当承担赔偿责任。

2. 合同效力

1）合同生效

合同生效与合同成立是两个不同的概念。合同成立，是指双方当事人依照法律法规对合同协商内容一致的意见。合同成立的判断依据是承诺是否生效。合同生效，是指合同产生法律效力，具有法律约束力。

在通常情况下，合同依法成立之时，就是合同生效之日，二者在时间上是同步的。但有些合同成立后，并非立即产生法律效力，而是需要其他条件成就后才开始生效。

依法成立的合同，自成立时生效，但是法律另有规定或者当事人另有约定的除外。

依照法律、行政法规的规定，合同应当办理批准等手续的，依照其规定。未办理批准等手续影响合同生效的，不影响合同中履行报批等义务条款以及相关条款的效力。应当办理申请批准等手续的当事人未履行义务的，对方可以请求其承担违反该义务的责任。

依照法律、行政法规的规定，合同的变更、转让、解除等情形应当办理批准等手续的，适用前款规定。

2）无权代理人代订合同

无权代理人以被代理人的名义订立合同，被代理人已经开始履行合同义务或者接受相对人履行的，视为对合同的追认。

法人的法定代表人或者非法人组织的负责人超越权限订立的合同，除相对人知道或者应当知道其超越权限外，该代表行为有效，订立的合同对法人或者非法人组织发生效力。

当事人超越经营范围订立的合同的效力，应当依照法律有关规定确定，不得仅以超越经营范围确认合同无效。

3）合同中的下列免责条款无效

（1）造成对方人身损害的。

（2）因故意或者重大过失造成对方财产损失的。

3. 合同履行

1）合同履行原则

合同履行原则包括全面履行和诚信。

（1）全面履行。全面履行是指合同订立后，当事人应当按照约定全面履行自己的义务。

（2）诚信。当事人应当遵循诚信原则，根据合同的性质、目的和交易习惯履行通知、协助、保密等义务。

当事人在履行合同过程中，应当避免浪费资源、污染环境和破坏生态。

2）合同履行的一般规定

合同生效后，当事人就质量、价款或者报酬、履行地点等内容没有约定或者约定不明确的，可以协议补充；不能达成补充协议的，按照合同相关条款或者交易习惯确定。当事人就有关合同内容约定不明确，依据此规定仍不能确定的，适用下列规定：

（1）质量要求不明确的，按照强制性国家标准履行；没有强制性国家标准的，按照推荐性国家标准履行；没有推荐性国家标准的，按照行业标准履行；没有国家标准、行业标准的，按照通常标准或者符合合同目的的特定标准履行。

（2）价款或者报酬不明确的，按照订立合同时履行地的市场价格履行；依法应当执行政府定价或者政府指导价的，依照规定履行。

（3）履行地点不明确，给付货币的，在接受货币一方所在地履行；交付不动产的，在不动产所在地履行；其他标的，在履行义务一方所在地履行。

（4）履行期限不明确的，债务人可以随时履行，债权人也可以随时请求履行，但是应当给对方必要的准备时间。

（5）履行方式不明确的，按照有利于实现合同目的的方式履行。

（6）履行费用的负担不明确的，由履行义务一方负担；因债权人原因增加的履行费用，由债权人负担。

3）合同履行的特殊规则

（1）电子合同履行。通过互联网等信息网络订立的电子合同的标的为交付商品并采用快递物流方式交付的，收货人的签收时间为交付时间。电子合同的标的为提供服务的，生成的电子凭证或者实物凭证中载明的时间为提供服务时间；前述凭证没有载明时间或者载明时间与实际提供服务时间不一致的，以实际提供服务的时间为准。

电子合同的标的物为采用在线传输方式交付的，合同标的物进入对方当事人指定的特定系统且能够检索识别的时间为交付时间。

电子合同当事人对交付商品或者提供服务的方式、时间另有约定的，按照其约定。

（2）价格调整。执行政府定价或者政府指导价的，在合同约定的交付期限内政府价格调整时，按照交付时的价格计价。逾期交付标的物的，遇价格上涨时，按照原价格执行；价格下降时，按照新价格执行。逾期提取标的物或者逾期付款的，遇价格上涨时，按照新价格执行；价格下降时，按照原价格执行。

（3）债务履行。以支付金钱为内容的债，除法律另有规定或者当事人另有约定外，债权人可以请求债务人以实际履行地的法定货币履行。

（4）代为履行。代为履行是指由合同以外的第三人代替合同当事人履行合同。

（5）抗辩权。

①当事人互负债务，没有先后履行顺序的，应当同时履行。一方在对方履行之前有权拒绝其履行请求。一方在对方履行债务不符合约定时，有权拒绝其相应的履行请求。

②当事人互负债务，有先后履行顺序，应当先履行债务一方未履行的，后履行一方有权拒绝其履行请求。先履行一方履行债务不符合约定的，后履行一方有权拒绝其相应的履行请求。

③应当先履行债务的当事人，有确切证据证明对方有这些情形之一的，可以中止履行：（a）经营状况严重恶化；（b）转移财产、抽逃资金，以逃避债务；（c）丧失商业信誉；（d）有丧失或者可能丧失履行债务能力的其他情形。当事人没有确切证据中止履行的，应当承担违约责任。

当事人依据前述规定中止履行的，应当及时通知对方。对方提供适当担保的，应当恢复履行。中止履行后，对方在合理期限内未恢复履行能力且未提供适当担保的，视为以自己的行为表明不履行主要债务，中止履行的一方可以解除合同并可以请求对方承担违约责任。

债权人分立、合并或者变更住所没有通知债务人，致使履行债务发生困难的，债务人可以中止履行或者将标的物提存。

（6）提前履行。债权人可以拒绝债务人提前履行债务，但是提前履行不损害债权人利益的除外。债务人提前履行债务给债权人增加的费用，由债务人负担。

（7）部分履行。债权人可以拒绝债务人部分履行债务，但是部分履行不损害债权人利益的除外。债务人部分履行债务给债权人增加的费用，由债务人负担。

（8）相关事项变更后的处置。

①合同生效后，当事人不得因姓名、名称的变更或者法定代表人、负责人、承办人的变动而不履行合同义务。

②合同成立后，合同的基础条件发生了当事人在订立合同时无法预见的、不属于商

业风险的重大变化，继续履行合同对于当事人一方明显不公平的，受不利影响的当事人可以与对方重新协商；在合理期限内协商不成的，当事人可以请求人民法院或者仲裁机构变更或者解除合同。

人民法院或者仲裁机构应当结合案件的实际情况，根据公平原则变更或者解除合同。

4. 合同保全

1）代位权

因债务人怠于行使其债权或者与该债权有关的从权利，影响债权人的到期债权实现的，债权人可以向人民法院请求以自己的名义代位行使债务人对相对人的权利，但是该权利专属于债务人自身的除外。

代位权的行使范围以债权人的到期债权为限。债权人行使代位权的必要费用，由债务人负担。相对人对债务人的抗辩，可以向债权人主张。

债权人的债权到期前，债务人的债权或者与该债权有关的从权利存在诉讼时效期间即将届满或者未及时申报破产债权等情形，影响债权人的债权实现的，债权人可以代位向债务人的相对人请求其向债务人履行、向破产管理人申报或者作出其他必要的行为。

人民法院认定代位权成立的，由债务人的相对人向债权人履行义务，债权人接受履行后，债权人与债务人、债务人与相对人之间相应的权利义务终止。债务人对相对人的债权或者与该债权有关的从权利被采取保全、执行措施，或者债务人破产的，依照相关法律的规定处理。

2）撤销权

债务人以放弃其债权、放弃债权担保、无偿转让财产等方式无偿处分财产权益，或者恶意延长其到期债权的履行期限，影响债权人的债权实现的，债权人可以请求人民法院撤销债务人的行为。

债务人以明显不合理的低价转让财产、以明显不合理的高价受让他人财产或者为他人的债务提供担保，影响债权人的债权实现，债务人的相对人知道或者应当知道该情形的，债权人可以请求人民法院撤销债务人的行为。

撤销权的行使范围以债权人的债权为限。债权人行使撤销权的必要费用，由债务人负担。

撤销权自债权人知道或者应当知道撤销事由之日起一年内行使。自债务人的行为发生之日起五年内没有行使撤销权的，该撤销权消灭。

债务人影响债权人的债权实现的行为被撤销的，自始没有法律约束力。

5. 合同变更和转让

1）合同变更

合同变更是指对已经依法成立的合同，在承认其法律效力的前提下，对其进行修改或补充。当事人协商一致，可以变更合同。当事人对合同变更的内容约定不明确的，推定为未变更。

2）合同转让

合同转让是指当事人一方取得另一方同意后将合同的权利义务转让给第三方的法律行为。合同转让是合同变更的一种特殊形式，它不是变更合同中规定的权利义务内容，而是变更合同的主体。

（1）债权转让。债权人可以将债权的全部或者部分转让给第三人，但是有下列情形之一的除外：

①根据债权性质不得转让。

②按照当事人约定不得转让。

③依照法律规定不得转让。

当事人约定非金钱债权不得转让的，不得对抗善意第三人。当事人约定金钱债权不得转让的，不得对抗第三人。

债权人转让债权，未通知债务人的，该转让对债务人不发生效力。债权转让的通知不得撤销，但是经受让人同意的除外。

债权人转让债权的，受让人取得与债权有关的从权利，但是该从权利专属于债权人自身的除外。受让人取得从权利不因该从权利未办理转移登记手续或者未转移占有而受到影响。

（2）抗辩与抵销。

①债务人接到债权转让通知后，债务人对让与人的抗辩，可以向受让人主张。

②有这两种情形之一的，债务人可以向受让人主张抵销：（a）债务人接到债权转让通知时，债务人对让与人享有债权，且债务人的债权先于转让的债权到期或者同时到期；（b）债务人的债权与转让的债权是基于同一合同产生。

（3）债务转让。债务人将债务的全部或者部分转移给第三人的，应当经债权人同意。债务人或者第三人可以催告债权人在合理期限内予以同意，债权人未作表示的，视为不同意。

第三人与债务人约定加入债务并通知债权人，或者第三人向债权人表示愿意加入债务，债权人未在合理期限内明确拒绝的，债权人可以请求第三人在其愿意承担的债务范围内和债务人承担连带债务。

（4）债务转移。债务人转移债务的，新债务人可以主张原债务人对债权人的抗辩；原债务人对债权人享有债权的，新债务人不得向债权人主张抵销。债务人转移债务的，新债务人应当承担与主债务有关的从债务，但是该从债务专属于原债务人自身的除外。

（5）债权债务一并转让。当事人一方经对方同意，可以将自己在合同中的权利和义务一并转让给第三人。合同的权利和义务一并转让的，适用债权转让、债务转移的有关规定。

6. 合同权利义务终止

1）合同终止的条件

合同终止是指合同双方当事人依法使相互间权利义务关系终止，即合同关系消灭。

有下列情形之一的，债权债务终止：

（1）债务已经履行。

（2）债务相互抵销。

（3）债务人依法将标的物提存。

（4）债权人免除债务。

（5）债权债务同归于一人。

（6）法律规定或者当事人约定终止的其他情形。

合同解除的，该合同的权利义务关系终止。

债权债务终止后，当事人应当遵循诚信等原则，根据交易习惯履行通知、协助、保密、旧物回收等义务。

债权债务终止时，债权的从权利同时消灭，但是法律另有规定或者当事人另有约定的除外。

2）债务履行

债务人对同一债权人负担的数项债务种类相同，债务人的给付不足以清偿全部债务的，除当事人另有约定外，由债务人在清偿时指定其履行的债务。

债务人未作指定的，应当优先履行已经到期的债务；数项债务均到期的，优先履行对债权人缺乏担保或者担保最少的债务；均无担保或者担保相等的，优先履行债务人负担较重的债务；负担相同的，按照债务到期的先后顺序履行；到期时间相同的，按照债务比例履行。

债务人在履行主债务外还应当支付利息和实现债权的有关费用，其给付不足以清偿全部债务的，除当事人另有约定外，应当按照此顺序履行：①实现债权的有关费用；②利息；③主债务。

3）合同解除

（1）合同解除的条件。可以分为约定解除条件和法定解除条件。

①约定解除条件：（a）当事人协商一致，可以解除合同；（b）当事人可以约定一方解除合同的事由。解除合同的事由发生时，解除权人可以解除合同。

②法定解除条件。有这些情形之一的，当事人可以解除合同：（a）因不可抗力致使不能实现合同目的；（b）在履行期限届满前，当事人一方明确表示或者以自己的行为表明不履行主要债务；（c）当事人一方迟延履行主要债务，经催告后在合理期限内仍未履行；（d）当事人一方迟延履行债务或者有其他违约行为致使不能实现合同目的；（e）法律规定的其他情形。以持续履行的债务为内容的不定期合同，当事人可以随时解除合同，但是应当在合理期限之前通知对方。

（2）合同解除权的行使。法律规定或者当事人约定解除权行使期限，期限届满当事人不行使的，该权利消灭。法律没有规定或者当事人没有约定解除权行使期限，自解除权人知道或者应当知道解除事由之日起一年内不行使，或者经对方催告后在合理期限内不行使的，该权利消灭。

当事人一方依法主张解除合同的，应当通知对方。合同自通知到达对方时解除；通知载明债务人在一定期限内不履行债务则合同自动解除，债务人在该期限内未履行债务的，合同自通知载明的期限届满时解除。对方对解除合同有异议的，任何一方当事人均可以请求人民法院或者仲裁机构确认解除行为的效力。

当事人一方未通知对方，直接以提起诉讼或者申请仲裁的方式依法主张解除合同，人民法院或者仲裁机构确认该主张的，合同自起诉状副本或者仲裁申请书副本送达对方时解除。

（3）合同解除后续事宜。合同解除后，尚未履行的，终止履行；已经履行的，根据履行情况和合同性质，当事人可以请求恢复原状或者采取其他补救措施，并有权请求赔偿损失。

合同因违约解除的，解除权人可以请求违约方承担违约责任，但是当事人另有约定的除外。主合同解除后，担保人对债务人应当承担的民事责任仍应当承担担保责任，但是担保合同另有约定的除外。

合同的权利义务关系终止，不影响合同中结算和清理条款的效力。

4）合同债务抵销

当事人互负债务，该债务的标的物种类、品质相同的，任何一方可以将自己的债务与对方的到期债务抵销；但是，根据债务性质、按照当事人约定或者依照法律规定不得抵销的除外。

当事人主张抵销的，应当通知对方。通知自到达对方时生效。抵销不得附条件或者附期限。

当事人互负债务，标的物种类、品质不相同的，经协商一致，也可以抵销。

5）标的物提存

提存是指债权人的原因致使债务人难以履行债务时，债务人可以将标的物交给有关机关保存，以此消灭合同的制度。

有下列情形之一，难以履行债务的，债务人可以将标的物提存：

（1）债权人无正当理由拒绝受领。

（2）债权人下落不明。

（3）债权人死亡未确定继承人、遗产管理人，或者丧失民事行为能力未确定监护人。

（4）法律规定的其他情形。

标的物不适于提存或者提存费用过高的，债务人依法可以拍卖或者变卖标的物，提存所得的价款。

债务人将标的物或者将标的物依法拍卖、变卖所得价款交付提存部门时，提存成立。提存成立的，视为债务人在其提存范围内已经交付标的物。

标的物提存后，债务人应当及时通知债权人或者债权人的继承人、遗产管理人、监护人、财产代管人。标的物提存后，毁损、灭失的风险由债权人承担。提存期间，标的物的孳息归债权人所有。提存费用由债权人负担。

债权人可以随时领取提存物。但是，债权人对债务人负有到期债务的，在债权人未履行债务或者提供担保之前，提存部门根据债务人的要求应当拒绝其领取提存物。

债权人领取提存物的权利，自提存之日起五年内不行使而消灭，提存物扣除提存费用后归国家所有。但是，债权人未履行对债务人的到期债务，或者债权人向提存部门书面表示放弃领取提存物权利的，债务人负担提存费用后有权取回提存物。

7. 违约责任

1）违约责任及其特点

违约责任是指合同当事人一方不履行或不适当履行合同，应依法承担的责任。与其他责任制度相比，违约责任有以下主要特点：

（1）违约责任以有效合同为前提。与侵权责任和缔约过失责任不同，违约责任必须以当事人双方事先存在的有效合同关系为前提。如果双方不存在合同关系，或者虽订立过合同，但合同无效或已撤销，那么，当事人不可能承担违约责任。

（2）违约责任以违反合同义务为要件。违约责任是当事人违反合同义务的法律后果。因此，只有当事人违反合同义务，不履行或者不适当履行合同时，才应承担违约责任。

（3）违约责任可由当事人在法定范围内约定。违约责任主要是一种赔偿责任，因此，可由当事人在法律规定的范围内自行约定。只要约定不违反法律，就具有法律约束力。

（4）违约责任是一种民事赔偿责任。首先，它是由违约方向守约方承担的民事责任，无论是违约金还是赔偿金，均是平等主体之间的支付关系；其次，违约责任的确定，通常应以补偿守约方的损失为标准，贯彻损益相当的原则。

2）违约责任的承担

（1）违约责任的承担方式。当事人一方不履行合同义务或者履行合同义务不符合约定的，应当承担继续履行、采取补救措施或者赔偿损失等违约责任。

当事人一方明确表示或者以自己的行为表明不履行合同义务的，对方可以在履行期限届满前请求其承担违约责任。

①继续履行。继续履行是合同当事人一方违约时，其承担违约责任的首选方式。

②采取补救措施。履行不符合约定的，应当按照当事人的约定承担违约责任。

③赔偿损失。当事人一方不履行合同义务或者履行合同义务不符合约定，造成对方损失的，损失赔偿额应当相当于因违约所造成的损失，包括合同履行后可以获得的利益；但是，不得超过违约一方订立合同时预见到或者应当预见到的因违约可能造成的损失。

④支付违约金。当事人可以约定一方违约时应当根据违约情况向对方支付一定数额的违约金，也可以约定因违约产生的损失赔偿额的计算方法。

⑤定金。当事人可以约定一方向对方给付定金作为债权的担保。定金合同自实际交付定金时成立。

（2）违约责任的界定。

①债务人按照约定履行债务，债权人无正当理由拒绝受领的，债务人可以请求债权人赔偿增加的费用。在债权人受领迟延期间，债务人无须支付利息。

②当事人一方因不可抗力不能履行合同的，根据不可抗力的影响，部分或者全部免除责任，但是法律另有规定的除外。因不可抗力不能履行合同的，应当及时通知对方，以减轻可能给对方造成的损失，并应当在合理期限内提供证明。

当事人迟延履行后发生不可抗力的，不免除其违约责任。

③当事人一方违约后，对方应当采取适当措施防止损失的扩大；没有采取适当措施致使损失扩大的，不得就扩大的损失请求赔偿。当事人因防止损失扩大而支出的合理费用，由违约方负担。

④当事人都违反合同的，应当各自承担相应的责任。当事人一方违约造成对方损失，对方对损失的发生有过错的，可以减少相应的损失赔偿额。

⑤当事人一方因第三人的原因造成违约的，应当依法向对方承担违约责任。当事人一方和第三人之间的纠纷，依照法律规定或者按照约定处理。

（3）国际货物买卖合同和技术进出口合同争议时效。因国际货物买卖合同和技术进出口合同争议提起诉讼或者申请仲裁的时效期间为四年。

1.1.5 《价格法》相关内容

《价格法》中的价格包括商品价格和服务价格。除依法适用政府指导价或者政府定价外，实行市场调节价，由经营者依法自主制定。

1. 经营者的价格行为

1）经营者权利

经营者享有如下权利：

（1）自主制定属于市场调节的价格。

（2）在政府指导价规定的幅度内制定价格。

（3）制定属于政府指导价、政府定价产品范围内的新产品试销价格，特定产品除外。

（4）检举、控告侵犯其依法自主定价权利的行为。

2）经营者违规行为

经营者不得有下列不正当行为：

（1）以协议、决定或者其他协同行为相互串通，统一确定、维持、变更价格，或者通过限制商品的生产数量或者销售数量操纵价格，损害消费者和其他经营者的合法权益。

（2）除依法降价处理的鲜活商品、季节性商品、积压商品等商品外，为了排挤竞争对手或者独占市场，以低于成本的价格倾销，扰乱正常的生产经营秩序，损害其他经营者的合法权益。

（3）捏造、散布涨价信息，哄抬价格，推动商品价格过高上涨。

（4）利用虚假的或者使人误解的价格手段诱骗消费者或者其他经营者与其进行交易。

（5）提供相同商品或者服务，对具有同等交易条件的其他经营者实行价格歧视。

（6）采取抬高等级或者压低等级等手段收购、销售商品或者提供服务，变相提高或者压低价格。

（7）违反法律、法规的规定牟取暴利。

（8）法律、行政法规禁止的其他不正当价格行为。

2. 政府定价行为

1）政府定价的商品

下列商品价格和服务价格，政府在必要时可以实行政府指导价或者政府定价：

（1）与国民经济发展和人民生活关系重大的极少数商品价格。

（2）资源稀缺的少数商品价格。

（3）自然垄断经营商品价格。

（4）重要的公用事业价格和公益性服务价格。

2）定价目录

政府指导价、政府定价的定价权限和具体适用范围，以中央定价目录和地方定价目录为依据。省人民政府价格主管部门应当按照中央定价目录规定的定价权限和具体适用范围，制定、调整地方定价目录，经省人民政府审核同意，报国务院价格主管部门审定后公布实施。

3）定价依据

政府应当依据有关商品或者服务的社会平均成本和市场供求状况、国民经济与社会发展要求以及社会承受能力，实行合理的购销差价、批零差价、地区差价和季节差价。制定关系群众切身利益的公共事业、公益性服务、自然垄断经营的商品价格时，应当建立听证会制度，征求消费者、经营者和有关方面的意见。

3. 价格总体调控

当重要商品或者服务价格显著上涨或者有可能显著上涨，国务院和省、自治区、直辖市人民政府可以对部分价格采取限定差价率或者利润率、规定限价、实行提价申报制度和调价备案制度等价格干预措施。省、自治区、直辖市人民政府采取上述规定的干预措施时，应当报国务院备案。

第 2 节　工程造价管理制度

当前，与我国工程造价咨询直接相关的管理制度是工程造价咨询资质管理制度和造价工程师职业资格管理制度。

1.2.1　工程造价咨询资质管理

工程造价咨询企业是指接受委托，对建设工程造价的确定与控制提供专业咨询服务的企业。工程造价咨询企业可以为政府部门、建设单位、施工单位、设计单位提供相关专业技术服务，这种以造价咨询业务为核心的服务可以是单项或分阶段的，也可以覆盖工程建设全过程。

工程造价咨询企业从事工程造价咨询活动，应当遵循独立、客观、公正、诚实信用的原则，不得损害社会公共利益和他人的合法权益。同时，任何单位和个人不得非法干预依法进行的工程造价咨询活动。

1. 业务承接

1）业务范围

工程造价咨询业务范围如下：

（1）建设项目建议书及可行性研究投资估算、项目经济评价报告的编制和审核。

（2）建设项目概预算的编制与审核，并配合设计方案比选、优化设计、限额设计等工作进行工程造价分析与控制。

（3）建设项目合同价款的确定（包括招标工程工程量清单和标底、投标报价的编制和审核）；合同价款的签订与调整（包括工程变更、工程洽商和索赔费用的计算）与工程款支付，工程结算、竣工结算和决算报告的编制与审核等。

（4）工程造价经济纠纷的鉴定和仲裁的咨询。

（5）提供工程造价信息服务等。

工程造价咨询企业可以为项目投资决策和建设实施提供全过程或者其中若干阶段的造价咨询服务。

2）咨询合同及其履行

工程造价咨询企业在承接各类工程造价咨询业务时，可参照《建设工程造价咨询合同（示范文本）》（GF-2015-0212）与委托人签订书面合同。

建设工程造价咨询合同（示范文本）由三部分组成，即协议书、通用条件和专用条件。协议书主要用来明确合同当事人和约定合同当事人的基本合同权利义务。通用条件是合同当事人根据《民法典》《建筑法》等相关法律法规的规定，就工程造价咨询的实施及相关事项，对合同当事人的权利义务作出的原则性约定，包括下列内容：

（1）词语定义、语言、解释顺序与适用法律。

（2）委托人的义务。

（3）咨询人的义务。

（4）违约责任。

（5）支付。

（6）合同变更、解除与终止。

（7）争议解决。

（8）其他。

专用条件是对通用条件原则性约定的细化、完善、补充、修改或另行约定的条件。合同当事人可通过协商、谈判确定专用条件。

工程造价咨询企业从事工程造价咨询业务，应按照相关合同或约定出具工程造价成果文件。工程造价成果文件应当由工程造价咨询企业加盖有企业名称，并由执行咨询业务的注册造价工程师签字、加盖个人执业印章。

3）跨省区承接业务

工程造价咨询企业跨省、自治区、直辖市承接工程造价咨询业务的，应当自承接业务之日起30日内到建设工程所在地省、自治区、直辖市人民政府建设主管部门备案。

2. 行为准则与信用制度

1）行为准则

为了保障国家与公共利益，维护公平竞争的良好秩序以及各方的合法权益，工程造价咨询企业在执业活动中均应遵循行业行为准则。

（1）执行国家的宏观经济政策和产业政策，遵守国家和地方的法律、法规及有关规定，维护国家和人民的利益。

（2）接受工程造价咨询行业自律组织业务指导，自觉遵守本行业的规定和各项制度，积极参加行业组织的业务活动。

（3）具有独立执业能力和工作条件，以精湛的专业技能和良好的职业操守竭诚为客户服务。

（4）按照公平、公正和诚信的原则开展业务，认真履行合同，依法独立自主开展经营活动，努力提高经济效益。

（5）靠质量、靠信誉参加市场竞争，杜绝无序和恶性竞争；不得利用与行政机关、社会团体以及其他经济组织的特殊关系搞业务垄断。

（6）以人为本，鼓励员工更新知识，掌握先进的技术手段和业务知识，采取有效措施组织、督促员工接受继续教育。

（7）不得在解决经济纠纷的鉴证咨询业务中分别接受双方当事人的委托。

（8）不得阻挠委托人委托其他工程造价咨询单位参与咨询服务；共同提供服务的工程造价咨询单位之间应分工明确，密切协作，不得损害其他单位的利益和名誉。

（9）保守客户的技术和商务秘密。

2）信用制度

工程造价咨询企业应当按照有关规定，向监管部门及行业组织提供真实、准确、完整的工程造价咨询企业信用档案信息。工程造价咨询企业信用档案应当包括：工程造价咨询企业的基本情况、业绩、良好行为、不良行为等内容。违法行为、被投诉举报处理、行政处罚等情况应当作为工程造价咨询企业的不良记录记入其信用档案。任何单位和个人均有权依法查阅信用档案。

3. 法律责任

1）经营违规责任

跨省、自治区、直辖市承接业务不备案的，由县级以上地方人民政府住房城乡建设主管部门或者有关专业部门给予警告，责令限期改正；逾期未改正的，可处 5000 元以上2 万元以下的罚款。

2）其他违规责任

工程造价咨询企业有下列行为之一的，由县级以上地方人民政府住房城乡建设主管部门或者有关专业部门给予警告，责令限期改正，并处 1 万元以上 3 万元以下的罚款：

（1）同时接受招标人和投标人或两个以上投标人对同一工程项目的工程造价咨询业务。

（2）以给予回扣、恶意压低收费等方式进行不正当竞争。

（3）转包承接的工程造价咨询业务。

（4）法律、法规禁止的其他行为。

1.2.2 造价工程师职业资格管理

根据《造价工程师职业资格制度规定》，国家设置造价工程师准入类职业资格，纳入国家职业资格目录。工程造价咨询企业应配备造价工程师，工程建设活动中有关工程造价管理岗位按需要配备造价工程师。造价工程师分为一级造价工程师和二级造价工程师。

1. 职业资格考试

造价工程师是指通过职业资格考试取得中华人民共和国造价工程师职业资格证书，并经注册后从事建设工程造价工作的专业技术人员。

一级造价工程师职业资格考试全国统一大纲、统一命题、统一组织。二级造价工程师职业资格考试全国统一大纲，各省、自治区、直辖市自主命题并组织实施。

1）报考条件

（1）一级造价工程师报考条件。凡遵守中华人民共和国宪法、法律法规，具有良好的业务素质和道德品行，具备下列条件之一者，可以申请参加一级造价工程师职业资格考试：

①具有工程造价专业大学专科（或高等职业教育）学历，从事工程造价、工程管理业务工作满 4 年；具有土木建筑、水利、装备制造、交通运输、电子信息、财经商贸大类大学专科（或高等职业教育）学历，从事工程造价业务工作满 5 年。

②具有通过工程教育专业评估（认证）的工程管理、工程造价专业大学本科学历或学位，从事工程造价业务工作满 3 年；具有工学、管理学、经济学门类大学本科学历或学位，从事工程造价业务工作满 4 年。

③具有工学、管理学、经济学门类硕士学位或者第二学士学位，从事工程造价业务工作满 2 年。

④具有工学、管理学、经济学门类博士学位，从事工程造价业务工作满 1 年。

⑤具有其他专业相应学历或者学位的人员，从事工程造价业务工作年限相应增加 1 年。

（2）二级造价工程师报考条件。凡遵守中华人民共和国宪法、法律法规，具有良好的业务素质和道德品行，具备下列条件之一者，可以申请参加二级造价工程师职业资格考试：

①具有工程造价专业大学专科（或高等职业教育）学历，从事工程造价业务工作满 1 年；具有土木建筑、水利、装备制造、交通运输、电子信息、财经商贸大类大学专科（或高等职业教育）学历，从事工程造价业务工作满 2 年。

②具有工程管理、工程造价专业大学本科及以上学历或学位；具有工学、管理学、经济学门类大学本科及以上学历或学位，从事工程造价业务工作满 1 年。

③具有其他专业相应学历或者学位的人员，从事工程造价业务工作年限相应增加 1 年。

2）考试科目

造价工程师职业资格考试设基础科目和专业科目。

一级造价工程师职业资格考试设 4 个科目，包括"建设工程造价管理""建设工程计价""建设工程技术与计量"和"建设工程造价案例分析"。其中，"建设工程造价管理"和"建设工程计价"为基础科目，"建设工程技术与计量"和"建设工程造价案例分析"为专业科目。

二级造价工程师职业资格考试设两个科目，包括"建设工程造价管理基础知识"和"建设工程计量与计价实务"。其中，"建设工程造价管理基础知识"为基础科目，"建设工程计量与计价实务"为专业科目。

造价工程师职业资格考试专业科目分为 4 个专业类别，即土木建筑工程、交通运输工程、水利工程和安装工程，考生在报名时可根据实际工作需要选择其一。

3）职业资格证书

一级造价工程师职业资格考试合格者，由各省、自治区、直辖市人力资源社会保障行政主管部门颁发中华人民共和国一级造价工程师职业资格证书，该证书全国范围内有效。

二级造价工程师职业资格考试合格者，由各省、自治区、直辖市人力资源社会保障行政主管部门颁发中华人民共和国二级造价工程师职业资格证书，该证书原则上在所在行政区域内有效。

2. 注册

国家对造价工程师职业资格实行执业注册管理制度。取得造价工程师职业资格证书且从事工程造价相关工作的人员，经注册方可以造价工程师名义执业。住房城乡建设部、交通运输部、水利部分别负责一级造价工程师注册及相关工作。各省、自治区、直辖市住房城乡建设、交通运输、水利行政主管部门按专业类别分别负责二级造价工程师注册及相关工作。

经批准注册的申请人，由住房城乡建设部、交通运输部、水利部核发《中华人民共和国一级造价工程师注册证》（或电子证书）；或由各省、自治区、直辖市住房城乡建设、交通运输、水利行政主管部门核发《中华人民共和国二级造价工程师注册证》（或电子证书）。

造价工程师执业时应持注册证书和执业印章。注册证书、执业印章样式以及注册证书编号规则由住房城乡建设部会同交通运输部、水利部统一制定。执业印章由注册造价工程师按照统一规定自行制作。

3. 执业

造价工程师在工作中，必须遵纪守法，恪守职业道德和从业规范，诚信执业，主动接受有关主管部门的监督检查，加强行业自律。造价工程师不得同时受聘于两个或两个以上单位执业，不得允许他人以本人名义执业，严禁"证书挂靠"。出租出借注册证书的，依据相关法律法规进行处罚；构成犯罪的，依法追究刑事责任。

造价工程师执业范围包括：

1）一级造价工程师执业范围。包括建设项目全过程的工程造价管理与咨询等，具体工作内容有：

（1）项目建议书、可行性研究投资估算与审核，项目评价造价分析。

（2）建设工程设计概算、施工预算编制和审核。

（3）建设工程招标投标文件工程量和造价的编制与审核。

（4）建设工程合同价款、结算价款、竣工决算价款的编制与管理。

（5）建设工程审计、仲裁、诉讼、保险中的造价鉴定，工程造价纠纷调解。

（6）建设工程计价依据、造价指标的编制与管理。

（7）与工程造价管理有关的其他事项。

2）二级造价工程师执业范围。二级造价工程师主要协助一级造价工程师开展相关工作，可独立开展以下具体工作：

（1）建设工程工料分析、计划、组织与成本管理，施工图预算、设计概算编制。

（2）建设工程量清单、最高投标限价、投标报价编制。

（3）建设工程合同价款、结算价款和竣工决算价款的编制。

造价工程师应在本人工程造价咨询成果文件上签章，并承担相应责任。工程造价咨询成果文件应由一级造价工程师审核并加盖执业印章。

真题训练

1. 根据《招标投标法实施条例》，投标人认为招标投标活动不符合法律法规规定的，可以自知道或应当知道之日起（　　）日内向行政监督部投诉。【单选题】

    A. 10　　　　　　　B. 15　　　　　　　C. 20　　　　　　　D. 30

【答案】A

2. 依法必须进行招标的项目，自招标文件开始发出之日起至投标人提交投标文件截止之日止，最短不得少于（　　）日。【单选题】

    A. 10　　　　　　　B. 15　　　　　　　C. 20　　　　　　　D. 30

【答案】C

3. 造价咨询业务的服务可以是单项或分阶段的，也可以覆盖工程建设（　　）。【单选题】

    A. 全过程　　　　B. 招标过程　　　　C. 施工过程　　　　D. 工程验收过程

【答案】A

4. 二级造价工程师职业资格考试（　　）统一大纲，各省、自治区、直辖市自主命题并组织实施。【单选题】

    A. 全国　　　　　B. 各省　　　　　C. 各自治区　　　　D. 各直辖市

【答案】A

5. 建设项目全过程的工程造价管理与咨询中，二级造价工程师执业范围不包括的是（　　）。【单选题】

　　A. 设计概算编制

　　B. 建设工程成本管理

　　C. 结算价款编制

　　D. 建设工程造价指标编制

【答案】D

6. 违约责任的承担方式有（　　）。【多选题】

　　A. 继续履行　　　　　　　　　　　B. 赔偿损失

　　C. 违约金　　　　　　　　　　　　D. 仲裁

　　E. 起诉

【答案】AB

7. 根据《建设工程安全生产管理条例》，施工单位应当对下列达到一定规模的危险性较大的（　　）编制专项施工方案。【多选题】

　　A. 基坑支护与降水工程　　　　　　B. 土方开挖工程

　　C. 模板工程　　　　　　　　　　　D. 起重吊装工程

　　E. 砌筑工程

【答案】ABCD

8. 根据《招标投标法实施条例》，下列关于投标保证金的说法，正确的是（　　）。【多选题】

　　A. 投标保证金不得超过招标项目估算价的 5%

　　B. 投标保证金有效期应当与投标有效期一致

　　C. 采用两阶段招标的，投标人应在第二阶段提交投标保证金

　　D. 招标人可以挪用投标保证金

　　E. 招标人最迟应当在书面合同签订后 5 日内退还投标保证金

【答案】BCE

9. 根据《招标投标法实施条例》，评标委员会应当否决投标的情形有（　　）。【多选题】

　　A. 投标文件未经投标单位盖章和单位负责人签字

B. 投标联合体没有提交共同投标协议

C. 投标文件没有对招标文件的实质性要求和条件做出响应

D. 投标联合体没有提交共同投标协议

E. 投标报价低于招标控制价

【答案】ABCD

10. 根据《注册造价工程师管理办法》，下列由住房城乡建设部会同交通运输部、水利部统一制定的有（　　　）。【多选题】

A. 注册证书

B. 执业印章样式

C. 职业资格证书

D. 职称证书

E. 注册证书编号规则

【答案】ABE

第 2 章
工程项目管理

本章提示

掌握 工程项目的组成和分类、合同管理及信息管理相关内容，工程项目管理的目标和内容。

熟悉 工程建设程序，工程项目管理的类型，项目融资模式及工程代建制相关知识，项目管理承包及全过程工程咨询相关内容。

了解 项目承发包模式相关内容。

知识体系

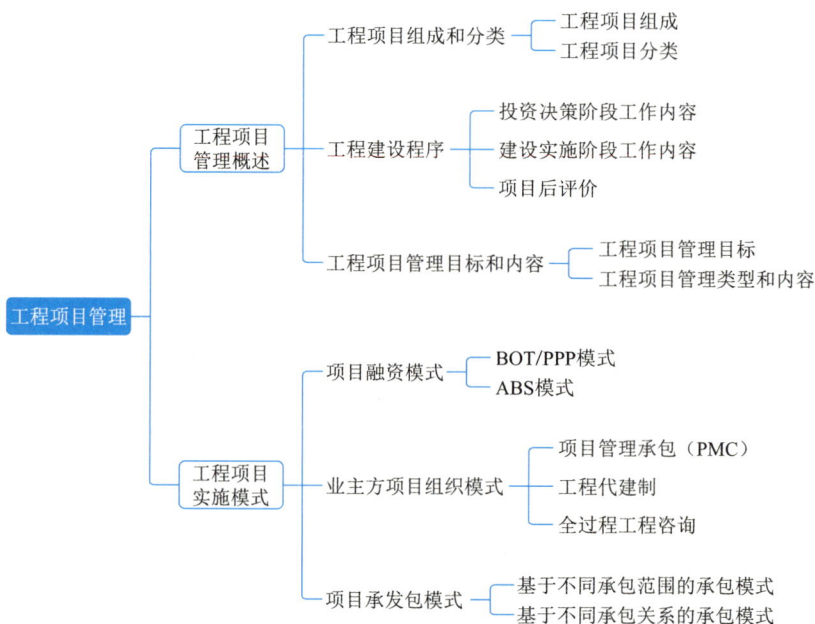

第 1 节　工程项目管理概述

2.1.1　工程项目组成和分类

工程项目是指为完成依法立项的新建、扩建、改建工程而进行的、有起止日期的、达到规定要求的一组相互关联的受控活动，包括策划、勘察、设计、采购、施工、试运行、竣工验收和考核评价等阶段。

1. 工程项目组成

工程项目可分为单项工程、单位（子单位）工程、分部（子分部）工程和分项工程。

1）单项工程

单项工程是指具有独立的设计文件，竣工后可以独立发挥生产能力、使用功能、投资效益的一组配套齐全的工程项目。单项工程是工程项目的组成部分，一个工程项目有时可以仅包括一个单项工程，也可以包括多个单项工程。生产性工程项目的单项工程，一般是指能独立生产的车间，包括厂房建筑、设备安装等工程。

2）单位（子单位）工程

单位工程是指具备独立施工条件并能形成独立使用功能的工程。对于建筑规模较大的单位工程，可将其能形成独立使用功能的部分作为一个子单位工程。根据现行国家标准《建筑工程施工质量验收统一标准》GB 50300—2024，具有独立施工条件和能形成独立使用功能是单位（子单位）工程划分的基本要求。

单位工程是单项工程的组成部分，如工业厂房工程中的土建工程、设备安装工程、工业管道工程等分别是单项工程中所包含的不同性质的单位工程。有的工程项目没有单项工程，而是直接由若干单位工程组成。

3）分部（子分部）工程

分部工程是指将单位工程按专业性质、工程部位、建筑功能等划分的工程。根据现行国家标准《建筑工程施工质量验收统一标准》GB 50300—2024，建筑工程包括：地基与基础、主体结构、建筑装饰装修、屋面、建筑给水排水及供暖、通风与空调、建筑电气、智能建筑、建筑节能、电梯等分部工程。

当分部工程较大或较复杂时。可按材料种类、工艺特点、施工程序、专业系统及类别等划分为若干子分部工程。例如，地基与基础分部工程又可细分为地基、基础、基坑支护、地下水控制、土方、边坡、地下防水等子分部工程；主体结构分部工程又可细分为混凝土结构、砌体结构、钢结构、木结构、钢管混凝土结构、型钢混凝土结构、铝合金结构等子分部工程；装饰装修分部工程又可细分为建筑地面、抹灰、外墙防水、门窗、吊顶、轻质隔墙、饰面、幕墙、涂饰、裱糊与软包、细部等子分部工程；智能建筑分部工程又可细分为智能化集成系统、信息接入系统、用户电话交换系统、信息网络系统、综合布线系统、移动通信室内信号覆盖系统、卫星通信系统、有线电视及卫星电视接收系统、会议系统、信息导引及发布系统、建筑设备监控系统、火灾自动报警系统、安全技术防范系统、应急响应系统等子分部工程。

4）分项工程

分项工程是分部工程的组成部分，也是形成建筑产品基本构件的主要施工过程。分项工程是指将分部工程按主要工种、材料、施工工艺、设备类别等划分的工程。例如，土方开挖工程、土方回填工程、钢筋工程、模板混凝土工程、砖砌体工程、木门窗制作与安装工程、钢结构安装工程、给（排）水管道安装工程等均属于分项工程。分项工程是工程项目施工生产活动的基础，也是计量工程用工用料和机械台班消耗的基本单元，同时又是工程质量形成的直接过程。分项工程既有其作业活动的独立性，又有相互联系、相互制约的整体性。

2. 工程项目分类

为了适应科学管理需要，可以从不同角度对工程项目进行分类。这里主要介绍两种分类方法。

1）按投资效益和市场需求划分

工程项目可分为竞争性项目、基础性项目和公益性项目。

（1）竞争性项目，是指投资回报率比较高、竞争性比较强的工程项目，如商务办公楼、酒店、度假村、高档公寓等工程项目。竞争性项目的投资主体一般为企业，由企业自主决策、自担投资风险。

（2）基础性项目，是指具有自然垄断性、建设周期长、投资额大而收益低的基础设施和需要政府重点扶持的一部分基础工业项目，以及直接增强国力的符合经济规模的支柱产业项目，如交通、能源、水利、城市公用设施等。政府应集中必要的财力、物力，通过经济实体投资建设这些工程项目，同时还应广泛吸收企业参与投资，有时还可吸收外商直接投资。

（3）公益性项目，是指为社会发展服务、难以产生直接经济回报的工程项目，包括科技、文教、卫生、体育和环保等设施，公、检、法等政权机关以及政府机关、社会团体办公设施，国防建设等。公益性项目的投资主要由政府用财政资金安排。

2）按投资来源划分

工程项目可分为政府投资项目和非政府投资项目。

（1）政府投资项目，政府投资项目在国外也称为公共工程，是指为适应和推动国民经济或区域经济发展，满足社会文化、生活需要，以及出于政治、国防等因素考虑，由政府通过财政投资、发行国债或地方财政债券、利用外国政府赠款以及国家财政担保的国内外金融组织贷款等方式独资或合资兴建的工程项目。

按照其营利性不同，政府投资项目又可分为经营性政府投资项目和非经营性政府投资项目。经营性政府投资项目是指具有营利性质的政府投资项目，政府投资的水利、电力、铁路等项目基本都属于经营性项目。经营性政府投资项目应实行项目法人责任制，由项目法人对项目的策划、资金筹措、建设实施、生产经营、债务偿还和资产的保值增值，实行全过程负责，使项目建设与建成后运营实现一条龙管理。

非经营性政府投资项目一般是指非营利性的、主要追求社会效益最大化的公益性项目。学校、医院以及各行政、司法机关的办公楼等项目都属于非经营性政府投资项目。非经营性政府投资项目可实施"代建制"，由代建单位行使建设单位职责，严格控制项目投资、质量和工期，待工程竣工验收后再移交给使用单位，从而使项目的"投资、建设、监管、使用"实现四分离。

（2）非政府投资项目，非政府投资项目是指企业、集体单位、外商和私人投资兴建的工程项目。这类项目一般均实行项目法人责任制，使工程项目建设与建成后运营实现一条龙管理。

2.1.2 工程建设程序

工程建设程序是指工程项目从策划、评估、决策、设计、施工到竣工验收、投入生产或交付使用的整个过程中，各项工作必须遵循先后次序。工程建设程序是工程建设过程客观规律的反映，是工程项目科学决策和顺利实施的重要保证。

世界各国和国际组织在工程建设程序上可能存在某些差异，但是按照工程项目发展的内在规律，投资建设一个工程项目都要经过投资决策和建设实施发展时期。这两个发展时期又可分为若干阶段，各阶段之间存在着严格的先后次序，可以进行合理交叉，但不能任意颠倒次序。

1. 投资决策阶段工作内容

1）编报项目建议书

项目建议书是拟建项目单位向政府部门提出的要求建设某一项目的建议文件，是对工程项目建设的轮廓设想。项目建议书的主要作用是推荐一个拟建项目，论述其建设的必要性、建设条件的可行性和获利的可能性，供政府部门选择并确定是否进行下一步工作。

对于政府投资项目，项目建议书按要求编制完成后，应根据建设规模和限额划分报送有关部门审批。项目建议书经批准后，可进行可行性研究工作，但并不表明项目已经立项，批准的项目建议书不是工程项目最终决策。

2）编报可行性研究报告

可行性研究是对工程项目在技术上是否可行和经济上是否合理进行科学的分析和论证。可行性研究应完成以下工作内容：①进行需求分析及市场研究，以解决项目建设的必要性问题及建设规模和标准等问题；②进行设计方案、设备方案、工程方案、建设管理方案等项目建设方案的研究和比选，以解决项目建设的技术可行性问题；③进行项目运营方案的研究，以解决项目建设的市场化运营的可行性、运营有效性和利益相关方的可接受性；④进行财务和经济分析，以解决项目建设的经济合理性问题。可行性研究工作完成后，需要编写反映其全部工作成果的"可行性研究报告"。

3）投资决策管理制度

根据《国务院关于投资体制改革的决定》（国发〔2004〕20号），政府投资项目实行审批制；非政府投资项目实行核准制或登记备案制。

（1）政府投资项目。对于采用直接投资和资本金注入方式的政府投资项目，政府需要从投资决策的角度审批项目建议书和可行性研究报告，除特殊情况外，不再审批开工报告，同时还要严格审批其初步设计和概算；对于采用投资补助、转贷和贷款贴息方式的政府投资项目，则只审批资金申请报告。

政府投资项目一般都要经过符合资质要求的咨询中介机构的评估论证，特别重大的项目还应实行专家评议制度。国家将逐步实行政府投资项目公示制度，以广泛听取各方面意见和建议。

（2）非政府投资项目。对于企业不使用政府资金投资建设的项目，政府不再进行投资决策性质的审批，区别不同情况实行核准制或登记备案制。

①核准制。企业投资建设《政府核准的投资项目目录》中的项目时，仅需向政府提交项目申请报告，不再经过批准项目建议书、可行性研究报告和开工报告的程序。

②备案制。对于《政府核准的投资项目目录》以外的企业投资项目，实行备案制。除国家另有规定外，由企业按照属地原则向地方政府投资主管部门备案。

对于实施核准制或登记备案制的项目，虽然政府不再审批项目建议书和可行性研究报告，但这并不意味着企业不需要编制可行性研究报告。为了保证企业投资决策的质量，投资企业也应编制可行性研究报告。

为扩大大型企业集团的投资决策权,对于基本建立现代企业制度的特大型企业集团,投资建设《政府核准的投资项目目录》中的项目时,可以按项目单独申报核准,也可编制中长期发展建设规划,规划经国务院或国务院投资主管部门批准后,规划中属于《政府核准的投资项目目录》中的项目不再另行申报核准,只需办理备案手续。企业集团要及时向国务院有关部门报告规划执行和项目建设情况。

2. 建设实施阶段工作内容

1)工程设计

(1)工程设计阶段及其内容。工程设计工作一般划分为两个阶段,即初步设计和施工图设计。重大项目和技术复杂项目,可根据需要增加技术设计阶段。

①初步设计。是根据可行性研究报告的要求和设计基础资料对拟建工程进行具体设计,并通过对工程项目所作出的基本技术经济规定,编制项目总概算。

初步设计不得随意改变被批准的可行性研究报告所确定的建设规模、产品方案、工程标准、建设地址和总投资等控制目标。根据《政府投资条例》(中华人民共和国国务院令第 712 号),初步设计提出的投资概算超过经批准的可行性研究报告提出的投资估算10%的,项目单位应当向投资主管部门或者其他有关部门报告,投资主管部门或者其他有关部门可以要求项目单位重新报送可行性研究报告。

②技术设计。应根据初步设计和更详细的调查研究资料编制,以进一步解决初步设计中的重大技术问题,如工艺流程、建筑结构、设备选型及数量确定等,使工程项目的设计更具体、更完善,技术指标更好。

③施工图设计。根据初步设计或技术设计要求,结合现场实际情况,完整地表现建筑物外形、内部空间分割、结构体系、构造状况及建筑群组成和周围环境的配合。还应包括各种运输、通信、管道系统、建筑设备的设计。在工艺方面,应具体确定各种设备的型号规格及各种非标准设备的制造加工图。

(2)施工图设计文件审查。以房屋建筑和市政基础设施工程为例,根据《房屋建筑和市政基础设施工程施工图设计文件审查管理办法》(住房和城乡建设部令第 13 号),建设单位应当将施工图送施工图审查机构审查。施工图审查机构对施工图审查的内容包括:

①是否符合工程建设强制性标准。

②地基基础和主体结构的安全性。

③消防安全性。

④人防工程(不含人防指挥工程)防护安全性。

⑤是否符合民用建筑节能强制性标准，对执行绿色建筑标准的项目，还应当审查是否符合绿色建筑标准。

⑥勘察设计企业新注册执业人员以及相关人员是否按规定在施工图上加盖相应的图章和签字。

⑦法律、法规、规章规定必须审查的其他内容。

任何单位或者个人不得擅自修改审查合格的施工图。确需修改的，凡涉及上述审查内容的，建设单位应当将修改后的施工图送原审查机构审查。对于交通运输等基础设施工程，施工图设计文件则实行审批或审核制度。

2）建设准备

建设准备工作内容。工程项目在开工建设前要切实做好各项准备工作，其主要内容包括：

①征地、拆迁和场地平整。

②完成施工用水、电、通信、道路等接通工作。

③组织招标选择工程监理单位、施工单位及设备、材料供应商。

④准备必要的施工图纸。

⑤办理工程质量监督和施工许可手续。

办理工程质量监督手续及办理施工许可证。建设单位在开工前，应当按照国家有关规定办理工程质量监督手续，工程质量监督手续可以与施工许可证或者开工报告合并办理。必须申请领取施工许可证的建筑工程未取得施工许可证的，一律不得开工。办理工程质量监督手续与施工许可证时需提供下列资料：

①建筑工程用地批准手续。

②建设工程规划许可证。

③经施工企业主要技术负责人签字并加盖企业公章确认的施工场地具备施工条件的意见书。

④施工合同。

⑤中标通知书（依法必须招标的工程项目提供）。

⑥施工图设计文件审查报告及其审查合格证明。

⑦建设资金落实承诺书。

⑧保证工程质量和安全的具体措施以及工程质量安全监督申办材料，包括：建设、勘察、设计、施工、监理五方责任主体签署《法定代表人授权书》及《工程质量终身责任承诺书》；经建设、监理、施工单位审核批准的施工组织设计（含质量和安全管理制度、管理

架构、技术措施）；危险性较大的分部分项工程清单（危险性较大的分部分项工程提交）。

⑨其他需要的文件资料。

3）施工安装

工程项目经批准新开工建设，项目即进入施工安装阶段。项目新开工时间，是指工程项目设计文件中规定的任何一项永久性工程第一次正式破土开槽开始施工的日期。不需开槽的工程，正式开始打桩的日期就是开工日期。铁路、公路、水库等需要进行大量土方、石方工程的，以开始进行土方、石方工程的日期作为正式开工日期。工程地质勘察、平整场地、旧建筑物拆除、临时建筑、施工用临时道路和水、电等工程开始施工的日期不能算作正式开工日期。分期建设的项目分别按各期工程开工的日期计算，如二期工程应根据工程设计文件规定的永久性工程开工的日期计算。

施工安装活动应按照工程设计要求、施工合同及施工组织设计，在保证工程质量、工期、成本及安全、环保等目标的前提下进行，达到竣工验收标准后，由施工单位移交给建设单位。

4）生产准备

对于生产性项目而言，生产准备是项目投产前由建设单位进行的一项重要工作。它是衔接建设和生产的桥梁，是项目建设转入生产经营的必要条件。建设单位应适时组成专门机构做好生产准备工作，确保项目建成后能及时投产。工程项目或企业不同，生产准备工作的内容各不相同，但一般应包括以下内容：

（1）招收和培训生产人员。招收项目运营所需要的人员，并采用多种方式进行培训。特别要组织生产人员参加设备的安装、调试和工程验收工作，使其能尽快掌握生产技术和工艺流程。

（2）组织准备。主要包括生产管理机构设置、管理制度和有关规定的制定、生产人员配备等。

（3）技术准备。主要包括国内装置设计资料的汇总，有关国外技术资料的翻译、编辑，各种生产方案、岗位操作法编制及新技术准备等。

（4）物资准备。主要包括落实原材料、协作产品、燃料、水、电、气等的来源有其他需协作配合条件，并组织工装、器具、备品、备件等制造或订货。

5）竣工验收

当工程项目按设计文件规定内容和施工图纸要求全部建完后，便可组织验收。竣工验收是投资成果转入生产或使用的标志，也是全面考核工程建设成果、检验设计和工程质量的重要步骤。

（1）竣工验收范围和标准。工程项目按批准的设计文件所规定的内容建成，符合验收标准，即工业项目经过投料试车（带负荷运转）合格，形成生产能力的；非工业项目符合设计要求，能够正常使用的，都应及时组织验收，办理固定资产移交手续。工程项目竣工验收、交付使用，应达到下列标准：

①生产性项目和辅助公用设施已按设计要求建完，能满足生产要求。

②主要工艺设备已安装配套，经联动负荷试车合格，形成生产能力，能够生产出设计文件规定的产品。

③职工宿舍和其他必要的生产福利设施，能适应投产初期的需要。

④生产准备工作能适应投产初期的需要。

⑤环境保护设施、劳动安全卫生设施、消防设施已按设计要求与主体工程同时建成使用。

以上是工程项目竣工应达到标准的基本规定，各类工程项目除应遵循这些共同标准外，还要结合专业特点确定其竣工应达到的具体条件。

（2）竣工验收准备工作。工程竣工验收准备工作主要包括：

①整理形成工程档案资料。技术档案资料主要包括土建施工、设备安装方面及各种有关的文件、合同和试生产情况报告等。

②绘制竣工图。工程项目竣工图是真实记录各种地下、地上建筑物等详细情况的技术文件，是对工程进行交工验收、维护、扩建、改建的依据，同时也是使用单位长期保存的技术资料。关于绘制竣工图的规定如下：

a. 凡按图施工没有变动的，由施工承包单位（包括总包单位和分包单位）在原施工图上加盖"竣工图"标志后即作为竣工图。

b. 凡在施工中，虽有一般性设计变更，但能将原施工图加以修改补充作为竣工图的，可不重新绘制，由施工承包单位负责在原施工图（必须新蓝图）上注明修改部分，并附以设计变更通知单和施工说明，加盖"竣工图"标志后，即作为竣工图。

c. 凡结构形式改变、工艺改变、平面布置改变、项目改变以及有其他重大改变，不宜再在原施工图上修改补充者，应重新绘制改变后的竣工图。由于设计原因造成的，由设计单位负责重新绘图；由于施工原因造成的，由施工承包单位负责重新绘图；由于其他原因造成的，由建设单位自行绘图或委托设计单位绘图，施工单位负责在新图上加盖"竣工图"标志，并附以有关记录和说明，作为竣工图。

竣工图必须准确、完整，符合归档要求，方能交工验收。

③编制竣工决算。建设单位必须及时清理所有财产、物资和未用完或应收回的资金，编制工程竣工决算，分析概（预）算执行情况，考核投资效益，报请主管部门审查。

（3）竣工验收程序和组织。根据国家规定，规模较大、较复杂的工程项目应先进行初验，然后进行正式验收。规模较小、较简单的工程项目，可以一次进行全部项目竣工验收。

工程项目全部建完，经过各单位工程验收，符合设计要求，并具备竣工图、竣工决算、工程总结等必要文件资料，由项目主管部门或建设单位向负责验收的单位提出竣工验收申请报告。

竣工验收要根据投资主体、工程规模及复杂程度由政府有关部门或建设单位组成验收委员会或验收组。验收委员会或验收组负责审查工程建设各个环节，听取各有关单位工作汇报。审阅工程档案、实地查验建筑安装工程实体，对工程设计、施工和设备质量等作出全面评价。不合格的工程不予验收。对遗留问题要提出具体解决意见，限期落实完成。

3. 项目后评价

2024 年 7 月，国家发展改革委印发了《国家发展改革委重大项目后评价管理办法》，该办法自 2024 年 9 月 1 日起施行，有效期 5 年。

项目后评价，是指选取有代表性的项目，在项目竣工验收并投入使用一定时间后，将项目建成后所达到的实际效果与项目的可行性研究报告和初步设计（含概算）文件及其审批文件、项目申请书及其核准文件的主要内容进行对比分析，找出差距及原因，提出评价意见和对策建议，并反馈到项目参与各方，形成良性项目决策和管理机制。根据需要，可以对同行业、同区域多个项目开展专题后评价。专题后评价既可以对项目全过程进行评价，也可以聚焦特定领域进行评价。

项目后评价应当遵循独立、客观、科学、公正的原则，保持顺畅的信息沟通和反馈，不断完善投资事中事后监管体系服务。

项目后评价一般应采用定性和定量相结合的方法，主要包括逻辑框架法、调查法、对比法、专家打分法、综合指标体系评价法、项目成功度评价法等，并统筹运用信息技术、大数据、遥感监测等现代化手段。

国家发展改革委负责项目后评价的组织和管理工作。承担项目后评价任务的工程咨询单位，负责按照要求开展项目后评价并提交后评价报告。承担项目后评价任务的工程咨询单位，应当按照委托要求和投资管理相关规定，根据业内应遵循的评价方法、工作流程、质量保证要求和执业行为规范，独立开展项目后评价工作，在委托时限内完成项目后评价任务，提交合格的项目后评价报告。项目后评价报告一般包括以下内容：

（1）概述：项目基本情况、自我总结评价报告主要结论、项目后评价开展情况及主要结论。

（2）项目前期决策总结与评价：规划政策符合性、建设必要性评价，可行性研究报告、初步设计（含概算）文件、项目申请书及其审批或核准文件主要内容和调整情况及其评价。

（3）项目建设准备和实施总结与评价：开工准备、建设过程、组织管理、安全生产、资金落实和使用、竣工验收等情况及其评价。

（4）项目运行总结与评价：运行效果、制度建设执行等情况及其评价。

（5）项目效益效果评价：财务及经济效益、社会效益、生态环境损益及环保措施实施效果、资源和能源节约利用与保护效果、技术效果等评价。

（6）项目目标及可持续性评价。

（7）项目后评价结论及意见建议。

国家发展改革委可结合具体项目的行业特点、实际情况对上述内容予以适当调整。

2.1.3　工程项目管理目标和内容

1. 工程项目管理目标

工程项目管理是指项目组织运用系统工程理论和方法，对工程项目策划决策和建设实施全过程所有工作（包括项目建议书、可行性研究、评估、设计、采购、施工、验收、后评价等）进行计划、组织、指挥、协调和控制的过程。工程项目管理的核心是控制项目基本目标（质量、造价、进度），最终实现项目功能，以满足项目使用者及利益相关者需求。

工程项目质量、造价和进度三大目标是一个相互关联的整体，三大目标之间存在着对立统一关系，需要统筹兼顾，合理确定三大目标，防止发生盲目追求单一目标而冲击或干扰其他目标的现象。

1）三大目标之间的对立关系

在通常情况下，如果对工程质量有较高的要求，就需要投入较多的资金和花费较长的建设时间；如果要抢时间、争进度，以极短的时间完成工程项目，势必会增加投资或者使工程质量下降；如果要减少投资、节约费用，势必会考虑降低项目的功能要求和质量标准。所有这些都说明，工程项目三大目标之间存在着矛盾和对立关系。

2）三大目标之间的统一关系

在通常情况下，适当增加投资数量，为采取加快进度的措施提供经济条件，即可加快项目建设进度，缩短工期，使项目尽早动用，投资尽早回收，项目全寿命期经济效益得到提高；适当提高项目功能要求和质量标准，虽然会造成一次性投资和建设工期的增加，但能够节约项目动用后的经营费和维修费，从而获得更好的投资经济效益；如果项目进度计划制定得既科学又合理，使工程进展具有连续性和均衡性，不但可以缩短建设工期，而且有可能获得较好的工程质量和降低工程费用。所有这些又都说明，工程项目三大目标之间又存在着统一关系。

除工程质量、造价、进度三大基本目标外，工程项目目标还包括安全、环保、节能等目标，这反映了工程项目管理的社会责任和历史责任。

2. 工程项目管理类型和内容

1）工程项目管理类型

在工程项目的决策和实施过程中，由于各阶段的任务和实施主体不同，构成不同类型项目管理，如图 2-1 所示。从系统工程角度分析，每一类项目管理都是在特定条件下实现整个工程项目总目标的一个管理子系统。

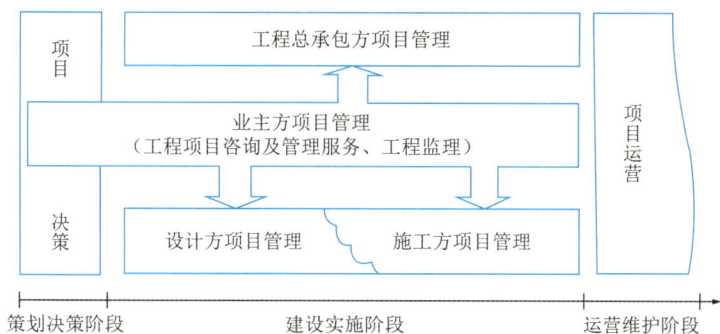

图 2-1　工程项目管理类型图

（1）业主方项目管理。业主方项目管理是全过程项目管理，包括项目策划、决策与建设实施阶段各个环节。由于项目实施的一次性，使得业主自行进行项目管理存在很大局限性。首先，在技术和管理方面缺乏相应的配套力量；其次，即使是配备健全管理机构，如果没有持续不断的项目管理任务也是不经济的。为此，项目业主需要专业化、社会化项目管理单位或全过程工程咨询单位为其提供咨询服务。这些专业化咨询单位既可为业主提供全过程咨询服务，也可根据业主需求提供分阶段咨询服务。对于需要实施监理的工程项目，工程监理单位可为业主提供工程监理服务。

（2）工程总承包方项目管理。在项目设计、施工总承包［DB（Design&Build）承包］或设计、采购和施工总承包［EPC（Engineering-Procurement-Construction）承包］模式下，工程总承包方项目管理贯穿于项目实施全过程，既包括工程设计阶段，也包括工程施工阶段。

工程总承包方为实现其经营方针和目标，必须在合同条件约束下，依靠自身技术和管理优势或实力，通过优化设计及施工方案，在规定时间内，按质、按量地全面完成工程项目承包任务。

（3）设计方项目管理。工程设计单位承揽到工程设计任务后，需要根据工程设计合同所界定的工作目标及义务，从技术经济角度对工程项目实施进行全面而详尽安排，最终形成设计图纸和说明书，并在工程施工安装过程中参与监督和验收。因此，设计方项目管理不仅仅局限于工程设计阶段，而且要延伸到工程施工和竣工验收阶段。

（4）施工方项目管理。施工承包单位承揽到工程施工任务后，无论是施工总承包方还是分包方，均需要根据施工承包合同所界定的工程范围组织项目管理。施工方项目管理的目标体系包括项目施工质量（Quality）、成本（Cost）、进度（Schedule）、安全（Safety）和环保（Environment）。显然，这一目标体系既与工程项目目标相联系，又具有施工方项目管理的鲜明特征。

（5）供货方项目管理。从工程项目管理系统角度分析，建筑材料和设备供应工作也是实施工程项目的一个子系统。材料设备制造商、供应商同样需要根据加工生产制造和供应合同所界定的任务进行项目管理，以适应工程项目总目标要求。

2）工程项目管理内容

工程项目管理内容有很多，概括起来，主要包括合同管理、组织协调、目标控制、风险管理、信息管理、环保节能等。此外，对于施工承包单位和监理单位，施工现场安全生产管理也是工程项目管理的重要内容。

（1）合同管理。工程总承包合同、勘察设计合同、施工合同、材料设备采购合同、项目管理合同、监理合同及有关咨询服务合同等均是建设单位与参与项目实施各主体之间明确权利义务关系的具有法律效力的协议文件。从某种意义上讲，工程项目实施过程就是合同订立和履行过程。合同管理主要是指对各类合同订立过程和履行过程的管理，包括合同文本选择，合同条件协商、谈判，合同书签署；合同履行检查，变更和违约、纠纷处理；总结评价等。

（2）组织协调。组织协调是实现工程项目目标必不可少的方法和手段。在工程项目实施过程中，各参与单位需要处理和调整众多复杂的业务组织关系，主要包括：

①外部环境协调，如与政府主管部门之间协调、资源供应及社区环境方面协调等。

②项目参与单位之间协调。

③项目参与单位内部各部门、各层次及个人之间协调。

（3）目标控制。目标控制是指工程项目管理人员在不断变化的动态环境中为保证既定计划目标实现而进行的一系列检查和调整活动。目标控制的主要任务是采用规划、组织、协调等手段，采取组织、技术、经济、合同等措施，确保工程项目总目标实现。工程项目目标控制的任务贯穿在项目策划决策和建设实施各个阶段。

（4）风险管理。工程项目规模日趋大型化，技术含量不断增大，建设单位及项目参与各方所面临的风险越来越多。为确保工程建设投资效益，必须对工程项目风险进行识别，并在定量分析和系统评价的基础上制定和实施风险应对策略。

（5）信息管理。信息管理是工程项目目标控制的基础，其主要任务是及时、准确地向各层级领导、各参建单位及各类人员提供所需的综合程度不同的信息，以便在工程项目进展过程中，动态地进行项目规划，迅速正确地进行各种决策，并及时检查决策执行结果。

（6）环保节能。工程建设可以改造环境、为人类造福，优秀建筑还可增添社会景观。但与此同时，也存在着影响甚至恶化环境的种种因素。在工程建设中应强化环保意识，对于环保方面有要求的工程项目在进行可行性研究时，必须提出环境影响评价报告；在项目实施阶段，必须做到"三同时"，即主体工程与环保措施工程同时设计、同时施工、同时投入运行。

此外，为应对全球气候变化和能源短缺问题，促进经济社会低碳发展，建筑节能日益成为项目管理的重要任务之一。在项目决策阶段，需要体现节能理念；在项目实施阶段，要严格执行工程建设标准（包括节能标准），确保工程项目满足节能要求。

第 2 节　工程项目实施模式

工程项目实施模式主要包括项目融资模式、业主方项目组织模式和项目承发包模式三个方面。

2.2.1　项目融资模式

项目融资是指以拟建项目资产、预期收益、预期现金流量等为基础进行的一种融资，而不是以项目投资者或发起人的资信为依据进行融资。债权人在项目融资过程中主要关注项目在贷款期内能产生多少现金流量用于还款，能够获得的贷款数量、融资成本高低及融资结构设计等都与项目的预期现金流量和资产价值紧密联系在一起。近年来，常见项目融资方式有 BOT/PPP 模式、ABS 模式等。

1. BOT/PPP 模式

1）BOT 模式及其基本形式

BOT（Build-Operate-Transfer）是 20 世纪 80 年代中后期发展起来的一种主要用于公共基础设施建设的项目融资方式。BOT 是指由项目所在国政府或其所属机构为项目建设和经营提供一种特许权协议（Concession Agreement）作为项目融资基础，由本国公司或者外国公司作为项目投资者和经营者，进行工程项目建设，并在特许权协议期间经营项目获取商业利润。特许期满后，根据协议将该项目转让给相应政府机构。

通常所说的 BOT 主要有以下三种基本形式：

（1）标准 BOT（Build-Operate-Transfer），即建设-经营-移交。投资财团愿意自己融资，建设某项基础设施，并在项目所在国政府授予的特许期内经营该公共设施，以经营收入抵偿建设投资，并获得一定收益，经营期满后将此设施转让给项目所在国政府。

（2）BOOT（Build-Own-Operate-Transfer），即建设-拥有-经营-移交。BOOT 与 BOT 的区别在于：BOOT 在特许期内既拥有经营权，又拥有所有权。此外，BOOT 的特许期要比 BOT 的长一些。

（3）BOO（Build-Own-Operate），即建设-拥有-经营。特许项目公司根据政府的特许权建设并拥有某项基础设施，但最终不将该基础设施移交给项目所在国政府。

2）BOT 模式演变形式

除上述三种基本形式外，BOT 还有多种演变形式，如 TOT（Transfer-Operate-Transfer）、TBT（Transfer-Build-Transfer）、BT（Build-Transfer）等。

（1）TOT。即移交-运营-移交，是指项目所在国政府将已投产运行的项目在一定期限内移交给外商经营，以项目在该期限内的现金流量为标的，一次性地从外商处筹得一笔资金，用于建设新项目。待外商经营期满后，再将原项目移交给项目所在国政府。与 BOT 相比，采用 TOT 方式时，融资对象更为广泛，可操作性更强，使项目融资成功的可能性增加。

（2）TBT。即移交-建设-移交，是指将 TOT 与 BOT 组合起来，以 BOT 为主的一种融资方式，主要目的是促成 BOT 的实施。采用 TBT 方式时，政府通过招标将已运营一段时间的项目和未来若干年的经营权无偿转让给投资人；投资人负责组建项目公司去建设和经营待建项目；项目建成开始运营后，政府从 BOT 项目公司获得与项目经营权等值的收益；按照 TOT 和 BOT 协议，投资人相继将项目经营权归还给政府。TBT 方式的实质是政府将一个已建项目和一个待建项目打包处理，获得一个逐年增加的协议收入（来自待建项目），最终收回待建项目的所有权益。

（3）BT。即建设-移交，是指政府在项目建成后从民营机构中购回项目（可一次支付也可分期支付）。与政府借贷不同，政府用于购买项目的资金往往是事后支付（可通过财政拨款，但更多的是通过运营项目收费来支付）；民营机构用于项目建设的资金大多来自银行的有限追索权贷款。事实上，如果建设资金不是来自银行的有限追索权贷款，BT 模式实际上就成为"垫资承包"或"延期付款"，这样便超出项目融资范畴。

3）PPP 模式及其分类

（1）PPP 分类。PPP（Public-Private-Partnership）有广义和狭义之分。狭义的 PPP 被

认为是具有融资方式的总称，包含 BOT、TOT、TBT 等多种具体运作方式。广义的 PPP 是指政府与社会资本为提供公共产品或服务而建立的各种合作关系。

根据社会资本参与程度由小到大，国际上将广义 PPP 分为外包类、特许经营类和私有化类三种。

①外包类。外包类 PPP 项目一般是指政府将公共基础设施的设计、建造、运营和维护等一项或多项职责委托给社会资本方，或者将部分公共服务的管理、维护等职责委托给社会资本方，政府出资并承担项目经营和收益风险，社会资本方通过政府付费实现收益，承担的风险相对较少，但却无法通过民间融资实现公共基础设施建设管理。

②特许经营类。特许经营权类 PPP 项目需要社会资本方参与部分或者全部投资，政府与社会资本方就特许经营权签署合同，双方共担项目风险、共享项目收益。社会资本方通过与政府签订合同，获得在一定期限内参与公共基础设施的设计建造、运营管理以及为用户提供服务等权利，但项目资产最终归政府所有，在特许经营权期满之后，社会资本方将公共基础设施交还给政府，因此，一般存在使用权和所有权的移交过程。

特许经营类 PPP 项目主要有 BOT 及 TOT 两种实现形式。另外，与 DB 模式相结合，特许经营类 PPP 还包括 DBFO、DBTO 等类型（表 2-1）。根据不同实现途径，在 TOT 方式中，还可分为 PUOT 和 LUOT 两种类型；在 BOT 方式中，又可分为 BLOT 和 BOOT 两种类型，两者区别在于建设完成后是通过租赁还是特许拥有的方式获取项目经营权。

特许经营类 PPP 项目分类　　　　　　　　　　　　　　　表 2-1

类型	二级分类	主要特征	合同期限
建设–运营–移交（BOT）	建设–拥有–运营–移交（BOOT）	社会资本在规定期限内融资建设基础设施项目后，对基础设施项目享有所有权，并对其经营管理，可向用户收取费用或者出售产品以偿还贷款，回收投资并获取利润。在特许期届满后将该基础设施移交给政府	25～30 年
	建设–租赁–运营–移交（BROT/BLOT）	与 BOOT 相比，社会资本不具有基础设施项目的所有权，但可在特许期内承租该基础设施所在地上的有形资产	25～30 年
转让–运营–移交（TOT）	购买–更新–运营–移交（PUOT）	社会资本购买基础设施所有权，经过一定程度的更新、扩建后经营该设施，合同期满后将基础设施及所有权移交给政府	8～15 年
	租赁–更新–运营–移交（LUOT）	与 PUOT 相比，社会资本对基础设施所有权进行租赁	8～15 年
其他	设计–建设–融资–运营（DBFO）	DBFO 是英国 PFI 架构中最主要的模式，社会资本投资建设公共设施，通常也具有该设施所有权。公共部门根据合同约定向社会资本支付一定费用并使用该设施	20～25 年
	设计–建设–移交–运营（DBTO）	社会资本为基础设施项目融资并进行建设，项目完成后将设施移交给政府，政府再授权该社会资本经营管理基础设施	20～25 年

③私有化类。私有化类 PPP 项目是指社会资本方负责项目全部投资建造、运营管理等，政府只负责监管社会资本方的定价和服务质量，避免社会资本方由于权力过大影响公共福利。私有化类 PPP 项目所产生的一切费用及收益和项目所有权都归社会资本方所有，并且不具备有限追索特征，因此，社会资本方在私有化类 PPP 项目中承担的风险最大。

（2）PPP 项目运作流程。PPP 项目运作可分为项目识别、项目准备、项目采购、项目执行、项目移交五个阶段，如图 2-2 所示。

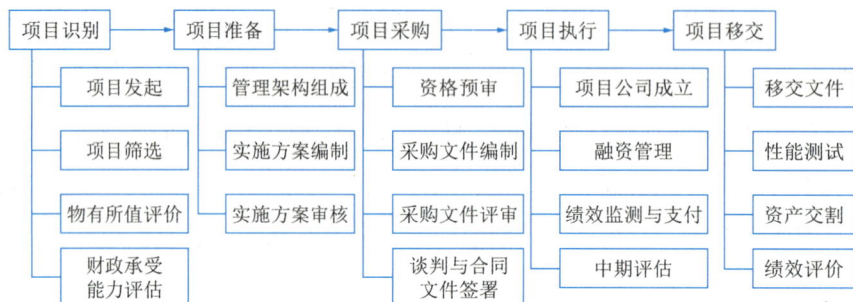

图 2-2　PPP 项目运作流程图

2. ABS 模式

ABS（Asset-Backed Securitization）是指资产支持的证券化。以拟建项目所拥有的资产为基础，以该项目资产的未来收益作保证，通过在国际资本市场上发行债券筹集资金达到融资目的。

1）ABS 项目运作流程

（1）组建特定用途公司 SPC（Special Purpose Corporation）。SPC 可以是一个信托投资公司、信用担保公司、投资保险公司或其他独立法人，由于 SPC 是进行 ABS 融资的载体，成功组建 SPC 是 ABS 能够成功运作的基本条件和关键因素。

（2）SPC 与项目结合。SPC 要寻找可以进行资产证券化融资的对象。一般来说，投资项目所依附的资产只要在未来一定时期内能带来现金收入，就可以进行 ABS 融资。可以是房地产的未来租金收入，飞机、汽车等未来运营的收入，项目产品出口贸易收入，航空、港口及铁路的未来运费收入，收费公路及其他公用设施收费收入，税收及其他财政收入等。拥有这种未来现金流量所有权的企业（项目公司）成为原始权益人。这些未来现金流量所代表的资产，是 ABS 融资模式的物质基础。

SPC 与项目结合，就是以合同、协议等方式将原始权益人所拥有的项目资产的未来现金收入权利转让给 SPC，转让目的在于将原始权益人本身的风险割断。这样，SPC 进行 ABS 模式融资时，其融资风险仅与项目资产未来现金收入有关，而与工程项目原始权益人本身的风险无关。在实际操作中，为了确保这种风险完全隔断，SPC 一般要求原始权益人或有关机构提供充分的担保。

（3）利用信用增级手段使项目资产获得预期的信用等级。通过调整项目资产现有的财务结构，使项目融资债券达到投资级水平，达到 SPC 关于承包 ABS 债券的条件要求。SPC 通过提供专业化的信用担保进行信用升级，之后委托资信评估机构，对即将发行的经过担保的 ABS 债券在还本付息能力、项目资产的财务结构、担保条件等方面进行信用评级，确定 ABS 债券的资信等级。

（4）SPC 发行债券。SPC 直接在资本市场上发行债券募集资金，或者通过信用担保，由其他机构组织债券发行，并将通过发行债券筹集的资金用于工程项目建设。由于 SPC 一般均获得国际权威性资信评估机构的 AAA 级或 AA 级信用等级，则由其发行的债券或通过其提供信用担保的债券，也具有相应的信用等级。这样，SPC 就可以借助该优势在国际高等级投资证券市场，以较低的融资成本发行债券，募集工程项目建设所需资金。

（5）SPC 偿债。由于项目原始收益人已将项目资产的未来现金收入权利让渡给 SPC，因此，SPC 就能利用项目资产的现金流入量，清偿其在国际高等级投资证券市场上所发行债券的本息。

2）ABS 与 BOT/PPP 的区别

ABS 和 BOT/PPP 都适用于基础设施项目融资，但两者的运作及对经济的影响等存在着较大差异。

（1）运作繁简程度与融资成本不同。BOT/PPP 方式的操作复杂、难度大。采用 BOT/PPP 方式必须经过项目确定、项目准备、招标、谈判、合同签署、建设、运营、维护、移交等阶段，涉及政府特许以及外汇担保等诸多环节，牵扯范围广，不易实施，其融资成本也因中间环节多而增高。ABS 方式则只涉及原始权益人、特定用途公司 SPC、投资者、证券承销商等主体，无须政府的特许及外汇担保，是一种主要通过民间非政府途径运作的融资方式。ABS 方式操作简单，融资成本低。

（2）项目所有权、运营权不同。BOT/PPP 项目的所有权、运营权在特许期内属于项目公司，特许期届满，所有权将移交给政府。因此，通过外资 BOT/PPP 进行基础设施项目融资可以引进国外先进的技术和管理，但会使外商掌握项目控制权。而 ABS 方式在债券发行期内，项目资产的所有权属于 SPC，项目的运营决策权则属于原始收益人，原始收益人有义务将项目的现金收入支付给 SPC，待债券到期，用资产产生的收入还本付息后，资产的所有权又复归原始权益人。因此，利用 ABS 方式进行基础设施项目国际融资，可以使项目所在国保持对项目运营的控制，但不能得到国外先进的技术和管理经验。

（3）投资风险不同。BOT/PPP 项目投资人一般都为企业或金融机构，其投资是不能随便放弃和转让的，每一个投资者承担的风险相对较大。而 ABS 项目的投资者是国际资本市场上的债券购买者，数量众多，从而极大地分散了投资风险。同时，这种债券可在二级市场流通，并经过信用增级降低投资风险，这对投资者有很强的吸引力。

（4）适用范围不同。BOT/PPP 方式是非政府资本介入基础设施领域，其实质是 BOT/PPP 项目在特许期内的民营化，因此某些关系国计民生的要害部门是不能采用 BOT/PPP 方式的。ABS 模式则不同，在债券发行期间，项目的资产所有权虽然归 SPC 所有，但项目经营决策权依然归原始权益人所有，因此运用 ABS 方式不必担心重要项目被外商控制。相比而言，在基础设施领域，ABS 的应用范围要比 BOT/PPP 更广泛。

2.2.2　业主方项目组织模式

业主或建设单位是建设工程项目管理核心，在工程项目管理中占主导地位。如果业主或建设单位自身组织机构完善、专业水平高、管理力量强大，则业主或建设单位可自行实施业主方项目管理。否则，需要委托专业化、社会化咨询机构或项目管理机构为其提供服务。

1. 项目管理承包（PMC）

项目管理承包（Project Management Contract，PMC）是指业主聘请专业工程公司或咨询公司，代表其在项目实施全过程或其中若干阶段进行项目管理。被聘请的专业工程公司或咨询公司被称为项目管理承包商。采用 PMC 管理模式时，业主仅需保留很少部分项目管理力量对一些关键问题进行决策，绝大部分项目管理工作均由项目管理承包商承担。

1）PMC 类型

按照工作范围不同，项目管理承包（PMC）可分为三种类型：

（1）项目管理承包商代表业主进行项目管理，同时还承担部分工程的设计、采购、施工（EPC）工作。这对项目管理承包商而言，风险高，相应的利润、回报也较高。

（2）项目管理承包商作为业主项目管理的延伸，只是管理 EPC 承包商而不承担任何 EPC 工作。这对项目管理承包商而言，风险和回报均较低。

（3）项目管理承包商作为业主顾问，对项目进行监督和检查，并及时向业主报告工程进展情况。这对项目管理承包商而言，风险最低，但回报也低。

2）PMC 工作内容

在 PMC 管理模式下，项目管理承包商派出的项目管理人员与业主代表组成一个完整的管理组织进行项目管理，该项目管理组织有时也被称为一体化项目管理团队（Integrated Project Management Team，IPMT），如图 2-3 所示。

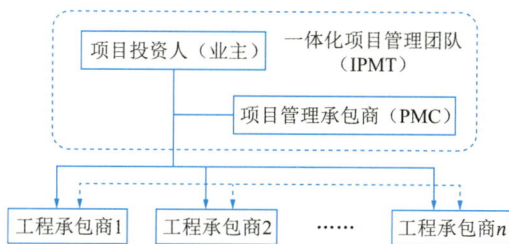

图 2-3　一体化项目管理团队

按照国际上流行的项目阶段划分方式，工程项目采用 EPC 总承包模式时可分为项目前期和项目实施两个阶段，项目管理承包商在项目进展的不同阶段承担不同工作内容。

（1）项目前期阶段工作内容。项目管理承包商的主要任务是代表业主进行项目管理。具体包括：项目建设方案优化；组织项目风险识别和分析，制定项目风险应对策略；提供融资方案并协助业主进行融资；提出项目应统一遵循的标准及规范；组织或完成基础设计、初步设计和总体设计；协助业主完成政府相关审批工作；提出项目实施方案，完成项目投资估算；提出材料、设备清单及供货厂家名单；编制 EPC 招标文件，进行 EPC 投标人资格预审，并完成 EPC 评标工作。

（2）项目实施阶段工作内容。由中标的 EPC 总承包商进行项目的详细设计，并进行采购和施工工作。项目管理承包商的主要任务是代表业主进行协调和监督工作。具体包括：进行设计管理，协调有关技术条件；完成项目总体中某些部分的详细设计；实施采购管理，并为业主负责的采购提供服务；配合业主进行生产准备、组织试运行和验收；向业主移交项目文件资料。

2. 工程代建制

工程代建制是一种针对非经营性政府投资项目的建设实施组织方式，专业化的工程项目管理单位作为代建单位，在工程项目建设过程中按照委托合同的约定代行建设单位职责，负责建设实施，严格控制项目投资、质量和工期，竣工验收后移交给使用单位。

1）工程代建的性质

工程代建的性质是工程建设的管理和咨询，与工程承包不同。在项目建设期间，工程代建单位不存在经营性亏损或盈利，通过与政府投资管理机构签订代建合同，只收取代理费、咨询费。如果在项目建设期间节省了投资，可按合同约定从节约的投资中提取一部分作为奖金。

工程代建单位不参与工程项目前期的策划决策和建成后的经营管理，也不对投资收益负责。工程项目代建合同生效后，为了保证政府投资的合理使用，代建单位须提交工程概算投资 10% 左右的履约保函。如果代建单位未能完全履行代建合同义务，擅自变更建设内容、扩大建设规模、提高建设标准，致使工期延长、投资增加或工程质量不合格，应承担所造成的损失或投资增加额。

2）工程代建制与项目法人责任制的区别

（1）项目管理责任范围不同。对于实施项目法人责任制的项目，项目法人的责任范围覆盖工程项目策划决策及建设实施过程，包括项目策划、资金筹措、建设实施、运营管理、贷款偿还及资产的保值增值。而对于实施工程代建制的项目，代建单位的责任范围只是在工程项目建设实施阶段。

（2）项目建设资金责任不同。对于实施项目法人责任制的项目，项目法人需要在项目建设实施阶段负责筹措建设资金，并在项目建成后的运营期间偿还贷款及对投资方的回报。而对于实施工程代建制的项目，代建单位不负责建设资金的筹措，因此也不负责偿还贷款。

（3）项目保值增值责任不同。对于实施项目法人责任制的项目，项目法人需要在项目全寿命周期内负责资产的保值增值。而对于实施工程代建制的项目，代建单位仅负责项目建设期间资金的使用，在批准的投资范围内保证建设工程项目实现预期功能，使政府投资效益最大化，不负责项目运营期间的资产保值增值。

（4）适用的工程对象不同。项目法人责任制适用于政府投资的经营性项目，而工程代建制适用于政府投资的非经营性项目（主要是公益性项目）。

3. 全过程工程咨询

全过程工程咨询是指工程咨询方综合运用多学科知识、工程实践经验、现代科学技术和经济管理方法，采用多种服务方式组合，为委托方在项目投资决策、建设实施阶段提供阶段性或整体解决方案的综合性智力服务活动。

这里的"工程咨询方"，可以是具备相应资质和能力的一家咨询单位，也可以是多家咨询单位组成的联合体。"委托方"可以是投资方、建设单位，也可以是运营单位。这种全过程工程咨询不仅强调工程项目投资决策、建设实施全过程，甚至可延伸至运营维护阶段，而且强调技术、经济和管理相结合的综合性咨询。

1）全过程工程咨询服务内容

根据《国家发展改革委　住房城乡建设部关于推进全过程工程咨询服务发展的指导意见》（发改投资规〔2019〕515 号），全过程工程咨询服务内容包括投资决策综合性咨询和工程建设全过程咨询。

（1）投资决策综合性咨询。投资决策综合性咨询是指综合性工程咨询单位接受投资者委托，就投资项目的市场、技术、经济、生态环境、能源、资源、安全等影响可行性的要素，结合国家、地区、行业发展规划及相关重大专项建设规划、产业政策、技术标准及相关审批要求进行分析研究和论证，为投资者提供决策依据和建议，其目的是减少分散专项评价评估，避免可行性研究论证碎片化。

（2）工程建设全过程咨询。工程建设全过程咨询是指由一家具有相应资质条件的咨询企业或多家具有相应资质条件的咨询企业组成联合体，为建设单位提供招标代理、勘察、设计、监理、造价、项目管理等全过程咨询服务，满足建设单位一体化服务需求，增强工程建设过程的协同性。

2）全过程工程咨询的特点

与传统的分阶段单项"碎片化"咨询相比，全过程工程咨询具有以下特点：

（1）咨询服务范围广。①从服务阶段看，全过程工程咨询覆盖项目投资决策、建设实施（设计、招标、施工）全过程集成化服务，有的还会包括运营维护阶段咨询服务；②从服务内容看，全过程工程咨询包含技术咨询、经济分析和管理服务，而不只是侧重于管理咨询。

（2）强调智力性策划。全过程工程咨询单位要运用工程技术、经济学、管理学、法学等多学科知识和经验，为委托方提供智力服务。

（3）实施多阶段集成。全过程工程咨询服务不是简单地将各个阶段咨询服务相加，而是要克服传统的"碎片化"咨询服务弊端，通过多阶段集成化咨询服务，为委托方创造价值。

2.2.3　项目承发包模式

在工程项目实施过程中，往往不止一家承包单位。由于承包单位之间以及承包单位与建设单位之间的关系不同，因而形成了不同的工程项目承发包模式。

1. 基于不同承包范围的承包模式

1）设计-招标-建造（DBB）模式

DBB（Design-Bid-Build）是一种较传统的工程发承包模式，即建设单位分别与工程勘察设计单位、施工单位签订合同，工程勘察设计、施工任务分别由工程勘察设计单位、施工单位完成。DBB 模式主要体现的是专业化分工，我国大部分工程项目都采用这种模式。

在传统 DBB 模式下，工程勘察设计单位、施工单位分别根据勘察设计合同、施工合同向建设单位负责，工程勘察设计单位与施工单位之间没有合同关系，只是协作关系。经建设单位同意，工程勘察设计单位、施工单位可将其部分任务分包给专业工程勘察设计单位、施工单位。

（1）DBB 模式的优点：建设单位、工程勘察设计单位、施工总承包单位及分包单位在合同约束下，各自行使其职责和履行义务，责权利分配明确；建设单位直接管理工程勘察设计和施工，指令易贯彻执行。而且由于该模式应用广泛、历史长，相关管理方法较成熟，工程参建各方对有关程序都比较熟悉。

（2）DBB 模式的不足：工程设计、招标、施工按顺序依次进行，建设周期长；而且由于施工单位无法参与工程设计，设计与施工协调困难，容易产生设计变更，可能使建设单位利益受损。此外，由于工程责任主体较多，包括设计单位、施工单位、材料设备供应单位等，一旦工程出现问题，建设单位将分别面对不同参与方，容易出现互相推诿，协调工作量大。

2）工程总承包模式

工程总承包有许多模式，DB（Design-Build）/EPC（Engineering-Procurement-Construction）模式是其中常见的两种代表性模式。DB（设计-建造）模式是指从事工程总承包的单位受建设单位委托，按照合同约定，承担工程勘察设计和施工任务。而在 EPC（设计-采购-施工）模式中，工程总承包单位还要负责材料设备的采购工作，且其中的设计也不是一般意义上的工程设计，含有工艺流程设计、策划和管理等。对于建设内容明确、技术方案成熟的项目，适宜采用工程总承包方式。

工程总承包单位（或联合体）负责整个工程建设实施，可以发挥其自身优势完成工程设计、采购及施工的全部或一部分，也可以选择合格的分包单位来完成相关工作。采用工程总承包模式，对工程总承包单位的综合实力和管理水平有较高要求。还可采用工程总承包管理模式，即业主将工程设计与施工的主要部分发包给专门从事设计与施工组织管理的工程管理公司，该公司自己既没有设计力量，也没有施工队伍，而是将其所承接的设计和施工任务全部分包给其他设计单位和施工单位，工程管理公司则专心致力于工程项目管理工作。

（1）工程总承包模式的优点。

①有利于缩短建设工期。采用工程总承包模式，工程设计和施工任务均由工程总承包单位负责，可使工程设计与施工之间的沟通问题得到极大改善。此外，由于工程总承包单位能够在全部设计完成之前便可开始其他工作，如材料设备采购及某些可以与设计工作并行的施工等，这样可在很大程度上缩短建设工期。

②便于建设单位提前确定工程造价。建设单位与工程总承包单位之间通常签订总价合同，这样使建设单位在工程实施初期就要确定工程总造价，便于控制工程总造价。此外，由于工程总承包单位负责工程总体控制，所以有利于减少工程变更，将工程造价控

制在预算范围内。

③使工程项目责任主体单一化。由工程总承包单位负责工程设计和施工，减少了工程实施过程中争议和索赔的发生。同时，工程设计与施工责任主体的一体化，能够激励工程总承包单位更加注意整个工程项目质量。

④可减轻建设单位合同管理的负担。与建设单位直接签订合同的工程参建方减少，建设单位的协调工作量减少，合同管理工作量也大大减少。

（2）工程总承包模式的不足。

①道德风险高。由工程总承包单位同时负责工程设计与施工，与传统的 DBB 模式相比，建设单位对项目的控制要弱一些，有可能会发生工程总承包单位为节省资金而采取一些不恰当行为。同时，由于建设单位倾向于将大量风险转移给工程总承包单位，因此，当风险发生且导致损失时，工程总承包单位有可能通过降低工程质量等行为来弥补其损失。

②建设单位前期工作量大。由于工程总承包单位的技术水平和职业道德将直接影响工程成败，因此，建设单位为慎重选择工程总承包单位，不得不在招标和评标阶段花费大量时间和精力对投标单位进行评审，这使得项目初期投入将会加大。

③工程总承包单位报价高。工程总承包单位为应对工程实施中增加的风险，可能会提高报价，导致整个工程造价增加。

2. 基于不同承包关系的承包模式

对于大型复杂工程项目，除实施工程总承包外，往往会有不止一家承包单位。即使是工程施工，往往会有不止一家施工承包单位。各家承包单位之间的关系不同，会形成不同的承包模式。

1）平行承包模式

平行承包是指建设单位将工程项目划分为若干标段、分别发包给多个承包单位承担。平行承包模式合同结构如图 2-4 所示，各承包单位之间的关系是平行的，无合同关系。

平行承包模式有以下特点：

（1）有利于建设单位择优选择承包单位。由于合同内容比较单一，合同价值小、风险小、有利于不具备总承包能力的中小承包商参与竞争。建设单位可在更大范围内选择承包单位。

（2）有利于控制工程质量。整个工程经分解后分别发包给各承包单位，合同约束与相互制约使每一部分都能较好地实现其质量要求。如主体工程与装修工程分别由两个施工单位承包，当主

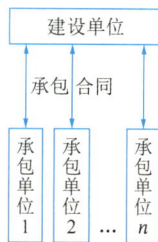

图 2-4　平行承包模式
合同结构图

体工程不合格时，装修单位不会同意在不合格的主体工程上进行装修，这种他控机制比自控更有约束力。

（3）有利于缩短建设工期。由于工程项目任务经分解后平行发包，在工艺技术及场地允许的条件下，多个标段任务并行实施，可缩短整个项目工期。

（4）组织管理和协调工作量大。由于合同数量多，使项目系统内结合部数量增加，要求建设单位具有较强的组织协调能力。

（5）工程造价控制难度大。由于招标任务量大，需控制多项合同价格，从而使工程造价控制难度增加。

（6）与总承包模式相比，平行承包模式不利于发挥那些技术水平高、综合管理能力强的承包商综合优势。

2）联合体承包模式

当工程项目规模巨大或技术复杂，建筑市场竞争激烈，由一家承包单位总承包有困难时，可由几家单位联合起来形成联合体来承揽任务，以发挥各承包单位的特长和优势。联合体通常由一家或几家单位发起，经过协商确定各自承担的义务和责任等，签署联合体协议，建立联合体组织机构，产生联合牵头单位（代表），以联合体名义与建设单位签订工程承包合同。联合体承包模式合同结构如图2-5所示。

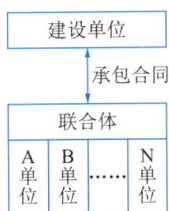

图 2-5　联合体承包模式合同结构图

联合体承包模式有以下特点：

（1）建设单位的合同结构简单，组织协调工作量小，且有利于工程造价和建设工期控制。

（2）可以集中联合体各成员单位在资金、技术和管理等方面的优势，克服一家单位力所不能及的困难，不仅有利于增强竞争能力，同时有利于增强抗风险能力。

真题训练

1. 工程项目是指新建、扩建、改建工程而进行的相互关联的受控活动，包括（　　）等阶段。【单选题】

   A. 勘察、设计、施工、竣工验收

   B. 策划、采购、施工、试运行

   C. 策划、勘察、施工、竣工验收

D. 策划、勘察、设计、采购、施工、试运行、竣工验收和考核评价

【答案】D

2. 按照我国现行规定，政府投资项目建设程序的第一个阶段是（　　）。【单选题】

    A. 建设准备　　　　　　　　　　　　B. 工程设计

    C. 编报项目建议书　　　　　　　　　D. 编报可行性研究报告

【答案】C

3. 政府投资项目的投资决策管理制度是（　　）。【单选题】

    A. 核准制　　　　B. 备案制　　　　C. 审批制　　　　D. 听证制

【答案】C

4. 根据《建筑工程施工质量验收统一标准》GB 50300—2013，以下不属于分部工程的是（　　）。【单选题】

    A. 地基与基础　　　　　　　　　　　B. 主体结构

    C. 屋面　　　　　　　　　　　　　　D. 钢筋

【答案】D

5. EPC 总承包模式的内容是（　　）。【单选题】

    A. 设计–建造　　　　　　　　　　　B. 设计–采购–施工

    C. 设计–施工　　　　　　　　　　　D. 采购–施工

【答案】B

6. 工程项目实施模式主要包括（　　）三个方面。【多选题】

    A. 项目融资模式　　　　　　　　　　B. 投资方项目组织模式

    C. 业主方项目组织模式　　　　　　　D. 造价咨询方项目组织模式

    E. 项目承发包模式

【答案】ACE

7. 非政府投资项目采用下列哪种制度（　　）。【多选题】

    A. 核准制　　　　　　　　　　　　　B. 审批制

    C. 承诺制　　　　　　　　　　　　　D. 登记备案制

    E. 审核制

【答案】AD

8. 工程建设全过程咨询是指由一家具有相应资质条件的咨询企业或多家具有相应资质条件的咨询企业组成联合体，为建设单位提供（　　）等全过程咨询服务，从而满足建设单位一体化服务需求。【多选题】

    A. 招标代理
    B. 勘察

    C. 设计
    D. 监理

    E. 造价和项目管理

【答案】ABCDE

9. ABS 融资方式的特点主要包括（　　）。【多选题】

    A. 通过证券市场发行债券筹集资金

    B. 清偿项目融资本息的资金仅与项目资产的未来现金收入有关

    C. ABS 融资风险与项目原始权益人无关

    D. ABS 方式融资的载体是项目权益人本身

    E. ABS 融资方式不需要投资项目资产在未来有现金收入

【答案】ABC

10. 项目承发包模式中，DB/EPC 模式的优点是（　　）。【多选题】

    A. 有利于缩短建设工期

    B. 便于建设单位提前确定工程造价

    C. 道德风险小

    D. 总承包单位报价低

    E. 使工程项目责任主体单一化

【答案】ABE

第**3**章
工程造价构成

本章提示

掌握 工程造价构成；建设项目总投资构成；建筑安装工程费用按费用构成要素和造价形成顺序划分；国产非标准设备和进口设备原价的构成及计算；预备费的概念、作用和计算。

熟悉 工程造价含义；各阶段对应的工程造价及对应关系；国产标准设备原价的构成；工器具及生产家具购置费的构成和计算；建设期利息的计算。

了解 工程造价控制的内容和措施；流动资金和投资估算的概念。

知识体系

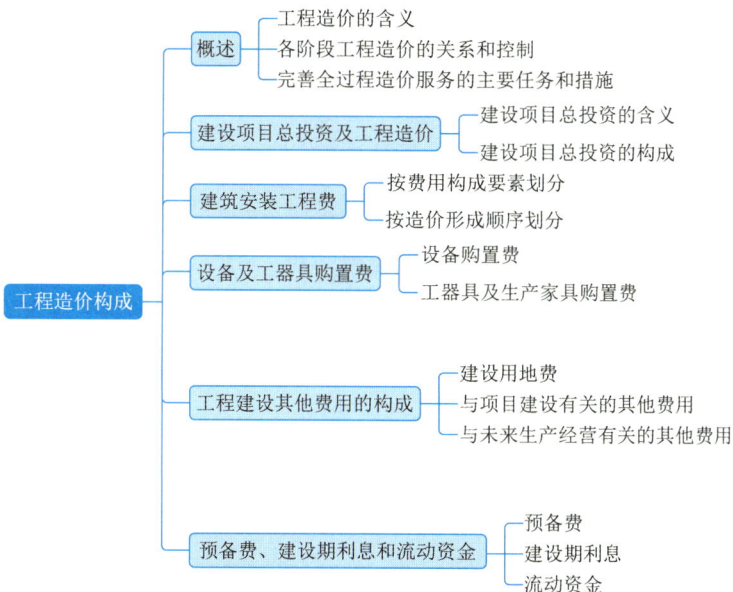

第 1 节　概述

3.1.1　工程造价的含义

工程造价是指工程项目在建设期预计或实际支出的建设费用，工程造价相当于固定资产投资，包括工程费用、工程建设其他费用和预备费。工程造价按照建设项目所指范围的不同，可以是一个建设项目的工程造价，一个或多个单项工程或单位工程的造价，以及一个或多个分部分项工程的造价，如基坑支护工程、电气工程、幕墙工程等。

工程造价在工程建设的不同阶段有具体不同的称谓，如投资决策阶段为投资估算，设计阶段为设计概算、施工图预算，招标投标阶段为最高投标限价、投标报价、合同价，施工阶段为竣工结算等。在合同价形成之前都是工程项目所需的预期费用，在合同价形成并履行后则成为工程项目所需的实际费用。

3.1.2　各阶段工程造价的关系和控制

1. 工程建设各阶段工程造价的关系

建设工程项目一般由投资决策阶段、设计阶段、招标投标阶段、施工阶段、竣工阶段组成。各个阶段的工程造价分别通过投资估算、设计概算、施工图预算、最高投标限价、合同价、工程结（决）算进行确定与控制，是一个从抽象到实际的过程，各阶段工程造价会经历由粗到精、逐步细化、最终确定的过程，它们之间相互联系、相互印证，具有密不可分的关系。

2. 工程建设各阶段工程造价的控制

工程造价控制是在优化建设方案、设计方案的基础上，在建设程序的各个阶段，采用一定的方法和措施把工程造价控制在合理的范围和核定的限额以内。具体说，要用投资估算价控制设计方案的选择和初步设计概算造价；用概算造价控制施工图设计和预算造价，用最高投标限价控制投标价，用工程合同价控制工程费用等，以求合理使用人力、物力和财力，取得较好的投资效益。

有效控制工程造价应体现以下原则：

1）以决策阶段和设计阶段为重点的建设全过程造价控制

工程造价控制应贯穿于项目建设全过程。在工程建设的不同阶段，投资控制的重点和效果是不同的，它们对整个项目造价的影响为：决策阶段 75%～95%，设计阶段 35%～

75%，施工阶段 5%～35%，竣工决算阶段 0～5%。因此，决策阶段是控制投资的关键阶段。它对于项目的建设工期、工程造价、质量、使用功能起着决定作用。项目决策是否正确，关系到投资效果和工程造价的合理性。在项目作出投资决策后，控制工程造价的关键就在于设计方案。

2）主动控制，以取得令人满意的结果

主动控制是指在预先分析实施过程中各种风险因素及其导致目标偏离的可能性和程度，拟订和采用有针对性的预防措施。一般来说，建设项目的工程造价与建设工期和工程质量密切相关，为此，应根据业主的要求及建设的客观条件进行综合研究，实事求是地确定一套切合实际的衡量准则。只要造价控制的方案符合这套衡量准则，取得令人满意的结果，即造价控制达到了预期的目标。

在工程造价管控过程中，从项目管控体系上构建投资控制的基础和机制，对工程建设中环境的不确定性、风险因素等进行主动性考虑和预测，分析各种因素对项目投资的影响，预测项目实施过程中目标和计划偏离的可能性，并采取相应的预控措施，对项目实施主动控制。在决策阶段和设计阶段，采取方案比选、优化设计和限额设计等价值手段，对工程造价进行主动控制和分析，确保建设项目在经济合理的前提下做到技术先进。在招标阶段，通过招标阶段编制工程量清单和招标控制价、清标等一系列工作，将工程投资控制目标细化明确，实现工程投资的控制目标。在实施阶段，加强对合同执行情况的管理，严格把关设计变更及现场签证，及时进行工程投资执行情况的对比和分析，注重工程投资的动态控制和过程控制。

3）技术与经济相结合是控制工程造价最有效的手段

要有效地控制工程造价，应从组织、技术、经济等多方面采取措施。从组织上采取的措施，包括明确项目组织结构，明确造价控制者及其任务，明确管理职能分工；从技术上采取措施，包括重视设计多方案选择，严格审查监督初步设计、技术设计、施工图设计、施工组织设计，深入技术领域研究节约投资的可能；从经济上采取措施，包括动态地比较造价的计划值和实际值，严格审核各项费用支出，采取对节约投资的有力奖励措施等。

技术与经济相结合是控制工程造价最有效的手段。由于工作分工与责任主体的不同，在工程建设领域，技术与经济的结合往往不能有效统一。工程技术人员以提高专业技术水平和专业工作技能为核心目标，对工程的质量和性能尤其关心，往往忽视工程造价。片面追求技术先进而脱离实际应用情况，导致功能浪费和造价高昂。这就迫切需要解决以提高工程投资效益为目的，在工程建设过程中将技术与经济有机结合，通过技术比较、经济分析和效果评价，正确处理技术先进与经济合理两者之间的对立统一关系，力求在技术先进条件下的经济合理，在经济合理基础上的技术先进，把控制工程造价观念渗透到各项设计和施工技术措施之中。

3. 工程造价控制的主要内容

工程造价控制是指将工程造价控制在批准的概算内，原则上不突破概算。工程造价控制是对工程建设全过程所需全部建设费用确定、控制、监督和管理，以及随时纠正发生的偏差，保证项目投资目标的实现，以求在各个建设项目中能够合理地使用人力、物力、财力，以取得较好的投资效益，最终实现竣工决算控制在审定的概算额内。工程造价的确定和控制之间，存在相互依存、相互制约的辩证关系。首先，工程造价的确定是工程造价控制的基础和载体。没有造价的确定，就没有造价的控制；没有造价的合理确定，也就没有造价的有效控制。其次，造价的控制贯穿工程造价确定的全过程，造价的确定过程也就是造价的控制过程，只有通过逐项控制、层层控制才能最终合理确定造价。最后，确定造价和控制造价的最终目的是一致的，即合理使用建设资金，提高投资效益，遵循价值规律和市场运行机制，维护有关各方合理的经济利益，二者相辅相成。

为了做好建设工程造价的有效控制，要把握好工程建设各阶段的工程重点，充分认识各阶段的控制重点和关键环节。

1）项目决策阶段

根据拟建项目的功能要求和使用要求，确定投资估算的总额，将投资估算的误差率控制在允许的±30%以内。

投资估算对工程造价起到指导性和总体控制的作用。在投资决策过程中，特别是从工程规划阶段开始，预先对工程投资额度进行估算，有助于业主对工程建设各项技术经济方案作出正确决策，从而对今后工程造价的控制起到决定性的作用。

2）设计阶段

（1）初步设计阶段

以可行性研究报告中被批准的投资估算作为工程造价目标值，运用设计标准、价值工程原理和限额设计方法等，控制和优化初步设计，更好地满足投资控制目标。

设计阶段是仅次于决策阶段影响投资的关键阶段。为了有效控制投资，采取方案比选、限额设计等是控制工程造价的有力措施。强调限额设计并不是追求节约资金，而是尊重科学，实事求是，保证设计的科学合理，进一步促进工程投资的合理性。

初步设计是工程设计投资控制的最关键环节，经批准的设计概算是工程造价控制的最高限额，也是控制工程造价的主要依据。

（2）施工图设计阶段

以被批准的设计概算为控制目标，应用限额设计、价值工程原理等方法进行施工图设计。通过对设计过程中各专业的设计方案比选以及造价控制，以实现工程项目设计阶段的工程造价控制目标。

3）招标投标阶段

以工程设计文件及其预算为依据，结合工程施工的具体情况，如现场条件、市场价格、业主的特殊要求等，按照招标文件的规定，编制工程量清单和最高投标限价，明确合同计价方式，初步确定工程的合同价。

通过施工招标择优选定承包商，有利于确保工程质量、缩短工期、控制工程造价，是工程造价控制的重要环节。

4）工程施工阶段

以工程施工合同、施工图等为依据，通过控制工程变更、工程结算、工程索赔以及风险管理等，按照承包人实际应予计量的工程量，并考虑物价上涨等不可抗力风险因素，合理确定进度款和结算款，控制工程费用的支出。

施工阶段是工程造价的执行和完成阶段。在施工中通过跟踪管理，对发承包双方的实际履约行为掌握第一手资料，经过动态纠偏，及时发现和解决施工中的问题，有效地控制工程质量、进度和造价。事前控制工作重点是控制工程变更和防止发生索赔。施工过程要搞好工程计量与结算，做好与工程造价相统一的质量、进度等各方面的事前、事中、事后控制。

5）竣工验收阶段

竣工验收阶段包括竣工结算和竣工决算等工作内容。编制竣工结算与决算，总结经验，积累技术经济数据和资料，不断提高工程造价管理水平。

竣工结算是指在工程竣工验收后，根据施工合同、竣工图纸、会议纪要、设计变更、现场签证等所有与工程造价相关资料编制的最终工程造价。它是确保工程顺利进行和最终完成的重要造价控制工作。

竣工决算是正确核定新增固定资产价值，考核分析投资效果，建立健全经济责任制的依据，是反映建设项目实际造价控制和投资效果的文件。竣工决算是建设工程经济效益的全面反映，是项目法人核定建设工程实际造价和投资结果，又可以通过竣工决算与概算、预算的对比分析，考核投资控制的工作成效，为工程建设提供重要的技术经济的基础资料，提高未来工程建设的投资效益。

3.1.3　完善工程全过程造价服务的主要任务和措施

（1）建立健全工程造价全过程管理制度，实现工程项目投资估算、概算与最高投标限价、合同价、结算价正确衔接。注重工程造价与招标投标、合同的管理制度协调，形成制度合力，保障工程造价的合理确定和有效控制。

（2）完善建设工程价款结算办法，转变结算方式，推行过程结算，简化竣工结算。建筑工程在交付竣工验收时，必须具备完整的技术经济资料，鼓励将竣工结算书作为竣工验收备案的文件，引导工程竣工结算按约定及时办理，遏制工程款拖欠。

（3）推行工程全过程造价咨询服务，注重工程项目前期和设计的造价确定。充分发挥造价工程师的作用，从工程立项、设计、发包、施工到竣工全过程，实现对造价的动态控制。

第 2 节　建设项目总投资及工程造价

3.2.1　建设项目总投资的含义

建设项目总投资是指为完成工程项目建设并达到使用要求或生产条件，在建设期内预计或实际投入的总费用。生产性建设项目总投资包括工程造价（或固定资产投资）和流动资金（或流动资产投资）。非生产性建设项目总投资一般仅指工程造价。

3.2.2　建设项目总投资的构成

工程造价（固定资产投资）包括建设投资和建设期利息。建设投资是工程造价中的主要构成部分，是为完成工程项目建设，在建设期内投入且形成现金流出的全部费用。建设投资包括工程费用、工程建设其他费用和预备费三部分。工程费用是指建设期内直接用于工程建造、设备购置及其安装的费用，可以分为建筑工程费、安装工程费和设备及工器具购置费；其中建筑工程费和安装工程费有时又统称为建筑安装工程费。工程建设其他费用是指建设期发生的与土地使用权取得、整个工程项目建设以及未来生产经营有关的构成建设投资，但不包括在工程费用中的费用。预备费是在建设期内因各种不可预见因素的变化而预留的可能增加的费用，包括基本预备费和价差预备费。

流动资金是指为进行正常生产运营，用于购买原材料、燃料，支付工资及其他经营费用等所需的周转资金。在可行性研究阶段可根据需要计为全部流动资金，在初步设计及以后阶段可根据需要计为铺底流动资金。铺底流动资金是指生产经营性建设项目为保证投产后正常的生产营运，并在项目资本金中筹措的自有流动资金。

第 3 节　建筑安装工程费

建筑安装工程费用是指为完成工程项目建造、生产性设备及配套工程安装所需的费用。为了加强工程建设的管理，国家统一了建筑、安装工程费用项目组成的口径。按照《住房城乡建设部　财政部关于印发〈建筑安装工程费用项目组成〉的通知》（建标〔2013〕44 号）规定，建筑安装工程费用项目组成有两种不同的划分方式，即按费用构成要素划分和按造价形成顺序划分，其具体构成如图 3-1 所示。

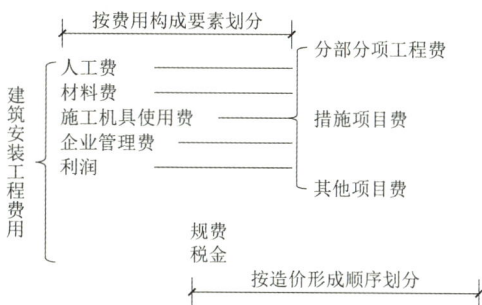

图 3-1　建筑安装工程费用项目构成

3.3.1　按费用构成要素划分

建筑安装工程费按费用构成要素划分是由人工费、材料（包含工程设备，下同）费、施工机具使用费、企业管理费、利润、规费和增值税组成。其中人工费、材料费、施工机具使用费、企业管理费和利润包含在分部分项工程费、措施项目费、其他项目费中。

1. 人工费

人工费是指支付给直接从事建筑安装工程施工作业的生产工人的各项费用。内容包括：计时工资或计件工资、奖金、津贴补贴、加班加点工资、特殊情况下支付的工资。

2. 材料费

材料费是指施工过程中耗费的原材料、辅助材料、构配件、零件、半成品或成品、工程设备的费用，以及周转材料等的摊销、租赁费用。材料费的基本计算公式为：

$$材料费 = \sum (材料消耗量 \times 材料单价) \tag{3-1}$$

当采用一般计税方法时，材料单价需扣除增值税进项税额。

1）材料消耗量，是指在正常施工生产条件下，完成规定计量单位的建筑安装产品所消耗的各类材料的净用量和不可避免的损耗量。

2）材料单价，是指建筑材料从其来源地运到施工工地仓库直至出库形成的综合平均单价。由材料原价、运杂费、运输损耗费、采购及保管费组成。当采用一般计税方法时，材料单价中的材料原价、运杂费等均应扣除增值税进项税额。

（1）材料原价：是指材料的出厂价格或商家供应价格。

（2）运杂费：是指材料自来源地运至工地或指定堆放地点所发生的包装、捆扎、运输、装卸等费用。

（3）运输损耗费：是指材料在运输装卸过程中不可避免的损耗。

（4）采购及保管费：是指为组织采购和保管材料的过程中所需要的各项费用。

3）工程设备是指构成或计划构成永久工程一部分的机电设备、金属结构设备、仪器装置及其他类似的设备和装置。

3. 施工机具使用费

施工机具使用费是指施工作业所发生的施工机械、仪器仪表使用费或其租赁费。

当采用一般计税方法时，施工机具台班单价和仪器仪表台班单价中的相关子项均需扣除增值税进项税额。

1）施工机具使用费：以施工机具台班耗用量乘以施工机具台班单价表示，施工机具台班单价通常由折旧费、检修费、维护费、安拆费及场外运费、人工费、燃料动力费和其他费用组成。

2）仪器仪表使用费：以施工仪器仪表耗用量乘以仪器仪表台班单价表示，施工仪器仪表台班单价由四项费用组成，包括折旧费、维护费、校验费、动力费。施工仪器仪表台班单价中的费用组成不包括检测软件的相关费用。

4. 企业管理费

企业管理费是指建筑安装企业组织施工生产和经营管理所需的费用。内容包括：

1）管理人员工资：是指按规定支付给管理人员的计时工资、奖金、津贴补贴、加班加点工资及特殊情况下支付的工资等。

2）办公费：是指企业管理办公用的文具、纸张、账表、印刷、邮电、书报、办公软件、现场监控、会议、水电、烧水和集体取暖降温（包括现场临时宿舍取暖降温）等费用。当采用一般计税方法时，办公费中增值税进项税额的扣除原则是以购进货物适用的相应税率扣减，其中购进自来水、暖气、冷气、图书、报纸、杂志等适用的税率为9%，接受邮政和基础电信服务等适用的税率为 9%，接受增值电信服务等适用的税率为 6%，其他税率一般为 13%。

3）差旅交通费：是指职工因公出差、调动工作的差旅费、住勤补助费，市内交通费和误餐补助费，职工探亲路费，劳动力招募费，职工退休、退职一次性路费，工伤人员就医路费，工地转移费以及管理部门使用的交通工具的油料、燃料等费用。

4）固定资产使用费：是指管理和试验部门及附属生产单位使用的属于固定资产的房屋、设备、仪器等的折旧、大修、维修或租赁费。当采用一般计税方法时，固定资产使用费中增值税进项税额的扣除原则是购入的不动产适用的税率为 9%，购入的其他固定资产适用的税率为 13%，设备、仪器的折旧、大修、维修或租赁费以购进货物、接受修理修配劳务或租赁有形动产服务适用的税率扣除均为 13%。

5）工具用具使用费：是指企业施工生产和管理使用的不属于固定资产的工具、器具、家具、交通工具和检验、试验、测绘、消防用具等的购置、维修和摊销费。当采用一般计税方法时，工具用具使用费中增值税进项税额的扣除原则是以购进货物或接受修理修配劳务适用的税率扣减，均为 13%。

6）劳动保险和职工福利费：是指由企业支付的职工退职金、按规定支付给离休干部的经费，集体福利费、夏季防暑降温、冬季取暖补贴、上下班交通补贴等。

7）劳动保护费：是企业按规定发放的劳动保护用品的支出，如工作服、手套、防暑降温饮料以及在有碍身体健康的环境中施工的保健费用等。

8）检验试验费：是指施工企业按照有关标准规定，对建筑以及材料、构件和建筑安装物进行一般鉴定、检查所发生的费用，包括自设试验室进行试验所耗用的材料等费用。不包括新结构、新材料的试验费，对构件做破坏性试验及其他特殊要求检验试验的费用和建设单位委托检测机构进行检测的费用，对此类检测发生的费用，由建设单位在工程建设其他费用中列支。但对施工企业提供的具有合格证明的材料进行检测不合格的，该检测费用由施工企业支付。当采用一般计税方法时，检验试验费中增值税进项税额以现代服务业适用的税率 6% 扣减。

9）工会经费：是指企业按《中华人民共和国工会法》规定的全部职工工资总额比例计提的工会经费。

10）职工教育经费：是指按职工工资总额的规定比例计提，企业为职工进行专业技术和职业技能培训，专业技术人员继续教育、职工职业技能鉴定、职业资格认定以及根据需要对职工进行各类文化教育所发生的费用。

11）财产保险费：是指施工管理用财产、车辆等的保险费用。

12）财务费：是指企业为施工生产筹集资金或提供预付款担保、履约担保、职工工资支付担保等所发生的各种费用。

13）税金：是指企业按规定缴纳的房产税、非生产性车船使用税、土地使用税、印花税、消费税、资源税、环境保护税、城市维护建设税、教育费附加、地方教育附加等各项税费。

14）其他：包括技术转让费、技术开发费、投标费、业务招待费、绿化费、广告费、公证费、法律顾问费、审计费、咨询费、保险费（含财产险、人身意外伤害险、安全生产责任险、工程质量保证险等）、企业定额编制费等。

5. 利润

利润是指施工单位从事建筑安装工程施工所获得的盈利。

6. 规费

规费是指按国家法律、法规规定，由省级政府和省级有关权力部门规定施工单位必须缴纳，应计入建筑安装工程造价的费用（具体按各省、自治区、直辖市的相关规定执行），包括：

1）社会保险费：是指企业按照规定标准为职工缴纳的基本养老保险费、失业保险费、基本医疗保险费、生育保险费、工伤保险费。

2）住房公积金：是指企业按规定标准为职工缴纳的住房公积金。

7. 增值税

建筑安装工程费用中的增值税是指按照国家税法规定的应计入建筑安装工程造价内的增值税额，按税前造价乘以增值税适用税率确定。

3.3.2 按造价形成顺序划分

建筑安装工程费按工程造价形成顺序由分部分项工程费、措施项目费、其他项目费、规费、增值税组成，分部分项工程费、措施项目费、其他项目费均包含人工费、材料费、施工机具使用费、企业管理费和利润。

1. 分部分项工程费

分部分项工程是分部工程、分项工程的总称。

1）专业工程：是指按现行国家计量规范划分的房屋建筑与装饰工程、仿古建筑工程、通用安装工程、市政工程、园林绿化工程、矿山工程、构筑物工程、城市轨道交通工程、爆破工程等各类工程。

2）分部分项工程：分部工程是单位工程的组成部分，是按施工部位、路段长度及施工顺序或施工任务、材料类别将单位工程划分的若干个项目单元；分项工程是分部工程的组成部分，是按不同施工方法、材料、工序及路段长度等将分部工程划分的若干个项目单元。如房屋建筑与装饰工程划分的土石方工程、地基处理与桩基工程、砌筑工程、钢筋及钢筋混凝土工程等。

各类专业工程的分部分项工程划分见现行国家或行业计量规范。

2. 措施项目费

措施项目费是指为完成工程项目施工，发生在施工准备、施工过程、验收阶段中的技术、生活、安全生产等方面发生的费用。编制措施项目清单时，应结合拟建工程的实际情况和有关部门相关规定，依据常规的施工工艺、顺序及生活、安全、文明施工等非工程实体方面的要求，按现行国家及行业工程量计算标准的措施项目分类规则，及工程量计算规则说明的补充工程量计算规则，结合招标文件及合同条款要求进行编制。其中安全生产措施项目应根据国家及省级、行业主管部门的管理要求和招标工程的实际情况列项。

措施项目费内容包括：

1）安全文明施工费：是指在工程项目施工期间，施工单位为保证安全施工、文明施工和保护现场内外环境等发生的措施项目费用。

（1）环境保护费：是指施工现场为达到环保部门要求所需要的各项费用。

（2）文明施工费：是指施工现场文明施工所需要的各项费用。

（3）安全施工费：是指施工现场安全施工所需要的各项费用。

（4）临时设施费：是指施工企业为进行建设工程施工所必须搭设的生活和生产用的临时建筑物、构筑物和其他临时设施费用。包括临时设施的搭设、维修、拆除、清理费或摊销费等。

2）夜间施工增加费：是指因夜间施工所发生的夜班补助费、夜间施工降效、夜间施工照明设备摊销及照明用电等费用。

3）二次搬运费：是指因施工场地条件限制而发生的材料、构配件、半成品等一次运输不能到达堆放地点，必须进行二次或多次搬运所发生的费用。

4）冬雨季施工增加费：是指在冬季或雨季施工需增加的临时设施、防滑、排除雨雪，人工及施工机械效率降低等费用。

5）已完工程及设备保护费：是指竣工验收前，对已完工程及设备采取的必要保护措施所发生的费用。

6）工程定位复测费：是指工程施工过程中进行全部施工测量放线和复测工作的

费用。

7）特殊地区施工增加费：是指工程在沙漠或其边缘地区、高海拔、高寒、原始森林等特殊地区施工增加的费用。

8）大型机械设备进出场及安拆费：是指机械整体或分体自停放场地运至施工现场或由一个施工地点运至另一个施工地点，所发生的机械进出场运输及转移费用及机械在施工现场进行安装、拆卸所需的人工费、材料费、机械费、试运转费和安装所需的辅助设施的费用。

9）脚手架工程费：是指施工需要的各种脚手架搭、拆、运输费用以及脚手架购置费的摊销（或租赁）费用。

除上述按整体单位或单项工程项目考虑需要支出的措施项目费用外，还有各专业工程施工作业所需支出的措施项目费用，如现浇混凝土所需的模板、构件或设备安装所需的操作平台搭设等措施项目费用。

3. 其他项目费

1）暂列金额：发包人在工程量清单中暂定并包括在合同价款中，用于招标时（非招标工程签约时）尚未能确定或者不可预见的工程、所需材料、服务，施工中可能发生的合同价格调整等预留的费用。

2）材料暂估价：发包人在工程量清单中提供的，用于支付设计图纸要求必需使用的材料，但在招标时（非招标工程签约时）暂不能确定其材料标准、规格及单价的材料费。材料暂估价是发包人对暂不能确定相关清单项目价格而在分部分项工程项目清单内估计的到施工现场的材料费。

3）专业工程暂估价：发包人在工程量清单中提供的在招标时（非招标工程签约时）暂不能确定工程具体要求及价格的专业工程金额。专业工程暂估价是发包人对暂不能明确要求而在工程量清单的其他项目清单中提供的专业工程的估算价格。

4）计日工：承包人完成发包人提出的零星项目、零星工作，不能按照合同约定的计价规则进行计价，而需依据经发包人确认的实际消耗人工、材料、施工机具台班数量，按合同约定的计日工单价计价的方式。

5）总承包服务费：总承包人对发包人提供的材料按合同规定履行保管及其配套服务所需的费用；按合同约定配合、协调发包人进行的专业工程发包以及对专业分包工程提供配合、协调、施工现场管理、已有临时设施使用、竣工资料汇总整理等服务所需的费用；对非承包范围的发包人直接委托的独立承包工程履行合同规定的协调及配合责任所需的费用。总承包服务内容应在招标文件及合同内详细说明。

4. 规费和税金

规费和税金的构成和计算与按费用构成要素划分建筑安装工程费用项目组成部分是相同的。

第 4 节　设备及工器具购置费

设备及工器具费由设备购置费和工器具、生产家具购置费组成。它是固定资产投资中的组成部分。在生产性工程建设中，设备及工器具费用占工程造价比重的增大，意味着生产技术的进步和资本有机构成的提高。

3.4.1　设备购置费

设备购置费是指为工程建设项目购置或自制的达到固定资产标准的设备所需的费用。由设备原价和设备运杂费构成。

$$设备购置费 = 设备原价 + 设备运杂费 \tag{3-2}$$

公式(3-2)中，设备原价指国内采购设备原价或国外采购设备原价；设备运杂费指除设备原价之外的关于设备采购、运输、途中包装及仓库保管等方面支出费用的总和。

1. 国产设备原价的构成及计算

国产设备原价一般指的是设备制造厂的工厂交货价(出厂价)。它一般根据生产厂或供应商的询价、报价、合同价确定，或采用一定的方法计算确定。国产设备原价分为国产标准设备原价和国产非标准设备原价。

(1)国产标准设备原价。国产标准设备是指按照标准图纸和技术要求，由我国设备生产厂批量生产的，符合国家质量检测标准的设备。国产标准设备原价有两种，即带有备件的原价和不带有备件的原价。在计算时，一般采用带有备件的原价。国产标准设备一般有完善的设备交易市场，因此可通过查询相关交易市场价格或向设备生产厂家询价得到国产标准设备原价。

(2)国产非标准设备原价。国产非标准设备是指国家尚无定型标准，各设备生产厂不可能在工艺过程中采用批量生产，只能按订货要求并根据具体的设计图纸制造的设备。非标准设备由于单件生产、无定型标准，所以无法获取市场交易价格，只能按其成本构成或相关技术参数估算其价格。非标准设备原价有多种不同的计算方法，如成本计算估价法、系列设备插入估价法、分部组合估价法、定额估价法等。但无论采用哪种方法都应该使非标准设备计价接近实际出厂价，并且计算方法要简便。成本计算估价法是一种比较常用的估算非标准设备原价的方法。按成本计算估价法，非标准设备的原价由以下各项组成：

（1）材料费。其计算公式如下：

$$材料费 = 材料净重 \times (1 + 加工损耗系数) \times 每吨材料综合价 \tag{3-3}$$

（2）加工费。包括生产工人工资和工资附加费、燃料动力费、设备折旧费、车间经费等。其计算公式如下：

$$加工费 = 设备总重量（吨）\times 设备每吨加工费 \tag{3-4}$$

（3）辅助材料费（简称辅材费）。包括焊条、焊丝、氧气、氩气、氮气、油漆、电石等费用。其计算公式如下：

$$辅助材料费 = 设备总重量 \times 辅助材料费指标 \tag{3-5}$$

（4）专用工具费。按（1）～（3）项之和乘以一定百分比计算。

（5）废品损失费。按（1）～（4）项之和乘以一定百分比计算。

（6）外购配套件费。按设备设计图纸所列的外购配套件的名称、型号、规格、数量、重量，根据相应的价格加运杂费计算。

（7）包装费。按以上（1）～（6）项之和乘以一定百分比计算。

（8）利润。可按（1）～（5）项加第（7）项之和乘以一定利润率计算。

（9）增值税。计算公式为：

$$增值税 = 当期销项税额 - 进项税额 \tag{3-6}$$

$$当期销项税额 = 不含税销售额 \times 适用增值税率 \tag{3-7}$$

不含税销售额为（1）～（8）项之和。

（10）非标准设备设计费。按国家规定的设计费收费标准计算。

综上所述，单台非标准设备原价可用下面的公式表达：

$$
\begin{aligned}
单台非标准设备原价 = &\{[(材料费 + 加工费 + 辅助材料费) \times (1 + 专用工具费率) \times \\
&(1 + 废品损失费率) + 外购配套件费] \times (1 + 包装费率) - \\
&外购配套件费\} \times (1 + 利润率) + 外购配套件费 + \\
&销项税额 + 非标准设备设计费
\end{aligned}
\tag{3-8}
$$

2. 进口设备原价的构成及计算

进口设备的原价是指进口设备的抵岸价，即设备抵达买方边境、港口或车站，交纳完各种手续费、税费后形成的价格。抵岸价通常是由进口设备到岸价（CIF）和进口从属费构成。进口设备的到岸价，即抵达买方边境港口或边境车站的价格。在国际贸易中，交易双方所使用的交货类别不同，则交易价格的构成内容也有所差异。进口从属费用包括银行财务费、外贸手续费、进口关税、消费税、进口环节增值税等，进口车辆还需缴纳车辆购置税。

1）进口设备的常用国际贸易术语

在国际贸易中，较为广泛使用的交易价格术语有 FOB、CFR 和 CIF。根据《国际贸易术语解释通则》（INCOTERMS 2010）的规定：

（1）FOB（Free On Board），船上交货，意为装运港船上交货，亦称为离岸价格。

"船上交货"是指卖方以在指定装运港将货物装上买方指定的船舶或通过取得已交付至船上货物的方式交货。货物灭失或损坏的风险在货物交到船上时转移，同时买方承担自那时起的一切费用。该术语仅用于海运或内河水运。

（2）CFR（Cost and Freight），成本加运费，或称之为运费在内价。

"成本加运费"是指卖方在船上交货或以取得已经这样交付的货物方式交货。货物灭失或损坏的风险在货物交到船上时转移。卖方必须签订合同，并支付必要的成本费，将货物运至指定的目的港。该术语仅用于海运或内河水运。

（3）CIF（Cost Insuranceand Freight），成本、保险费加运费，习惯称之为到岸价格，是实际工程中采用较多的价格类型。

"成本、保险费加运费"是指卖方在船上交货或以取得已经这样交付的货物方式交货。货物灭失或损坏的风险在货物交到船上时转移。卖方必须签订合同，并支付必要的成本和运费，以将货物运至指定的目的港。该术语仅用于海运或内河水运。

2）进口设备到岸价的构成及计算

进口设备到岸价的计算公式如下：

$$进口设备到岸价（CIF）＝离岸价（FOB）＋国际运费＋运输保险费$$
$$＝运费在内价（CFR）＋运输保险费 \qquad (3-9)$$

（1）离岸价。一般指装运港船上交货价（FOB）。设备货价分为原币货价和人民币货价，原币货价一律折算为美元表示，人民币货价按原币货价乘以外汇市场美元兑换人民币汇率中间价确定。进口设备货价按有关生产厂商询价、报价、订货合同价计算。

（2）国际运费。即从装运港（站）到达我国目的港（站）的运费。我国进口设备大部分采用海洋运输，小部分采用铁路运输，个别采用航空运输。进口设备国际运费计算公式为：

$$国际运费（海、陆、空）＝原币货价（FOB）×运费率 \qquad (3-10)$$

$$或国际运费（海、陆、空） = 运量 \times 单位运价 \tag{3-11}$$

其中，运费率或单位运价参照有关部门或进出口公司的规定执行。

（3）运输保险费。对外贸易货物运输保险是由保险人（保险公司）与被保险人（出口人或进口人）订立保险契约，在被保险人交付议定的保险费后，保险人根据保险契约的规定对货物在运输过程中发生的承保责任范围内的损失给予经济上的补偿。这是一种财产保险。计算公式为：

$$运输保险费 = \frac{原币货价（FOB） + 国际运费}{1 - 保险费率} \times 保险费率 \tag{3-12}$$

其中，保险费率按保险公司规定的进口货物保险费率计算。

3）进口从属费的构成及计算

进口从属费的计算公式如下：

$$进口从属费 = 银行财务费 + 外贸手续费 + 关税 +$$
$$消费税 + 进口环节增值税 + 进口车辆购置税 \tag{3-13}$$

（1）银行财务费。一般是指在国际贸易结算中，中国银行为进出口商提供金融结算服务所收取的费用，可按下式简化计算：

$$银行财务费 = 离岸价格（FOB） \times 人民币外汇汇率 \times 银行财务费率 \tag{3-14}$$

（2）外贸手续费。指按规定的外贸手续费率计取的费用，外贸手续费率一般取 1.5%。计算公式为：

$$外贸手续费 = 到岸价格（CIF） \times 人民币外汇汇率 \times 外贸手续费率 \tag{3-15}$$

（3）关税。由海关对进出国境的货物和物品征收的一种税。计算公式为：

$$关税 = 到岸价格（CIF） \times 人民币外汇汇率 \times 进口关税税率 \tag{3-16}$$

其中，到岸价格（CIF）作为关税的计征基数时，通常称为关税完税价格。进口关税税率分为优惠和普通两种。优惠税率适用于与我国签订关税互惠条款的贸易条约或协定的国家的进口设备；普通税率适用于与我国未签订关税互惠条款的贸易条约或协定的国家的进口设备。进口关税税率按我国海关总署发布的进口关税税率计算。

（4）消费税。对部分进口设备（如轿车、摩托车等）征收，一般计算公式为：

$$应纳消费税税额 = \frac{到岸价格（CIF） \times 人民币外汇汇率 + 关税}{1 - 消费税税率} \times 消费税税率 \tag{3-17}$$

其中，消费税税率根据规定的税率计算。

（5）进口环节增值税。是对从事进口贸易的单位和个人，在进口商品报关进口后征收的税种。我国增值税条例规定，进口应税产品均按组成计税价格和增值税税率直接计算应纳税额，即：

$$进口环节增值税额 = 组成计税价格 \times 增值税税率 \qquad (3\text{-}18)$$

$$组成计税价格 = 关税完税价格 + 关税 + 消费税 \qquad (3\text{-}19)$$

增值税税率根据规定的税率计算。

（6）进口车辆购置税：进口车辆需缴车辆购置税。其计算公式如下：

$$进口车辆购置税 = (关税完税价格 + 关税 + 消费税) \times 车辆购置附加税 \qquad (3\text{-}20)$$

3. 设备运杂费的构成及计算

1）设备运杂费的构成

设备运杂费是指国内采购设备自来源地、国外采购设备自到岸港运至工地仓库或指定堆放地点发生的采购、运输、运输保险、保管、装卸等费用。通常由下列各项构成：

（1）运费和装卸费。国产设备由设备制造厂交货地点起至工地仓库（或施工组织设计指定的需要安装设备的堆放地点）止所发生的运费和装卸费；进口设备则由我国到岸港口或边境车站起至工地仓库（或施工组织设计指定的需安装设备的堆放地点）止所发生的运费和装卸费。

（2）包装费。在设备原价中没有包含的，为运输而进行的包装支出的各种费用。

（3）设备供销部门的手续费。按有关部门规定的统一费率计算。

（4）采购与仓库保管费。指采购、验收、保管和收发设备所发生的各种费用，包括设备采购人员、保管人员和管理人员的工资、工资附加费、办公费、差旅交通费，设备供应部门办公和仓库所占固定资产使用费、工具用具使用费、劳动保护费、检验试验费等这些费用，可按主管部门规定的采购与保管费费率计算。

2）设备运杂费的计算

设备运杂费按设备原价乘以设备运杂费率计算，其公式为：

$$设备运杂费 = 设备原价 \times 设备运杂费率 \qquad (3\text{-}21)$$

其中，设备运杂费率按各部门及省、市等的规定计取。

3.4.2　工器具及生产家具购置费

工器具及生产家具购置费，是指新建或扩建项目初步设计规定的，保证初期正常生产必须购置的没有达到固定资产标准的设备、仪器、工卡模具、器具、生产家具和备品备件等的购置费用。一般以设备费为计算基数，按照部门或行业规定的工器具及生产家具费率计算。计算公式为：

$$工器具及生产家具购置费 = 设备购置费 \times 定额费率 \qquad (3\text{-}22)$$

第 5 节　工程建设其他费用

工程建设其他费用是指建设期发生的与土地使用权取得、整个工程项目建设以及未来生产经营有关的构成建设投资但不包括在工程费用中的费用。工程建设其他费用分为三类：第一类指土地使用权购置或取得的费用；第二类指与整个工程建设有关的各类其他费用；第三类指与未来企业生产经营有关的其他费用。

根据《国家发展改革委关于进一步放开建设项目专业服务价格的通知》（发改价格〔2015〕299号）的规定，政府有关部门对建设项目实施审批、核准或备案管理，需委托专业服务机构等中介提供评估评审等服务的，有关评估评审费用等由委托评估评审的项目审批、核准或备案机关承担，评估评审机构不得向项目单位收取费用。

政府有关部门对建设项目管理监督所发生的，并由财政支出的费用，不得列入相应建设项目的工程造价。

3.5.1　建设用地费

任何一个建设项目都固定于一定地点与地面相连接，必须占用一定量的土地，也就必然要发生为获得建设用地而支付的费用，这就是建设用地费，是指为获得工程项目建设土地的使用权而在建设期内发生的各项费用。包括通过划拨方式取得土地使用权而支付的土地征用及迁移补偿费，或者通过土地使用权出让方式取得土地使用权而支付的土地使用权出让金。

1. 建设用地取得的基本方式

建设用地的取得，实质是依法获取国有土地的使用权。根据《中华人民共和国城市房地产管理法》的规定，获取国有土地使用权的基本方法有两种：一是出让方式，二是划拨方式。建设土地取得的基本方式还包括租赁和转让方式。

（1）通过出让方式获取国有土地使用权

国有土地使用权出让，是指国家将国有土地使用权在一定年限内出让给土地使用者，由土地使用者向国家支付土地使用权出让金的行为。土地使用权出让最高年限按下列用途确定：①居住用地70年；②工业用地50年；③教育、科技、文化、卫生、体育用地50年；④商业、旅游、娱乐用地40年；⑤综合或者其他用地50年。

通过出让方式获取土地使用权又可以分成两种具体方式：一是通过招标、拍卖、挂牌等竞争出让方式获取国有土地使用权，二是通过协议出让方式获取国有土地使用权。

通过竞争出让方式获取国有土地使用权。按照国家相关规定，工业（包括仓储用地，但不包括采矿用地）、商业、旅游、娱乐和商品住宅等各类经营性用地，必须以招标、拍卖或者挂牌方式出让；上述规定以外用途的土地的供地计划公布后，同一宗地有两个以上意向用地者的，也应当采用招标、拍卖或者挂牌方式出让。

通过协议出让方式获取国有土地使用权。按照国家相关规定，出让国有土地使用权，除依照法律、法规和规章的规定应当采用招标、拍卖或者挂牌方式外，方可采取协议方式。以协议方式出让国有土地使用权的出让金不得低于按国家规定所确定的最低价。协议出让底价不得低于拟出让地块所在区域的协议出让最低价。

（2）通过划拨方式获取国有土地使用权

国有土地使用权划拨，是指县级以上人民政府依法批准，在土地使用者缴纳补偿、安置等费用后将该幅土地交付其使用，或者将土地使用权无偿交付给土地使用者使用的行为。

国家对划拨用地有着严格的规定，下列建设用地，经县级以上人民政府依法批准，可以以划拨方式取得：①国家机关用地和军事用地；②城市基础设施用地和公益事业用地；③国家重点扶持的能源、交通、水利等基础设施用地；④法律、行政法规规定的其他用地。

依法以划拨方式取得土地使用权的，除法律、行政法规另有规定外，没有使用期限的限制。因企业改制、土地使用权转让或者改变土地用途等不再符合划拨用地目录要求的，应当实行有偿使用。

2. 建设用地取得的费用

建设用地如通过行政划拨方式取得，则须承担征地补偿费用或对原用地单位或个人的拆迁补偿费用；若通过市场机制取得，则不但承担以上费用，还须向土地所有者支付有偿使用费，即土地出让金。

1）征地补偿费

建设征用土地费用一般由以下几个部分构成：土地补偿费、青苗补偿费和地上附着物补偿费、安置补助费、新菜地开发建设基金、耕地占用税、土地管理费等。

（1）土地补偿费：土地补偿费是对农村集体经济组织因土地被征用而造成的经济损失的一种补偿。征用其他土地的补偿费标准由省、自治区、直辖市参照征用耕地的土地补偿费制定。土地补偿费归农村集体经济组织所有。

（2）青苗补偿费和地上附着物补偿费：青苗补偿费是因征地时对其正在生长的农作物受到损害而做出的一种赔偿。在农村实行承包责任制后，农民自行承包土地的青苗补偿费应付给本人，属于集体种植的青苗补偿费可纳入当年集体收益。凡在协商征地方案后抢种的农作物、树木等，一律不予补偿。地上附着物是指房屋、水井、树木、涵洞、桥梁、公路、水利设施、林木等地面建筑物、构筑物、附着物等。

（3）安置补助费：安置补助费应支付给被征地单位和安置劳动力的单位，作为劳动力安置与培训的支出，以及作为不能就业人员的生活补助。征收耕地的安置补助费，按照需要安置的农业人口数计算。需要安置的农业人口数，按照被征收的耕地数量除以征地前被征收单位平均每人占有耕地的数量计算。每一个需要安置的农业人口的安置补助费标准，为该耕地被征收前三年平均年产值的4～6倍。但是，每公顷被征收耕地的安置补助费，最高不得超过被征收前三年平均年产值的15倍。土地补偿费和安置补助费，尚不能使需要安置的农民保持原有生活水平的，经省、自治区、直辖市人民政府批准，可以增加安置补助费。但是，土地补偿费和安置补助费的总和不得超过土地被征收前三年平均年产值的30倍。

（4）新菜地开发建设基金：新菜地开发建设基金指征用城市郊区商品菜地时支付的费用。这项费用交给地方财政，作为开发建设新菜地的投资。菜地是指城市郊区为供应城市居民蔬菜，连续3年以上常年种菜地或者养殖鱼、虾等的商品菜地和精养鱼塘。

（5）耕地占用税：耕地占用税是对占用耕地建房或者从事其他非农业建设的单位和个人征收的一种税收，目的是合理利用土地资源、节约用地，保护农用耕地。耕地占用税征收范围，不仅包括占用耕地，还包括占用鱼塘、园地、菜地及其农业用地建房或者从事其他非农业建设，均按实际占用的面积和规定的税额一次性征收。其中，耕地是指用于种植农作物的土地。占用前三年曾用于种植农作物的土地也视为耕地。

（6）土地管理费：土地管理费主要作为征地工作中所发生的办公、会议、培训、宣传、差旅、借用人员工资等必要的费用。土地管理费的收取标准，一般是在土地补偿费、青苗补偿费、地上附着物补偿费、安置补助费四项费用之和的基础上提取2%～4%。如果是征地包干，还应在四项费用之和后再加上粮食价差、副食补贴、不可预见费等费用，在此基础上提取2%～4%作为土地管理费。

2）拆迁补偿费用

（1）拆迁补偿费：拆迁补偿的方式可以实行货币补偿，也可以实行房屋产权调换。①货币补偿的金额根据被拆迁房屋的区位、用途、建筑面积等因素，以房地产市场评估价格确定。具体办法由省、自治区、直辖市人民政府制定。②实行房屋产权调换的，拆迁人与被拆迁人按照计算得到的被拆迁房屋的补偿金额和所调换房屋的价格，结清产权调换的差价。

（2）搬迁、安置补助费：拆迁人应当对被拆迁人或者房屋承租人支付搬迁补助费，对于在规定的搬迁期限届满前搬迁的，拆迁人可以付给提前搬家奖励费；在过渡期限内，被拆迁人或者房屋承租人自行安排住处的，拆迁人应当支付临时安置补助费；被拆迁人或者房屋承租人使用拆迁人提供的周转房的，拆迁人不支付临时安置补助费。搬迁补助费和临时安置补助费的标准，由省、自治区、直辖市人民政府规定。有些地区规定，拆除非住宅房屋，造成停产、停业引起经济损失的，拆迁人可以根据被拆除房屋的区位和使用性质，按照一定标准给予一次性停产停业综合补助费。

3）出让金、土地转让金

土地使用权出让金为用地单位向国家支付的土地所有权收益，出让金标准一般参考城市基准地价并结合其他因素制定。基准地价由市土地管理局会同市物价局、市国有资产管理局、市房地产管理局等部门综合平衡后报市级人民政府审定通过，它以城市土地综合定级为基础，用某一地价或地价幅度表示某一类别用地在某一土地级别范围的地价，以此作为土地使用权出让价格的基础。

3.5.2　与项目建设有关的其他费用

1. 建设管理费

建设管理费是指建设单位为组织完成工程项目建设，在建设期内发生的各类管理性费用。

（1）建设管理费的内容

建设管理费是指项目建设单位从项目筹建之日起至办理竣工财务决算之日止发生的管理性质的支出。包括：不在原单位发工资的工作人员工资及相关费用、办公费、办公场地租用费、差旅交通费、劳动保护费、工具用具使用费、固定资产使用费、招募生产工人费、技术图书资料费（含软件）、业务招待费、施工现场津贴、竣工验收费和其他管理性质开支。

实行代建制管理的项目，一般不得同时列支代建管理费和项目建设管理费，确需同时发生的，两项费用之和不得高于项目建设管理费限额。如代建管理费确需超过规定的开支标准的，应当按规定程序报主管部门审核批准。代建管理费实行奖优罚劣。如按目标完成任务的，可以支付代建单位利润或奖励资金，一般不得超过代建管理费的10%；

未完成代建任务的，应当扣减代建管理费。

（2）建设管理费的计算

建设管理费一般是以工程费用为基数乘以建设单位管理费费率的乘积。

$$建设管理费 = 工程费用 \times 建设单位管理费费率 \qquad (3-23)$$

2. 可行性研究费

可行性研究费是指在工程项目投资决策阶段，对有关建设方案、技术方案或生产经营方案进行的技术经济论证，以及编制、评审可行性研究报告等所需的费用。包括项目建议书、预可行性研究、可行性研究费等。此项费用应依据前期研究委托合同计列，按照《国家发展改革委关于进一步放开建设项目专业服务价格的通知》（发改价格〔2015〕299号）规定，此项费用实行市场调节价。

3. 研究试验费

研究试验费是指为建设项目提供或验证设计数据、资料等进行必要的研究试验及按照相关规定在建设过程中必须进行试验、验证所需的费用，包括自行或委托其他部门研究试验所需人工费、材料费、试验设备及仪器使用费等。这项费用按照设计单位根据本工程项目的需要提出的研究试验内容和要求计算。在计算时要注意不应包括以下项目：

（1）应由科技三项费用（即新产品试制费、中间试验费和重要科学研究补助费）开支的项目。

（2）应在建筑安装费用中列支的施工企业对建筑材料、构件和建筑物进行一般鉴定、检查所发生的费用及技术革新的研究试验费。

（3）应从勘察设计费或工程费用中开支的项目。

4. 勘察费

勘察费是指勘察人根据发包人的委托，收集已有资料、现场踏勘、制定勘察纲要，进行勘察作业，以及编制工程勘察文件和岩土工程设计文件等收取的费用。按照《国家发展改革委关于进一步放开建设项目专业服务价格的通知》（发改价格〔2015〕299号）的规定，此项费用实行市场调节价。

5. 设计费

设计费是指设计人根据发包人的委托，提供编制建设项目初步设计文件、施工图设计文件、非标准设备设计文件、竣工图文件等服务所收取的费用。按照《国家发展改革委关于进一步放开建设项目专业服务价格的通知》（发改价格〔2015〕299号）的规定，此项费用实行市场调节价。

6. 工程监理费

工程监理费是指建设单位委托工程监理单位实施工程监理的费用。按照《国家发展改革委关于进一步放开建设项目专业服务价格的通知》(发改价格〔2015〕299 号)规定，此项费用实行市场调节价。

7. 专项评价费

专项评价费是指建设单位按照国家规定委托相关单位开展专项评价及有关验收工作发生的费用。具体建设项目应按实际发生的专项评价项目计列，不得虚列项目费用。

专项评价费包括环境影响评价费、安全预评价费、职业病危害预评价费、地震安全性评价费、地质灾害危险性评价费、水土保持评价费、压覆矿产资源评价费、节能评估费、危险与可操作性分析及安全完整性评价费以及其他专项评价费。按照《国家发展改革委关于进一步放开建设项目专业服务价格的通知》(发改价格〔2015〕299 号)的规定，这些专项评价及验收费用均实行市场调节价。

（1）环境影响评价费：是指为全面、详细评价建设项目对环境可能产生的污染或造成的重大影响，而编制环境影响报告书(含大纲)、环境影响报告表和评估等所需的费用。此项费用包括编制环境影响报告书（含大纲）、环境影响报告表以及对环境影响报告书（含大纲）、环境影响报告表进行评估等所需的费用。

（2）安全预评价费：是指为预测和分析建设项目存在的危害因素种类和危险危害程度，提出先进、科学、合理可行的安全技术和管理对策，而编制评价大纲、安全评价报告书和评估等所需的费用。

（3）职业病危害预评价费：是指建设项目因可能产生职业病危害，而编制职业病危害预评价书、职业病危害控制效果评价书和评估所需的费用。

（4）地震安全性评价费：是指通过对建设场地和场地周围的地震活动与地震、地质环境的分析，而进行的地震活动环境评价、地震地质构造评价、地震地质灾害评价，编制地震安全评价报告书和评估所需的费用。

（5）地质灾害危险性评价费：是指在灾害易发区对建设项目可能诱发的地质灾害和建设项目本身可能遭受的地质灾害危险程度的预测评价，编制评价报告书和评估所需的费用。

（6）水土保持评价费：是指对建设项目在生产建设过程中可能造成水土流失进行预测，编制水土保持方案和评估所需的费用。

（7）压覆矿产资源评价费：是指对需要压覆重要矿产资源的建设项目，编制压覆重要矿床评价和评估所需的费用。

（8）节能评估费：是指对建设项目的能源利用是否科学合理进行分析评估，并编制节能评估报告以及评估所发生的费用。

（9）危险与可操作性分析及安全完整性评价费：是指对应用于生产具有流程性工艺特征的新、改、扩建项目进行工艺危害分析和对安全仪表系统的设置水平及可靠性进行定量评估所发生的费用。

（10）其他专项评价费：是指除以上 9 项评价费外，根据国家法律法规、建设项目所在省（自治区、直辖市）人民政府有关规定，以及行业规定需进行的其他专项评价、评估、咨询（如重大投资项目社会稳定风险评估、防洪评价、交通影响评价费、消防性能化设计评估费等）所需的费用。

8. 场地准备费及临时设施费

1）场地准备费及临时设施费的内容

（1）场地准备费是指为使工程项目的建设场地达到开工条件，由建设单位组织进行的场地平整等准备工作而发生的费用。

建设项目为达到工程开工条件所发生的、未列入工程费用的场地平整以及对建设场地余留的有碍于施工建设的设施进行拆除清理所发生的费用。改扩建项目一般只计拆除清理费。

（2）临时设施费是指建设单位为满足施工建设需要而提供的未列入工程费用的临时水、电、路、信、气、热等工程和临时仓库等建（构）筑物的建设、维修、拆除、摊销费用或租赁费用，以及货场、码头租赁等费用。

2）场地准备费及临时设施费的计算

（1）场地准备及临时设施应尽量与永久性工程统一考虑。建设场地的大型土石方工程应纳入工程费用的总图运输费用中。

（2）新建项目的场地准备费和临时设施费应根据实际工程量估算，或按工程费用的比例计算。改扩建项目一般只计拆除清理费。

$$场地准备费和临时设施费 = 工程费用 \times 费率 + 拆除清理费 \qquad (3\text{-}24)$$

（3）发生拆除清理费时可按新建同类工程造价或主材费、设备费的比例计算。凡可回收材料的拆除工程采用以料抵工方式冲抵拆除清理费。

（4）此项费用不包括已列入建筑安装工程费用中的施工单位临时设施费用。

9. 工程保险费

工程保险费是指在建设期内对建筑工程、安装工程和设备等进行投保而发生的费用。工程保险费包括建筑安装工程一切险、工程质量保险、进口设备财产保险和人身意外伤害险等。

工程保险费是为转移工程项目建设的意外风险而发生费用，不同的建设项目可根据工程特点选择投保险种。

10. 特殊设备安全监督检验费

特殊设备安全监督检验费是指对在施工现场安装的列入国家特种设备范围内的设备（设施）检验检测和监督检查所发生的应列入项目开支的费用。

特殊设备包括锅炉及压力容器、消防设备、燃气设备、起重设备、电梯、安全阀等特殊设备和设施。

此项费用按照建设项目所在省、自治区、直辖市安全监察部门的规定标准计算。无具体规定的，在编制投资估算和概算时可按受检设备现场安装费的比例估算。

11. 市政公用配套设施费

市政公用配套设施费是指使用市政公用设施的工程项目，按照项目所在地政府有关规定建设或缴纳的市政公用设施建设配套费用。市政公用配套设施可以是界区外配套的水、电、路、信等，包括绿化、人防等缴纳的费用。此项费用按工程所在地人民政府规定标准计列。

3.5.3 与未来生产经营有关的其他费用

1. 联合试运转费

联合试运转费是指新建或新增加生产能力的工程项目，在交付生产前按照设计文件规定的工程质量标准和技术要求，对整个生产线或装置进行负荷联合试运转所发生的费用净支出（试运转支出大于收入的差额部分费用）。试运转支出包括试运转所需原材料、燃料及动力消耗、低值易耗品、其他物料消耗、工具用具使用费、机具使用费、保险金、施工单位参加试运转人员工资，以及专家指导费等。试运转收入包括试运转期间的产品销售收入和其他收入。联合试运转费不包括应由设备安装工程费用开支的调试及试车费用，以及在试运转中暴露出来的因施工原因或设备缺陷等发生的处理费用。

2. 专利及专有技术使用费

1）专利及专有技术使用费的主要内容

（1）国外设计及技术资料费、引进有效专利、专有技术使用费和技术保密费。

（2）国内有效专利、专有技术使用费用。

（3）商标权、商誉和特许经营权费等。

2）专利及专有技术使用费的计算

（1）按专利使用许可协议和专有技术使用合同的规定计列。

（2）专有技术的界定应以省、部级鉴定批准为依据。

（3）项目投资中只计需在建设期支付的专利及专有技术使用费。协议或合同规定在生产期支付的使用费应在生产成本中核算。

（4）一次性支付的商标权、商誉及特许经营权费按协议或合同规定计列。协议或合同规定在生产期支付的商标权或特许经营权费应在生产成本中核算。

（5）为项目配套的专用设施投资，包括专用铁路线、专用公路、专用通信设施、送变电站、地下管道、专用码头等，如由项目建设单位负责投资但产权不归属本单位的，应作无形资产处理。

3. 生产准备费

1）生产准备费的内容

在建设期内，建设单位为保证项目正常生产而发生的人员培训费、提前进场费以及投产使用必备的办公、生活家具用具等的购置费用，包括：

（1）人员培训费及提前进场费。包括自行组织培训或委托其他单位培训的人员工资、工资性补贴、职工福利费、差旅交通费、劳动保护费、学习资料费等。

（2）为保证初期正常生产（或营业、使用）所必需的办公、生活家具用具购置费。

2）生产准备费的计算

（1）新建项目按设计定员为基数计算，改扩建项目按新增设计定员为基数计算：

$$生产准备费 = 设计定员 \times 生产准备费指标（元/人）\tag{3-25}$$

（2）可采用综合的生产准备费指标进行计算，也可以按费用内容的分类指标计算。

第 6 节   预备费、建设期利息和流动资金

3.6.1 预备费

预备费是指在建设期内因各种不可预见因素的变化而预留的可能增加的费用，包括基本预备费和价差预备费。

1. 基本预备费

基本预备费是指在投资估算或设计概算阶段预留的，由于工程实施中不可预见的工程变更及治商、一般自然灾害处理、地下障碍物处理、超规超限设备运输等可能增加的

费用，费用内容包括：

（1）在批准的基础设计和概算范围内增加的设计变更、局部地基处理等费用。

（2）一般自然灾害造成的损失和预防自然灾害所采取措施的费用。

（3）竣工验收时为鉴定工程质量，对隐蔽工程进行必要的挖掘和修复的费用。

（4）超规超限设备运输过程中可能增加的费用。

基本预备费估算，一般是以建设项目的工程费用和工程建设其他费用之和为基础，乘以基本预备费率进行计算。基本预备费率的大小，应根据建设项目的设计阶段和具体的设计深度，以及在估算中所采用的各项估算指标与设计内容的贴近度、项目所属行业主管部门的具体规定确定。

2. 价差预备费

价差预备费是指为在建设期间内利率、汇率或价格等因素的变化而预留的可能增加的费用。

费用内容包括：人工、设备、材料、施工机械的价差费，建筑安装工程费及工程建设其他费用调整，利率、汇率调整等增加的费用。

价差预备费的测算方法，一般根据国家规定的投资价格指数，按估算年份价格水平的投资额为基数，根据价格变动趋势，预测价值上涨率，采用复利方法计算。

3.6.2 建设期利息

建设期利息主要是指在建设期内发生的为工程项目筹措资金的融资费用及债务资金利息。

债务资金包括向国内银行和其他非银行金融机构贷款、出口信贷、外国政府贷款、国际商业银行贷款以及在境内外发行的债券等。融资费用和应计入固定资产原值的利息包括借款（或债券）利息及手续费、承诺费、管理费等。建设期利息要计入固定资产原值。

国外贷款利息的计算中，还应包括国外贷款银行根据贷款协议向贷款方以年利率的方式收取的手续费、管理费、承诺费，以及国内代理机构经国家主管部门批准的以年利率的方式向贷款单位收取的转贷费、担保费、管理费等。

3.6.3 流动资金

流动资金指运营期内长期占用并周转使用的营运资金，可采用扩大指标估算法或分项详细估算法。

真题训练

---

1. 建设投资由（　　　）三项费用组成。【单选题】

   A. 工程费用、建设期利息、预备费

   B. 建设费用、建设期利息、流动资金

   C. 工程费用、工程建设其他费用、预备费

   D. 建筑安装工程费、设备及工器具购置费、工程建设其他费用

【答案】C

2. 当采用一般计税方法时，检验试验费中增值税进项税额适用的扣减税率为（　　　）。【单选题】

   A. 3%　　　　　　　B. 6%　　　　　　　C. 9%　　　　　　　D. 13%

【答案】B

3. 关于工程造价各阶段关系与控制，以下说法正确的是（　　　）。【单选题】

   A. 各个阶段的工程造价之间相互联系、相互印证，具有密不可分的关系

   B. 各个阶段的工程造价是一个从粗到准确的过程，相互之间是没有关联的

   C. 建设工程项目一般由设计阶段、施工阶段、竣工阶段组成

   D. 决策阶段对造价的影响大体上为55%～75%

【答案】A

4. 依据《建筑安装工程费用项目组成》（建标〔2013〕44号）规定，建筑安装工程费按费用构成要素划分，以下材料费的说法错误的是（　　　）。【单选题】

   A. 材料费构成包括施工过程中耗费的原材料、辅助材料的费用

   B. 材料费构成包括施工过程中耗费构配件、零件、半成品或成品、工程设备的费用

   C. 材料费构成包括施工过程中耗费的周转材料的采购费或租赁费用

   D. 当采用一般计税方法时，材料单价需扣除增值税进项税额

【答案】C

5. 下列对基本预备费计算说法正确的是（　　　）。【单选题】

   A. 基本预备费＝工程费用×费率

B. 基本预备费 =（工程费用 + 工程建设其他费用）× 费率

C. 基本预备费 = 建筑安装工程费用 × 费率

D. 基本预备费 =（建筑安装工程费用 + 工程建设其他费用）× 费率

【答案】B

6. 下列费用中，属于工程造价构成的是（　　　）。【多选题】

A. 用于支付项目所需土地而发生的费用

B. 用于建设单位自身进行项目管理所支出的费用

C. 流动资金

D. 用于委托工程勘察设计所支付的费用

【答案】ABD

7. 关于工程造价全过程控制，以下说法错误的是（　　　）。【多选题】

A. 决策阶段是控制投资的关键，对于项目建设工期、工程造价、质量、使用功能起决定作用

B. 在项目作出投资决策后，控制工程造价的关键就在于实施阶段

C. 技术与经济相结合是控制工程造价最有效的手段

D. 主动控制是控制工程造价最有效的手段

【答案】BD

8. 下列属于价差预备费的是（　　　）。【多选题】

A. 预防自然灾害所采取措施费

B. 超规超限设备运输过程中可能增加的费用

C. 一般自然灾害造成的损失费

D. 人工、设备、材料、施工机械的价差费

E. 利率、汇率调整等增加的费用

【答案】DE

9. 下列工程建设其他费用中，与未来生产经营相关的是（　　　）。【多选题】

A. 研究试验费　　　　　　　　　　B. 特殊设备安全监督检验费

C. 联合试运转费　　　　　　　　　D. 专利及专有技术使用费

E. 生产准备费

【答案】CDE

10. 下列工程建设其他费用中，属于专项评价费的是（　　）。【多选题】

    A. 环境影响评价费   B. 水土保持评价费

    C. 地震安全性评价费   D. 专利及专有技术使用费

    E. 特殊设备安全监督检验费

【答案】ABC

第 **4** 章

工程计价方法及依据

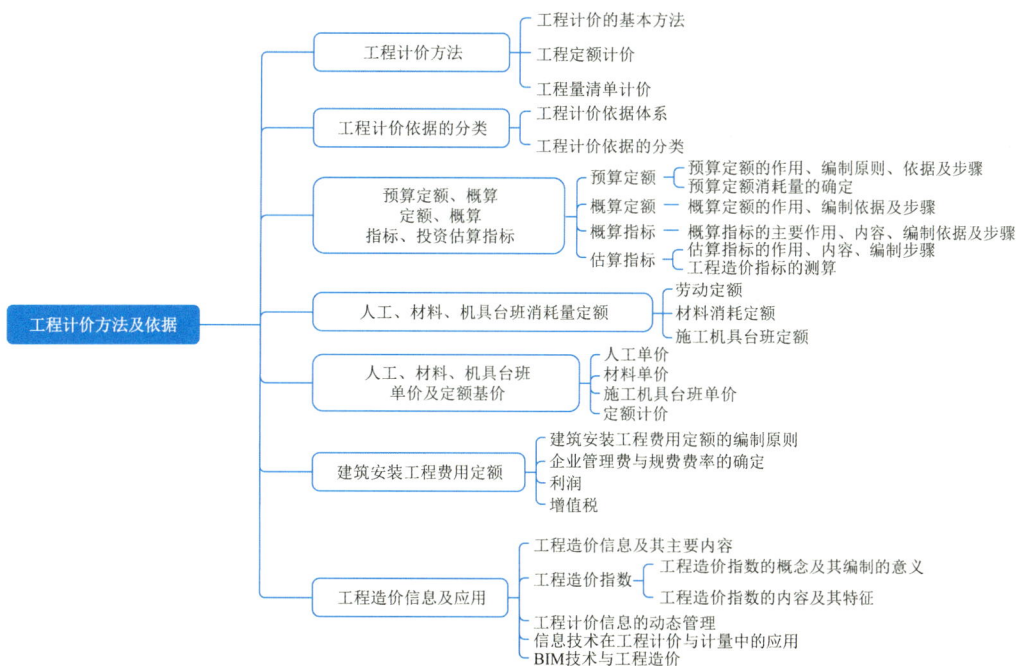

第1节　工程计价方法

4.1.1　工程计价的基本方法

工程计价的方法有多种，各有差异，但工程计价的基本过程和原理是相同的。随着经济体制的变革，而产生不同的计价方法。现阶段主要包括定额计价与工程量清单计价两种方法。

从工程费用计算角度分析，工程计价的顺序是：分部分项工程造价→单位工程造价→单项工程造价→建设项目总造价。影响工程造价的主要因素有两个，即工程量和单位价格，可用下列基本计算式表示：

$$工程造价 = \sum_{i=1}^{n}(工程量 \times 单位价格)_i \tag{4-1}$$

式中：i——第i个工程子项；

n——工程结构分解得到的工程子项数。

工程量是指建设项目各子项工程按相应的规则计算得到的工程量。

对工程子项的单位价格分析，可以有两种形式，分别是工料单价法和综合单价法。

（1）工料单价法。如果工程项目单位价格仅仅考虑人工、材料、施工机具资源要素的消耗量和价格形成，则单位价格 = $\sum$(工程子项的资源要素消耗量×资源要素的价格)。人工、材料、施工机具资源要素消耗量是工程计价的重要依据，这些资源的消耗量与劳动生产率、社会生产力水平、技术和管理水平密切相关。定额计价法是工料单价法的一种主要表现形式。

（2）综合单价法。根据《建设工程工程量清单计价标准》GB/T 50500—2024 的规定，综合单价由完成工程量清单中一个法定计量单位项目所需的人工费、材料费、施工机具使用费、管理费和利润，以及一定范围的风险费用组成。风险费用是隐含于已标价工程量清单综合单价中，用于化解发承包双方在工程合同中约定的风险内容和范围的费用。工程量清单计价法是综合单价法的一种主要表现形式。

4.1.2　工程定额计价

1. 工程定额的原理

工程定额是指在正常施工条件下，完成规定计量单位的合格建筑安装工程所消耗的人工、材料、施工机具台班、工期天数及相关费率等的数量标准。工程定额按照不同用途，可以分为施工定额、预算定额、概算定额、概算指标和投资估算指标等。按编制单位和执行范围的不同可以分为全国统一定额、行业定额、地区统一定额、企业定额、补充定额。

2. 工程定额计价的程序

1）第一阶段：收集资料

根据项目不同阶段，收集资料包括设计文件、工程计价依据、工程合同和施工组织设计等。

2）第二阶段：熟悉资料和现场勘查

（1）熟悉图纸和施工组织设计等资料。施工组织设计是根据施工特点、现场情况、施工工期等有关条件编制的用来确定施工方案、布置现场、安排进度的文件，计价时应注意施工组织设计中影响工程费用的因素。

（2）了解工程地质现状及现场环境对工程计价的影响因素。

3）第三阶段：计算工程量

计算工程量是一项工作量很大却又十分细致的工作。工程量是计价的基本数据，计算结果准确性不仅影响工程造价，而且影响与之关联的一系列数据，如计划、统计、劳动力、材料等。因此，绝不能把工程量看成单纯的技术计算，它直接影响工程造价的准确性。计算工程量可采用表格算量、建模算量等方式。

（1）表格算量一般按下列步骤进行：

①根据设计图示的工程内容和定额项目，列出需计算工程量的分部分项项目。

②根据一定的计算顺序和计算规则，图纸所标明的尺寸、数量以及附有的设备明细表、构件明细表有关数据，列出计算式，计算工程量。

③汇总。

在比较复杂的工程或工作经验不足时，最容易发生的是漏项漏算或重项重算。因此，一定要先看懂图纸，弄清各页图纸的关系及细部说明。一般也可按照施工次序，由上而下，由外而内，由左而右，事先草列分部分项工程名称，依次对照图纸进行计算。有条件的尽量分层、分段、分部位来计算，最后将同类项加以合并，编制整理出工程量的汇总表。

（2）建模算量。建模算量是指使用 BIM 软件或建模工具根据设计文件创建项目的 3D 模型，利用建模软件的算量功能，根据模型生成工程量。

4）第四阶段：套用定额单价

在计价过程中，如果工程量已经核对无误，项目不漏不重，则余下的问题就是如何正确套价，套价时应注意以下事项。

（1）分项工程名称、规格和计算单位必须与定额中所列内容完全一致。即在定额中找出与之相适应的项目编号，查出该项工程的单价。套单价要求准确、适用，否则得出的结果就会偏高或偏低。

（2）定额换算。任何定额本身的制定都是按照一般情况综合考虑的，存在许多缺项和不完全符合图纸要求的地方，因此必须根据定额进行换算，即以某分项定额为基础进行局部调整。如材料品种改变，混凝土和砂浆强度等级与定额规定不同，使用的施工机具种类型号不同，原定额工日需增加的系数等。

（3）补充定额编制。当施工图纸的某些设计要求与定额项目特征相差甚远，既不能直接套用也不能换算、调整时，必须编制补充定额。

5）第五阶段：编制工料分析表

根据各分部分项工程的实物工程量和相应定额中的项目所列的用工工日及材料数量，计算出各分部分项工程所需的人工及材料数量，相加汇总便得出该单位工程所需要的各类人工和材料的数量。

6）第六阶段：费用计算

在工程量、单价经复查无误后，将所列项工程实物量全部计算出来后，就可以按所套用的相应定额单价计算人、材、机费，进而计算企业管理费、利润、规费及增值税等各种费用，并汇总得出工程造价。

7）第七阶段：复核

工程计价完成后，需对工程计价结果进行复核，以便及时发现差错，提高成果质量。复核时，应对工程量计算公式和结果、套价、各项费用的取费、计算基础和计算结果、材料和人工价格及其价格调整等方面是否正确进行全面复核。

8）第八阶段：编制说明

编制说明是说明工程计价的有关情况，包括编制依据、工程性质、内容范围、设计图纸号、所用计价依据、有关部门的调价文件号、套用单价或补充定额子目的情况及其他需要说明的问题。

4.1.3　工程量清单计价

1. 工程量清单计价的原理和作用

1）工程量清单计价的原理

工程量清单计价基本原理为：按照清单计价规范的规定，在各相应专业工程工程量计算规范规定的清单项目设置和工程量计算规则基础上，针对具体工程的施工图纸和施工组织设计计算出各个清单项目的工程量，根据规定的方法计算出综合单价，并汇总各清单合价，按相应专业规定计算其他费用得出工程总造价。

工程量清单计价工作适用于施工招标、合同管理以及竣工交付等造价全过程管理。主要包括：编制招标工程量清单、招标控制价、投标报价，确定合同价，工程计量与价款支付，合同价款调整，确定工程结算价和处理工程造价纠纷等活动。

2）工程量清单的作用

（1）提供一个平等的竞争条件

对于相同的工程量清单，由企业根据自身的实力来自主报价，使得企业在同一个平台上有序地竞争，其各方的优势体现在投标报价中，可在一定程度上规范建筑市场秩序。

（2）满足市场经济条件下竞争的需要

招标投标过程就是竞争的过程，招标人提供了工程量清单，投标人根据自身情况确定投标的综合单价，并用相同的清单汇总计算出投标总价。每一家企业的投标价不可能一致，这就促成了企业整体实力的竞争，有利于我国建筑市场的快速发展。

（3）有利于工程款的拨付和工程造价的最终结算

中标后，竞争的中标价就是双方确定施工合同价的基础，投标清单上的单价就成了拨付工程款的依据。招标人根据施工企业完成的工程量，可以很容易地确定进度款的拨付额。工程竣工后，根据设计变更、工程量增减等，招标人也很容易确定工程的最终造价。因此，工程量清单中的综合单价可以从源头上减少招标人与施工单位之间的纠纷。

（4）有利于招标人对投资的控制

采用工程量清单计价，招标人可对投资变化更清楚，在进行设计变更时，能迅速计算出该工程变更对工程造价的影响，从而能根据投资情况来决定是否变更。

2. 工程量清单计价的程序

工程量清单计价的程序与工程定额计价基本一致。具体如下：

1）工程量清单项目的组价方法

组价的方法和注意事项与工程定额计价法相同，每个工程量清单项目包括一个或几个子目，每个子目相当于一个定额子目。所不同的是，工程量清单项目套价的结果是计算该清单项目的综合单价，即将各定额子目的综合单价汇总累加，再除以该清单项目的工程数量，得到该清单项目的综合单价。

2）费用计算

在工程量计算、综合单价分析经复查无误后，即可进行分部分项工程费、措施项目费、其他项目费、规费和增值税的计算，从而汇总得出工程造价。其具体计算原则和方法如下：

$$分部分项工程费 = \sum(分部分项工程量 \times 分部分项工程项目综合单价) \quad (4-2)$$

措施项目费分按各专业工程工程量计算规范规定应予计量的措施项目（单价措施项目）和不宜计量的措施项目（总价措施项目）。其中，单价措施项目综合单价的构成与分部分项工程项目综合单价构成类似。

$$单价措施项目费 = \sum(措施项目工程量 \times 措施项目综合单价) \quad (4-3)$$

$$总价措施项目费 = \sum(措施项目计费基数 \times 费率) \quad (4-4)$$

$$单位工程造价 = 分部分项工程费 + 措施项目费 + 其他项目费 + 规费 + 增值税 \quad (4-5)$$

第 2 节　工程计价依据的分类

4.2.1　工程计价依据体系

按照我国工程计价依据的编制和管理权限的规定，目前，我国已经形成了由国家法律法规、各省（自治区、直辖市）和国务院有关建设主管部门的规章、相关政策文件以及标准、定额等组成的相互支撑、互为补充的工程计价依据体系（见表 4-1）。

工程计价法规、文件一览表　　　表 4-1

分类	序号	名称	批准文号	施行时间
法律法规	1	《中华人民共和国建筑法》（2019 年修正）	主席令第 29 号	2019 年 4 月
	2	《中华人民共和国民法典》	主席令第 45 号	2021 年 1 月
	3	《中华人民共和国招标投标法》（2017 年修正）	主席令第 86 号	2017 年 12 月
	4	《中华人民共和国政府采购法》（2014 年修正）	主席令第 14 号	2014 年 8 月
	5	《中华人民共和国价格法》（2024 年修正）	主席令第 92 号	2024 年 5 月
	6	《中华人民共和国招标投标法实施条例》	国务院令第 709 号	2019 年 3 月
	7	《中华人民共和国政府采购法实施条例》	国务院令第 658 号	2015 年 3 月
	8	《最高人民法院关于审理建设工程施工合同纠纷案件适用法律问题的解释（一）》	法释〔2020〕25 号	2021 年 1 月
部门规章	1	《建设工程价款结算暂行办法》	财建〔2004〕369 号	2004 年 10 月
	2	《建筑安装工程费用项目组成》	建标〔2013〕44 号	2013 年 7 月
	3	《建设工程施工合同（示范文本）》（GF 2017—0201）	建市〔2017〕214 号	2017 年 10 月
	4	《建筑工程施工发包与承包计价管理办法》	住房和城乡建设部第 16 号令	2014 年 2 月
	5	《工程造价咨询企业管理办法》（2020 年修订）	建设部令 50 号	2020 年 2 月
	6	《注册造价工程师管理办法》（2020 年修订）	建设部令 50 号	2020 年 2 月

分类	序号	名称	批准文号	施行时间
部门规章	7	《基本建设项目竣工财务决算管理暂行办法》	财建〔2016〕503 号	2016 年 9 月
	8	《基本建设项目建设成本管理规定》	财建〔2016〕504 号	2016 年 9 月
	9	《基本建设财务规则》	财政部令第 81 号	2016 年 4 月
国家标准	1	《建设工程工程量清单计价标准》GB/T 50500—2024	住房和城乡建设部公告第 1567 号	2013 年 7 月
	2	《房屋建筑与装饰工程工程量计算标准》GB/T 50854—2024	住房和城乡建设部公告 2024 年第 191 号	2025 年 9 月
	3	《仿古建筑工程工程量计算标准》GB/T 50855—2024	住房和城乡建设部公告 2024 年第 192 号	2025 年 9 月
	4	《通用安装工程工程量计算标准》GB/T 50856—2024	住房和城乡建设部公告 2024 年第 193 号	2025 年 9 月
	5	《市政工程工程量计算标准》GB/T 50857—2024	住房和城乡建设部公告 2024 年第 194 号	2025 年 9 月
	6	《园林绿化工程工程量计算标准》GB/T 50858—2024	住房和城乡建设部公告 2024 年第 195 号	2025 年 9 月
	7	《矿山工程工程量计算标准》GB/T 50859—2024	住房和城乡建设部公告 2024 年第 196 号	2025 年 9 月
	8	《构筑物工程工程量计算标准》GB/T 50860—2024	住房和城乡建设部公告 2024 年第 197 号	2025 年 9 月
	9	《城市轨道交通工程工程量计算标准》GB/T 50861—2024	住房和城乡建设部公告 2024 年第 198 号	2025 年 9 月
	10	《爆破工程工程量计算标准》GB/T 50862—2024	住房和城乡建设部公告 2024 年第 199 号	2025 年 9 月
	11	《建筑工程建筑面积计算规范》GB/T 50353—2013	住房和城乡建设部公告第 269 号	2014 年 7 月
	12	《建设工程造价咨询规范》GB/T 51095—2015	住房和城乡建设部公告第 771 号	2015 年 11 月
	13	《工程造价术语标准》GB/T 50875—2013	住房和城乡建设部公告第 1635 号	2013 年 9 月
	14	《建设工程造价鉴定规范》GB/T 51262—2017	住房和城乡建设部公告第 1667 号	2018 年 3 月
全国统一定额	1	《房屋建筑与装饰工程消耗量定额》TY01—31—2015	建标〔2015〕34 号	2015 年 9 月
	2	《通用安装工程消耗定额》TY02—31—2015	建标〔2015〕34 号	2015 年 9 月
	3	《市政工程消耗量定额》ZYA1—31—2015	建标〔2015〕34 号	2015 年 9 月
	4	《城市轨道交通工程预算定额》GCG 103—2008	建标〔2008〕193 号	2009 年 1 月
	5	《城市轨道交通工程概算定额》GCG 102—2011	建标〔2011〕99 号	2012 年 1 月
	6	《建筑安装工程工期定额》TY 01-89—2016	建标〔2016〕161 号	2016 年 10 月
	7	《绿色建筑工程消耗量定额》TY 01-01（02）—2017	建标〔2017〕28 号	2017 年 4 月
	8	《装配式建筑工程消耗量定额》TY 01-01（01）—2016	建标〔2016〕291 号	2017 年 3 月
	9	《建设工程施工机械台班费用编制规则》	建标〔2015〕34 号	2015 年 9 月
	10	《建设工施工仪器仪表台班费用编制规则》	建标〔2015〕34 号	2015 年 9 月
协会标准	1	《工程造价咨询企业服务清单》CCEA/GC 11—2019	中价协〔2019〕77 号	2020 年 1 月
	2	《建设项目投资估算编审规程》CECA/GC 1—2015	中价协〔2015〕86 号	2016 年 6 月
	3	《建设项目设计概算编审规程》CECA/GC 2—2015	中价协〔2015〕77 号	2016 年 5 月
	4	《建设项目工程结算编审规程》CECA/GC 3—2010	中价协〔2010〕023 号	2010 年 10 月
	5	《建设项目全过程造价咨询规程》CECA/GC 4—2017	中价协〔2017〕45 号	2017 年 12 月
	6	《建设项目施工图预算编审规程》CECA/GC 5—2010	中价协〔2010〕004 号	2010 年 3 月
	7	《建设工程招标控制作编审规程》CECA/GC 6—2011		2011 年 10 月

分类	序号	名称	批准文号	施行时间
协会标准	8	《建设工程造价咨询成果文件质量标准》CECA/GC 7—2012	中价协〔2012〕11 号	2012 年 7 月
	9	《建设工程造价鉴定规程》CECA/GC 8—2012	中价协〔2012〕20 号	2012 年 12 月
	10	《建设项目工程竣工决算编制规程》CECA/GC 9—2013	中价协〔2013〕8 号	2013 年 5 月
	11	《建设工程造价咨询工期标准（房屋建筑工程）》CECA/GC 10—2014	中价协〔2014〕38 号	2015 年 1 月

注：除表中所列计价依据外，交通、水利、电力等相关行业也发布有各自的定额和标准。

4.2.2　工程计价依据的分类

工程计价依据是据以计算造价的各类基础资料的总称。由于影响工程造价的因素很多，每一项工程的造价都要根据工程的用途、类别、结构特征、建设标准、所在地区和项目所在地、市场价格信息政府的产业政策、税收政策和金融政策等作出具体计划。因此就需要把确定上述因素相关的各种量化定额或指标等作为计价的基础。计价依据除法律法规规定的以外，一般以合同形式加以确定。

工程计价依据必须满足以下要求：

（1）准确可靠，符合实际。

（2）可信高，具有权威。

（3）数据化表达，便于计算。

（4）定性描述清晰，便于正确利用。

1. 按用途分类

工程造价的计价依据按用途分类，概括起来可以分为七大类。

（1）规范工程计价的依据。

①国家标准《建设工程工程量清单计价标准》GB/T 50500—2024、《房屋建筑与装饰工程工程量计算标准》GB/T 50854—2024、《通用安装工程工程量计算标准》GB/T 50856—2024（各专业工程工程量计算标准以下简称为"计量规范"）《建筑工程建筑面积计算规范》GB/T 50353—2013 等。

②有关行业主管部门发布的规章、规范。

③行业协会推荐性规程，如中国建设工程造价管理协会发布的《建设项目工程总承包计价规范》T/CCEAS 001—2022、《建设项目投资估算编审规程》CECA/GC 1—2015、《建设项目设计概算编审规程》CECA/GC 2—2015、《建设项目工程结算编审规程》CECA/GC 3—2010、《建设项目全过程造价咨询规程》CECA/GC 4—2017 等。

（2）计算设备数量和工程量的依据：可行性研究资料；初步设计、扩大初步设计、施工图设计图纸和资料；工程变更及施工现场签证。

（3）计算分部分项工程人工、材料、机具台班消耗量及费用的依据：概算指标、概算定额、预算定额，人工单价，材料预算单价，机具台班单价，工程造价信息。

（4）计算建筑安装工程费用的依据：费用定额；价格指数。

（5）计算设备费的依据：价格、运杂费率等。

（6）计算工程建设其他费用的依据：用地指标；各项工程建设其他费用定额等。

（7）相关的法规和政策：包含在工程造价内的税种、税率；与产业政策、能源政策、环境政策、技术政策和土地等资源利用政策有关的取费标准；利率和汇率；其他计价依据。

2. 按使用对象分类

（1）规范建设单位计价行为的依据：可行性研究资料、用地指标、工程建设其他费用定额等。

（2）规范建设单位和承包商双方计价行为的依据：包括国家标准、行业标准和中国建设工程造价管理协会发布的建设项目投资估算、设计概算、工程结算、全过程造价咨询等规程；初步设计、扩大初步设计、施工图设计；工程变更及施工现场签证；概算指标、概算定额、预算定额；人工单价；材料预算单价；机具台班单价；工程造价信息；费用定额；设备价格、运杂费率等；包含在工程造价内的税种、税率；利率和汇率；经批准的前期造价文件，其他计价依据。

第 3 节　预算定额、概算定额、概算指标、投资估算指标

4.3.1　预算定额

1. 预算定额的作用

（1）预算定额是一种计价性定额，基本反映完成分项工程或结构构件的人、材、机消耗量及其相应费用。预算定额是编制施工图预算、确定建筑安装工程造价的基础。施工图设计一经确定，工程预算造价就取决于预算定额水平和人工、材料及机具台班的价格。

（2）预算定额是编制施工组织设计的参考依据。施工单位在缺乏本企业的施工定额的情况下，根据预算定额的工料机消耗量，能够相对准确地计算出施工中所需工料机的供求量，为有计划地组织材料采购和预制件加工、劳动力和施工机具的调配提供计算依据。

（3）预算定额是进行经济活动分析的依据。根据预算定额对施工中的工料机的消耗情况进行具体分析，以便克服低功效、高消耗的薄弱环节。

（4）预算定额是编制概算定额的基础。概算定额是在预算定额基础上综合扩大编制的。

（5）预算定额是合理编制最高投标限价的基础。

住房和城乡建设部印发的《住房和城乡建设部办公厅关于印发工程造价改革工作方案的通知》（建办标〔2020〕38号）指出，在工程造价改革过程中，预算定额的指令性作用将日益削弱。

2. 预算定额的编制原则

（1）社会平均水平原则。

（2）简明适用原则。

3. 预算定额的编制依据

（1）施工定额。预算定额是在施工定额或劳动定额的基础上编制的。预算定额中人工、材料、机具台班消耗水平需要根据劳动定额或施工定额确定；预算定额的计量单位的选择也要以施工定额为参考。

（2）设计规范、施工及验收规范、质量评定标准和安全操作规程。

（3）具有代表性的典型工程施工图及有关标准图。对这些图纸进行仔细分析研究，并计算出工程数量，作为编制定额时选择施工方法、确定定额含量的依据。

（4）新技术、新结构、新材料和先进的施工方法等。这类资料是调整定额水平和增加新的定额项目所必需的依据。

（5）现行的预算定额、材料单价及有关文件规定等。

4. 预算定额的编制步骤

预算定额的编制，大致可以分为准备工作、收集资料、编制定额、报批和修改定稿五个阶段。预算定额编制阶段的主要工作如下：

（1）确定编制细则。主要包括：统一编制表格及编制方法；统一计算口径、计量单位和小数点位数的要求；统一名称、用字、专业用语、符号代码等，简化字要规范，文字要简练明确。

（2）确定定额的项目划分和工程量计算规则。

5. 预算定额消耗量的确定

1）预算定额计量单位的确定

确定预算定额计量单位，首先，应考虑该单位能否反映单位产品的工、料消耗量，保证预算定额的准确性；其次，要有利于减少定额项目，保证定额的综合性；最后，要有利于简化工程量计算和整个预算定额的编制工作，保证预算定额编制的准确性。

预算定额单位确定以后，在预算定额项目表中，常采用所取单位的 10 倍、100 倍等倍数的计量单位来编制预算定额。

2）预算定额中人、材、机消耗量的确定

根据劳动定额、材料消耗定额、机具台班定额来确定消耗量。

（1）人工消耗量的确定。预算定额中的人工消耗量是指完成该分项工程必须消耗的各种用工，包括：

①基本用工。指完成该分项工程的主要用工。

②辅助用工。指施工现场为保证基本工作能顺利完成而消耗的辅助性用工，如加工材料、筛沙子、淋石灰膏的用工。

③人工幅度差。指正常施工条件下，劳动定额中没有包含的用工因素。例如各工种交叉作业配合工作的停歇时间，工程质量检查和工程隐蔽、验收等所占的时间。

④现场运输及清理现场用工。

（2）材料消耗量的确定。

①材料主要包括主要材料、辅助材料、周转性材料和其他材料。主要材料是指直接构成工程实体的材料，如钢筋、水泥等；辅助材料是指构成工程实体的除主要材料以外的其他材料，如垫木、钉子、铁丝等；周转性材料是指脚手架、模板等多次周转使用但不构成工程实体的摊销性材料；其他材料是指用量较少，难以计量的零星用料，如棉纱、编号用的油漆等。

②凡设计图纸标注尺寸及下料要求的，按设计图纸计算材料净用量，如混凝土、钢筋等材料。

③材料损耗量，是指在正常施工条件下，不可避免的材料损耗，如现场内材料运输损耗及施工操作过程中的损耗等。损耗量按有关规范或经验数据确定。

④周转性材料，根据现场情况测定周转性材料使用量，再按材料使用次数及材料损耗率确定摊销量。

（3）机具台班消耗量的确定。预算定额的机具台班消耗量的计量单位是"台班"。按现行规定，每个工作台班按 8 小时计算。

预算定额中的机具台班消耗量按全国统一劳动定额中各种机械施工项目所规定的台班产量进行计算。

预算定额中以使用机械为主的项目，如机械挖土、空心板吊装等，其工人组织和台班产量按劳动定额中的机械施工项目综合而成。

6. 编制定额项目表

在分项工程的人工、材料和机具台班消耗量确定后，进行定额项目表的编制。

在定额项目表中，工作内容按综合分项内容填写；人工消耗量填写工日数；材料消耗量填写主要材料名称、单位和实物消耗量；施工机具使用量填写主要施工机具的名称和台班数。

4.3.2　概算定额

概算定额是预算定额的综合与扩大，基本反映完成扩大分项工程的人、材、机消耗量及其相应费用。它将预算定额中有联系的若干个分项工程项目综合为一个概算定额项目。如砖基础概算定额项目，就是以砖基础为主，综合了平整场地、挖地槽、铺设垫层、砌砖基础、铺设防潮层、回填土及余方弃运等分项工程项目预算定额费用。

1. 概算定额的主要作用

（1）概算定额是扩大初步设计阶段编制设计概算的依据。

（2）概算定额是对设计项目进行技术经济分析和比较的基础资料之一。

（3）概算定额是编制建设项目主要材料计划的参考依据。

（4）概算定额是编制概算指标的依据。

2. 概算定额的编制依据

（1）现行的预算定额。

（2）设计及施工技术规范。

（3）典型工程施工设计图和其他有关资料。

（4）人工工资标准、材料预算价格和机具台班预算价格。

3. 概算定额的编制步骤

概算定额的编制步骤与预算定额相类似，需注意该阶段要测算概算定额水平，内容包括两个方面：新编概算定额与原概算定额的水平测算，概算定额与预算定额的水平测算。

4.3.3　概算指标

概算指标是以整个建筑物或构筑物为对象，以"m²""m³"或"座"等为计量单位，基本反映完成扩大分项工程的相应费用，也可以表现其人、材、机的消耗量。

1. 概算指标的主要作用

（1）是编制投资估算和编制基本建设计划、估算主要材料用量计划的依据。

（2）是设计单位编制初步设计概算、选择设计方案的依据。

（3）是考核基本建设投资效果的依据。

2. 概算指标的主要内容

概算指标的内容和形式没有统一的格式。一般包括以下内容：

（1）工程概况。包括建筑面积，建筑层数，建筑地点、时间，工程各部位的结构及做法等。

（2）工程造价及费用组成。

（3）每平方米建筑面积的工程量指标。

（4）每平方米建筑面积的工料消耗指标。

3. 概算指标的编制依据

（1）标准设计图纸和各类典型工程设计图纸。

（2）国家颁布的建筑标准、设计规范、施工规范等。

（3）各类工程造价资料。

（4）现行的概算定额、预算定额及补充定额。

（5）人工工资标准、材料价格、机具台班价格及相关资料。

4. 概算指标的编制步骤

以房屋建筑工程为例，概算指标可按以下步骤进行编制：

（1）拟定工作方案，明确编制原则和方法，确定指标的内容及表现形式，确定基价所依据的人工工资单价、材料单价、机具台班单价。

（2）收集整理编制指标所必需的标准设计、典型设计以及有代表性的工程设计图纸、设计预算等资料以及相关资料。

（3）编制阶段。选定案例项目，根据图纸资料计算工程量和编制单位工程预算书；按编制方案确定的指标项目，填写其对应的各项消耗量指标表格。

（4）经过核对审核、平衡分析、水平测算，最后审查定稿。

4.3.4　投资估算指标

1. 投资估算指标的作用

投资估算指标是以建设项目、单项工程、单位工程为对象，反映其建设总投资及其各项费用构成的经济指标。投资估算指标是编制项目建议书、可行性研究报告等前期工作阶段投资估算的依据，也可以作为编制固定资产长远规划投资额的参考。投资估算指标为完成项目建设的投资估算提供依据和手段，它在固定资产的形成过程中起着投资预测的作用，为投资控制、投资效益分析提供参考，是合理确定项目投资的基础。概算指标中的主要材料消耗量也是一种扩大材料消耗量的指标，可以作为计算建设项目主要材料消耗量的基础。估算指标的正确制定对于提高投资估算的准确度，对建设项目的合理评估、正确决策具有重要意义。

2. 投资估算指标的内容

投资估算指标是确定和控制建设项目全过程各项投资支出的技术经济指标，其范围涉及建设前期、建设实施期和竣工验收交付使用期等各个阶段的费用支出，内容一般可分为建设项目综合指标、单项工程指标和单位工程指标三个层次。

（1）建设项目综合指标

建设项目综合指标是指按规定应列入建设项目总投资的从立项筹建开始至竣工验收交付使用的全部投资额，包括单项工程投资、工程建设其他费用和预备费等。

建设项目综合指标一般以项目的综合生产能力单位表示，如"元/t""元/kW"；或以使用功能表示，如医院床位"元/床"。

（2）单项工程指标

单项工程指标是指按规定应列入能独立发挥生产能力或使用效益的单项工程内的全部投资额，包括建筑工程费、安装工程费、设备、工器具及生产家具购置费和可能包含的其他费用。

单项工程指标一般以单项工程生产能力为计量单位，如"元/t"；或以其他单位表示，如变电站："元/(V·A)"；锅炉房："元/蒸汽吨"；供水站："元/m³"。办公室、仓库、宿舍、住宅等房屋建筑工程则区别不同结构形式，以"元/m²"表示。

（3）单位工程指标

单位工程指标是指按规定应列入能独立设计、施工的工程项目的费用，即建筑安装工程费用。

单位工程指标一般以如下方式表示：房屋区别不同结构形式以"元/m²"表示，道路区别不同结构层、面层以"元/m²"表示，水塔区别不同结构层、容积以"元/座"表示，管道区别不同材质、管径以"元/m"表示。

3. 投资估算指标的编制步骤

投资估算指标的编制工作涉及建设项目的产品规模、产品方案、工艺流程、设备选型、工程设计和技术经济等各个方面。既要考虑现阶段技术状况，又要展望未来技术发展趋势和设计动向，从而可以指导后续建设项目的实践。编制工作一般分为三个阶段进行。

（1）收集整理资料阶段

收集整理已建成或正在建设的、符合现行技术政策和技术发展方向、有可能重复采用的、有代表性的工程设计施工图、标准设计以及相应的竣工决算或施工图预算等资料。将整理后的数据资料加以归类，按照编制年度执行的定额、费用标准和工料机价格，调整成该年度的造价水平。

（2）平衡调整阶段

由于调查收集的资料来源不同，虽然经过一定的分析整理，仍难以避免由于设计方案、建设条件和建设时间等方面的差异，导致部分数据出现失准或漏项等问题，因此，必须对案例资料数据进行平衡、调整。

（3）测算审查阶段

测算是将新编的指标和选定案例工程的概预算，在同一价格条件下进行比较，检验其偏离程度是否在允许偏差的范围以内。如偏差过大，则要查找原因并进行修正，以保证指标的准确、实用。

4. 工程造价指标的测算

1）工程造价指标测算时应注意的问题

（1）数据的真实性。用于测算指标的数据无论是整体数据还是局部数据都应采集实际的工程数据。实际工程数据是指完成工程造价计价成果的实际工程计价数据，包括建设工程投资估算、设计概算、招标控制价、合同价、竣工结算价。

（2）根据工程特征进行测算。建设工程造价指标应区分地区、工程类型、造价类型、时间进行测算。

（3）对建设条件、时间、地点和设计方案等方面造成的造价水平差异，应对案例资料数据进行统一、平衡调整。

2）测算方法

（1）数据统计法。当建设工程造价数据的样本数量达到数据采集要求时，应使用数据统计法测算建设工程造价指标。

（2）典型工程法。建设工程造价数据样本数量达不到最少样本数量要求时，应采用典型工程法测算。

（3）汇总计算法。当需要采用下一层级造价指标汇总计算上一层级造价指标时，可采用汇总计算法。汇总计算法计算工程造价指标时，应采用加权平均计算法，权重为指标对应的总建设规模。汇总计算法采用的下一层级造价指标宜采用数据统计法得出的各类工程造价指标。

第4节　人工、材料、机具台班消耗量定额

人工、材料、机具台班消耗量以劳动定额、材料消耗量定额、机具台班消耗量定额的形式来表现，它是工程计价最基础的定额，是地方和行业部门编制预算定额的基础，也是个别企业依据其自身的消耗水平编制企业定额的基础。

4.4.1　劳动定额

1. 劳动定额的分类及其关系

1）劳动定额的分类

劳动定额分为时间定额和产量定额。

（1）时间定额。时间定额是指某工种某一等级的工人或工人小组在合理的劳动组织等施工条件下，完成单位合格产品所必须消耗的工作时间。

（2）产量定额。产量定额是指某工种某等级工人或工人小组在合理的劳动组织等施工条件下，在单位时间内完成合格产品的数量。

2）时间定额与产量定额的关系

时间定额与产量定额是互为倒数的关系，即：

$$时间定额 = \frac{1}{产量定额} \tag{4-6}$$

2. 工作时间

工作时间可以分为工人工作时间和机械工作时间。

1）工人工作时间

工人工作时间可以分为必须消耗的时间和损失时间两类。

（1）必须消耗的时间。

必须消耗的时间是指工人在正常施工条件下，为完成一定数量的产品或任务所必须消耗的工作时间。包括：

①有效工作时间：是从生产效率来看与产品生产直接有关的时间，包括基本工作时间、辅助工作时间、准备与结束工作时间。

a. 基本工作时间：是指工人完成与产品生产直接有关的工作时间，如砌砖施工过程的挂线、铺灰浆、砌砖等工作时间。基本工作时间一般与工作量的大小成正比。

　　b. 辅助工作时间：是指为了保证基本工作顺利完成而同技术操作无直接关系的辅助性工作时间。如修磨校验工具、移动工作梯、工人转移工作地点等所需时间。

　　c. 准备与结束工作时间：工人在执行任务前的准备工作（包括工作地点、劳动工具、劳动对象的准备）和完成任务后的整理工作时间。

　　②休息时间：工人为恢复体力所必需的休息时间。

　　③不可避免的中断时间：由于施工工艺特点所引起的工作中断时间，如汽车司机等候装货的时间，安装工人等候构件起吊的时间等。

　　（2）损失时间。

　　损失时间是与产品生产无关，而与施工组织和技术上的缺点有关，与工人在施工过程中的个人过失或某些偶然因素有关的时间消耗。包括：

　　①多余和偶然工作时间：指在正常施工条件下不应发生的时间消耗，如拆除超过图示高度的多余墙体的时间。

　　②停工时间：分为施工本身造成的停工时间和非施工本身造成的停工时间，如材料供应不及时，由于气候变化和水、电源中断而引起的停工时间。

　　③违反劳动纪律的损失时间：在工作班内工人迟到、早退、闲谈、办私事原因造成的工时损失。

　　2）机械工作时间

　　机械工作时间的分类与工人工作时间的分类相比有一些不同点，如在必须消耗的时间中所包含的有效工作时间的内容不同。通过分析可以看到，两种时间的不同点是由机械本身的特点所决定的。

　　（1）必须消耗的时间。

　　①有效工作时间：包括正常负荷下的工作时间、有根据地降低负荷下的工作时间。

　　②不可避免的无负荷工作时间：由施工过程的特点所造成的无负荷工作时间。如推土机到达工作段终端后倒车时间，起重机吊完构件后返回构件堆放地点的时间等。

　　③不可避免的中断时间：是与工艺过程的特点、机械使用中的保养、工人休息等有关的中断时间。如汽车装卸货物的停车时间，给机械加油的时间，工人休息时的停机时间。

　　（2）损失时间。

　　①机械多余的工作时间：指机械完成任务时无须包括的工作占用时间，如灰浆搅拌机搅拌时多运转的时间，工人没有及时供料而使机械空运转的延续时间。

　　②机械停工时间：是指由于施工组织不好及由于气候条件影响所引起的停工时间，如未及时给机械加水、加油而引起的停工时间。

③违反劳动纪律的停工时间：由于工人迟到、早退等原因引起的机械停工时间。

④低负荷下工作时间：由于工人或技术人员的过错所造成的施工机具在低负荷的情况下工作的时间。

3. 劳动定额的编制方法

（1）经验估计法

经验估计法是根据定额员、技术员、生产管理人员和老工人的实际工作经验，对生产某一产品或完成某项工作所需的人工、施工机具、材料数量进行分析、讨论和估算，并最终确定定额耗用量的一种方法。

（2）统计分析法

统计分析法就是根据过去生产同类型产品、零件的实作工时或统计资料，经过整理和分析，考虑今后企业生产技术组织条件的可能变化来制定定额的一种方法。

（3）技术测定法

技术测定法是通过对施工全过程的具体活动进行实地观察，详细记录工人和机械的工作时间消耗、完成产品数量及有关影响因素，并将记录结果予以研究、分析，去伪存真，整理出可靠的原始数据资料，为制定定额提供科学依据的一种方法。

（4）比较类推法

比较类推法也叫典型定额法，是在相同类型的项目中选择有代表性的典型项目，然后根据测定的定额用比较类推的方法编制其他相关定额的一种方法。

4.4.2　材料消耗定额

1. 材料消耗定额的概念

材料消耗定额是指正常的施工条件和合理使用材料的情况下，生产质量合格的单位产品所必须消耗的建筑安装材料的数量标准。

2. 净用量定额和损耗量定额

材料消耗定额包括：直接用于建筑安装工程上的材料；不可避免产生的施工废料；不可避免的施工操作损耗。其中，直接构成建筑安装工程实体的材料称为材料消耗净用量，不可避免的施工废料和施工操作损耗量称为材料损耗量。材料消耗净用量与损耗量之间具有下列关系：

$$材料总消耗量 = 材料消耗净用量 + 材料损耗量 \tag{4-7}$$

$$材料损耗率 = \frac{材料损耗量}{材料净用量} \times 100\%（即：材料损耗量 = 材料净用量 \times 损耗率） \tag{4-8}$$

$$材料消耗量 = 材料消耗净用量 \times (1 + 损耗率) \tag{4-9}$$

3. 编制材料消耗定额的基本方法

1）现场技术测定法

用该方法主要是为了取得编制材料损耗定额的资料。材料消耗中的净用量比较容易确定，但材料消耗中的损耗量不能随意确定，需通过现场技术测定来区分哪些属于难以避免的损耗，哪些属于可以避免的损耗，从而确定出较准确的材料损耗量。

2）试验法

试验法是在实验室内采用专用的仪器设备，通过试验的方法来确定材料消耗定额的一种方法，用这种方法提供的数据虽然精确度高，但容易脱离现场实际情况。

3）统计法

统计法中通过对现场用料的大量统计资料进行分析计算的一种方法。用该方法可获得材料消耗的各项数据，用以编制材料消耗定额。

4）理论计算法

理论计算法是运用一定的计算公式计算材料消耗量，确定消耗定额的一种方法。这种方法较适合计算块状、板状、卷状等材料的消耗量。

（1）砖砌体材料用量计算。

标准砖砌体中，标准砖、砂浆用量计算公式：

$$每立方米砌体标准砖净用量（块）= \frac{2 \times 墙厚的砖数}{墙厚 \times (砖长 + 灰缝) \times (砖厚 + 灰缝)} \tag{4-10}$$

（2）各种块料面层的材料用量计算。

$$每\,100m^2块料面层净用量（块）= \frac{100}{(块料长 + 灰缝) \times (块料宽 + 灰缝)} \tag{4-11}$$

$$每\,100m^2块料面层中灰缝砂浆净用量（m^3）=$$
$$(100 - 块料净用量块料长 \times 块料宽) \times 块料厚 \tag{4-12}$$

$$每\,100m^2块料面层中结合层砂浆净用量（m^3）= 100 \times 结合层厚 \tag{4-13}$$

$$各种材料总消耗量 = 净用量 \times (1 + 损耗率) \tag{4-14}$$

（3）周转性材料消耗量计算。

建筑安装施工中除了耗用直接构成工程实体的各种材料、成品、半成品外，还需要耗用一些工具性的材料，如挡土板、脚手架及模板等。

这类材料在施工中不是一次消耗完，而是随着使用次数逐渐消耗的，故称为周转性材料。

周转性材料在定额中是按照多次使用，多次摊销的方法计算。定额表中规定的数量是使用一次摊销的实物量。

①考虑模板周转使用补充和回收的计算：

$$摊销量 = 周转使用量 - 回收量 \tag{4-15}$$

$$周转使用量 = \frac{一次使用量 + 一次使用量 \times (周转次数 - 1) \times 损耗率}{周转次数} \tag{4-16}$$

②不考虑周转使用补充和回收量的计算公式：

$$摊销量 = \frac{一次使用量}{周转次数} \tag{4-17}$$

4.4.3　施工机具台班定额

施工机具台班定额是施工机具生产率的反映，编制高质量的施工机具台班定额是合理组织机械化施工，有效地利用施工机具，进一步提高机械生产率的必备条件。编制施工机具台班定额主要包括以下内容。

1. 拟定正常的施工条件

机械操作与人工操作相比，劳动生产率在更大程度上受施工条件的影响，所以更要重视拟定正常的施工条件。

2. 确定施工机具纯工作1小时的正常生产率

确定施工机具正常生产率必须先确定施工机具纯工作1小时的劳动生产率。因为只有先取得施工机具纯工作1小时的正常生产率，才能根据施工机具利用系数计算出施工机具台班定额。

施工机具纯工作时间就是指施工机具必须消耗的净工作时间，它包括正常工作负荷下，有根据降低负荷下、不可避免的无负荷时间和不可避免的中断时间；施工机具纯工作1小时的正常生产率就是在正常施工条件下，由具备一定技能的技术工人操作施工机具净工作1小时的劳动生产率。

确定机具纯工作1小时正常劳动生产率可以分为三步进行。

第一步，计算施工机具一次循环的正常延续时间；

第二步，计算施工机具纯工作1小时的循环次数；

第三步，要求施工机具纯工作1小时的正常生产率。

3. 确定施工机具的正常利用系数

机具的正常利用系数是指机具在工作班内工作时间的利用率。机具正常利用系数与工作班内的工作状况有着密切的关系。

确定机具正常利用系数：首先要计算工作班在正常状况下，准备与结束工作、机具开动、机具维护等工作所必须消耗的时间，以及机具有效工作的开始与结束时间；然后计算机具工作班的纯工作时间；最后确定机具正常利用系数。

$$机具正常利用系数 = \frac{工作班内机具纯工作时间}{机具工作班延续时间} \tag{4-18}$$

4.计算机具台班定额

计算机具台班定额是编制机具台班定额的最后一步。在确定了机具工作正常条件、机具 1 小时纯工作时间正常生产率和机具利用系数后，就可以确定机具台班定额指标了。

$$施工机具台班产量定额 = 机具纯工作 1 小时正常生产率 \times$$
$$工作班延续时间 \times 机具正常利用系数 \tag{4-19}$$

第 5 节　人工、材料、机具台班单价及定额基价

预算定额中的人工、材料、机具台班消耗量确定后，就需要确定人工、材料、机具台班单价。

4.5.1　人工单价

人工单价是指施工企业平均技术熟练程度的生产工人在每工作日（国家法定工作时间内）按规定从事施工作业应得的日工资总额。合理确定人工工日单价是正确计算人工费和工程造价的前提和基础。

1.人工日工资单价组成内容

人工单价由计时工资或计件工资、奖金、津贴补贴以及特殊情况下支付的工资组成。

（1）计时工资或计件工资。是指按计时工资标准和工作时间或对已做工作按计件单价支付给个人的劳动报酬。

（2）奖金。是指对超额劳动和增收节支支付给个人的劳动报酬。如节约奖、劳动竞赛奖等。

（3）津贴补贴。是指为了补偿职工特殊或额外的劳动消耗和因其他原因支付给个人的津贴，以及为了保证职工工资水平不受物价影响支付给个人的物价补贴。

（4）特殊情况下支付的工资。是指根据国家法律法规和政策规定，因病、工伤产假、计划生育假、婚丧假、事假、探亲假、定期休假、停工学习、执行国家或社会义务等原

因按计时工资标准或计时工资标准的一定比例支付的工资。

2. 人工日资单价确定方法

（1）年平均每月法定工作日。由于人工日工资单价是每一个法定工作日的工资总额，因此，需要对年平均每月法定工作日进行计算。计算公式如下：

$$年平均每月法定工作日 = \frac{全年日历日 - 法定假日}{12} \tag{4-20}$$

公式(4-20)中，法定假日指双休日和法定节日。

（2）日工资单价的计算。确定了年平均每月法定工作日后，将上述工资总额进行分摊，即形成了人工日工资单价。计算公式如下：

$$日工资单价 = \frac{\substack{生产工人平均月工资 \\ （计时、计件）} + 月平均\left(奖金 + 津贴补贴 + \substack{特殊情况下 \\ 支付的工资}\right)}{年平均每月法定工作日}$$

$$\tag{4-21}$$

（3）日工资单价的管理。虽然施工企业投标报价时可以自主确定人工费，但由于人工日工资单价在我国具有一定的政策性，因此，工程造价管理确定日工资单价应通过市场调查，根据工程项目的技术要求，参考实物工程量人工单价综合分析确定，发布的最低日工资单价不得低于工程所在地人力资源和社会保障部门所发布的最低工资标准的：普工 1.3 倍、一般技工 2 倍、高级技工 3 倍。

4.5.2　材料单价

材料单价是建筑材料从其来源地运到施工工地仓库，直至出库形成的综合平均单价。主要由材料原价（或供应价格）、材料运杂费、运输损耗费、采购及保管费组成。

1）材料原价（或供应价格）

材料原价是指材料、工程设备的出厂价格或商家供应价格。

在确定材料原价时，如同一种材料因来源地、供应单位或生产厂家不同，有几种价格时，要根据不同来源地的供应数量比例，采取加权平均的方法计算其材料的原价。

2）材料运杂费

材料运杂费是指材料、工程设备自来源地运至工地仓库或指定堆放地点所发生的全部费用。

3）运输损耗费

材料运输损耗是指材料在运输和装卸过程中不可避免的损耗，一般通过损耗率来规定损耗标准。

$$材料运输损耗费 = (材料原价 + 材料运杂费) \times 运输损耗率 \qquad (4-22)$$

4）采购及保管费

材料采购及保管费是指为组织采购、供应和保管材料、工程设备的过程中所需要的各项费用，包括采购费、仓储费、工地保管费、仓储损耗费。

$$材料采购及保管费 = (材料原价 + 运杂费 + 运输损耗费) \times 采购及保管费率 \qquad (4-23)$$

上述费用的计算可以综合成一个计算式：

$$材料单价 = [(材料原价 + 运杂费) \times (1 + 运输损耗率)] \times (1 + 采购及保管费率) \qquad (4-24)$$

当采用一般计税方法时，材料单价中的材料原价、运杂费等均应扣除增值税进项税额。

由于我国幅员广大，建筑材料产地与使用地点的距离，各地差异很大，同时采购、保管、运输方式也不尽相同，因此，材料单价原则上按地区范围编制。

【例 4-1】某建设项目水泥（适用 16% 增值税率）从两个地方采购，其采购量及有关费用如表 4-2 所示，求该工地水泥的单价（表中原价、运杂费均为含税价格，且材料采用"两票制"支付方式）。

材料采购信息表　　　　　　　　　　　　　　　　　　表 4-2

采购处	采购量/t	原价/（元/t）	运杂费/（元/t）	运输损耗率/%	采购及保管费费率/%
来源一	300	240	20	0.5	3.5
来源二	200	250	15	0.4	

【解】应将含税的原价和运杂费调整为不含税价格，具体过程如表 4-3 所示。

材料价格信息不含税价格处理　　　　　　　　　　表 4-3

采购处	采购量/t	原价/（元/t）	原价（不含税）/（元/t）	运杂费/（元/t）	运杂费（不含税）/（元/t）	运输损耗率/%	采购及保管费率/%
来源一	300	240	240/1.16 = 206.90	20	20/1.10 = 18.18	0.5	3.5
来源二	200	250	250/1.16 = 215.52	15	15/1.10 = 13.64	0.4	

$$加权平均原价 = \frac{300 \times 206.90 + 200 \times 215.52}{300 + 200} = 210.35（元/t）$$

$$加权平均运杂费 = \frac{300 \times 18.18 + 200 \times 13.64}{300 + 200} = 16.36（元/t）$$

$$来源一的运输损耗费 = (206.90 + 18.18) \times 0.5\% = 1.13（元/t）$$

$$来源二的运输损耗费 = (215.52 + 13.64) \times 0.4\% = 0.92（元/t）$$

$$加权平均运输损耗费 = \frac{300 \times 1.13 + 200 \times 0.92}{300 + 200} = 1.05（元/t）$$

$$材料单价 = (210.35 + 16.36 + 1.05) \times (1 + 3.5\%) = 235.73（元/t）$$

4.5.3 施工机具台班单价

施工机具台班单价分为施工机械台班单价和施工仪器仪表台班单价。

1. 施工机械台班单价

施工机械使用费是根据施工中耗用的机械台班数量和机械台班单价确定的。施工机械台班耗用量按有关定额规定计算；施工机械台班单价是指一台施工机械，在正常运转条件下一个工作班中所发生的全部费用，每台班按八小时工作制计算。正确制定施工机械台班单价是合理确定和控制工程造价的重要方面。

根据《建设工程施工机械台班费用编制规则》（建标〔2015〕34号）的规定，施工机械划分为十二个类别：土石方及筑路机械、桩工机械、起重机械、水平运输机械、垂直运输机械、混凝土及砂浆机械、加工机械、泵类机械、焊接机械、动力机械、地下工程机械和其他机械。

施工机械台班单价由七项费用组成，包括折旧费、检修费、维护费、安拆费及场外运费、人工费、燃料动力费、其他费用。

1）折旧费

折旧费是指施工机械在规定的使用期限（即耐用总台班）内，陆续收回其原值及购置资金的费用。

$$台班折旧费 = \frac{机械预算价格 \times (1 - 残值率)}{耐用总台班} \tag{4-25}$$

2）检修费

检修费是指施工机械在规定的耐用总台班内，按规定的检修间隔进行必要的检修，以恢复其正常功能所需的费用。检修费是机械使用期限内全部检修费之和在台班费用中的分摊额，它取决于一次检修费、检修次数和耐用总台班的数量。其计算公式为：

$$台班检修费 = \frac{一次检修费 \times 检修次数}{耐用总台班} \times 除税系数 \tag{4-26}$$

3）维护费

维护费是指施工机械在规定的耐用总台班内，按规定的维护间隔进行各级维护和临时故障排除所需的费用。保障机械正常运转所需替换与随机配备工具附具的摊销和维护费用、机械运转及日常保养维护所需润滑与擦拭的材料费用及机械停滞期间的维护费用等。各项费用分摊到台班中，即为维护费。其计算公式为：

$$台班维护费 = \frac{\sum(各级维护一次费用 \times 除税系数 \times 各级维护次数) + 临时故障排除费}{耐用总台班}$$

$$(4\text{-}27)$$

当维护费计算公式中各项数值难以确定时，也可按下列公式计算：

$$台班维护费 = 台班检修费 \times K \tag{4-28}$$

式中：K——维护费系数，指维护费占检修费的百分数。

4）安拆费及场外运费

安拆费是指施工机械在现场进行安装与拆卸所需的人工、材料、机械和试运转费用以及机械辅助设施的折旧、搭设、拆除等费用，场外运费是指施工机械整体或分体自停放地点运至施工现场或由一施工地点运至另一施工地点的运输、装卸、辅助材料及架线等费用。

安拆费及场外运费根据施工机械不同分为计入台班单价、单独计算和不需计算三种类型。

（1）安拆简单、移动需要起重及运输机械的轻型施工机，其安拆费及场外运费计入台班单价。安拆费及场外运费应按下列公式计算：

$$台班安拆费及场外运费 = \frac{一次安拆费及场外运费 \times 年平均安拆次数}{年工作台班} \tag{4-29}$$

①一次安拆费应包括施工现场机械安装和拆卸一次所需的人工费、材料费、机械费、安全检测部门的检测费及试运转费。

②一次场外运费应包括运输、装卸、辅助材料、回程等费用。

③年平均安拆次数按施工机械的相关技术指标，结合具体情况综合确定。

④运输距离均按平均 30km 计算。

（2）单独计算的情况包括：

①安拆复杂、移动需要起重及运输机械的重型施工机械，其安拆费及场外运费单独计算。

②利用辅助设施移动的施工机械，其辅助设施（包括轨道和枕木）等的折旧、搭设和拆除等费用可单独计算。

（3）不需计算的情况包括：

①不需安拆的施工机械，不计算一次安拆费。

②不需相关机械辅助运输的自行移动机械，不计算场外运费。

③固定在车间的施工机械，不计算安拆费及场外运费。

（4）自升式塔式起重机、施工电梯安拆费的超高起点及其增加费，各地区、部门可根据具体情况确定。

$$台班安拆费及场外运费 = \frac{一次安拆费及场外运费 \times 年平均安拆次数}{年工作台班} \qquad (4\text{-}30)$$

5）人工费

人工费是指机上司机（司炉）和其他操作人员的人工费。按下列公式计算：

$$台班人工费 = 人工消耗量 \times \left(1 + \frac{年制度工作日 - 年工作台班}{年工作台班}\right) \times 人工单价 \qquad (4\text{-}31)$$

（1）人工消耗量指机上司机（司炉）其他操作人员数量。

（2）年度工作日应执行编制期国家有关规定。

（3）人工单价应执行编制期工程造价管理机构发布的信息价格。

6）燃料动力费

燃料动力费是指施工机械在运转作业中所耗用的燃料及水、电等费用。计算公式如下：

$$台班燃料动力费 = \sum(台班燃料动力消耗量 \times 燃料动力单价) \qquad (4\text{-}32)$$

7）其他费用

其他费用是指施工机械按照国家规定应缴纳的车船税、保险费及检测费等。其计算公式为：

$$台班其他费 = \frac{年车船税 + 年保险费 + 年检测费}{年工作台班} \qquad (4\text{-}33)$$

（1）年车船税、年检测费应执行编制期国家及地方政府有关部门的规定。

（2）年保险费应执行编制期国家及地方政府有关部门强制性保险的规定，非强制性保险不应计算在内。

2. 施工仪器仪表台班单价

根据《建设工程施工仪器仪表台班费用编制规则》（建标〔2015〕34 号）的规定，施工仪器仪表划分为七个类别：自动化仪表及系统、电工仪器仪表、光学仪器、分析仪表、试验机、电子和通信测量仪器仪表、专用仪器仪表。

施工仪器仪表台班单价由四项费用组成，包括折旧费、维护费、校验费、动力费。施工仪器仪表台班单价中的费用组成不包括检测软件的相关费用。

1）折旧费

施工仪器仪表台班折旧费是指施工仪器仪表在耐用总台班内，陆续收回其原值的费用。计算公式如下：

$$台班折旧费 = \frac{施工仪器仪表原值 \times (1 - 残值率)}{耐用总台班} \qquad (4-34)$$

（1）施工仪器仪表原值应按以下方法确定：

①对从施工企业采集的成交价格，各地区、部门可结合本地区、部门实际情况，综合确定施工仪器仪表原值。

②对从施工仪器仪表展销会采集的参考价格或从施工仪器仪表生产厂、经销商采集的销售价格，各地区、部门可结合本地区、部门实际情况，测算价格调整系数确定施工仪器仪表原值。

③对类别、名称、性能规格相同而生产厂家不同的施工仪器仪表，各地区、部门可根据施工企业实际购进情况，综合确定施工仪器仪表原值。

④对进口与国产施工仪器仪表性能规格相同的，应以国产为准确定施工仪器仪表原值。

⑤进口施工仪器仪表原值应按编制期国内市场价格确定。

⑥施工仪器仪表原值应按不含一次运杂费和采购保管费的价格确定。

（2）残值率是指施工仪器仪表报废时回收其残余价值占施工仪器仪表原值的百分比。残值率应按国家有关规定确定。

（3）耐用总台班是指施工仪器仪表从开始投入使用至报废前所积累的工作总台班数量。耐用总台班应按相关技术指标确定。

$$耐用总台班 = 年工作台班 \times 折旧年限 \qquad (4-35)$$

①年工作台班是指施工仪器仪表在一个年度内使用的台班数量。

$$年工作台班 = 年制度工作日 \times 年使用率 \qquad (4-36)$$

年制度工作日应按国家规定制度工作日执行，年使用率应按实际使用情况综合确定。

②折旧年限是指施工仪器仪表逐年计提折旧费的年限。折旧年限应按国家有关规定确定。

2）维护费

施工仪器仪表台班维护费是指施工仪器仪表各级维护、临时故障排除所需的费用及为保证仪器仪表正常使用所需备件（备品）的维护费用。计算公式如下：

$$台班维护费 = \frac{年维护费}{年工作台班} \qquad (4-37)$$

年维护费是指施工仪器仪表在一个年度内发生的维护费用。年维护费应按相关技术指标，结合市场价格综合确定。

3）校验费

施工仪器仪表台班校验费是指按国家与地方政府规定的标定与检验的费用。计算公式如下：

$$台班校验费 = \frac{年校验费}{年工作台班} \tag{4-38}$$

年校验费指施工仪器仪表在一个年度内发生的校验费用。年校验费应按相关技术指标确定。

4）动力费

施工仪器仪表台班动力费是指施工仪器仪表在施工过程中所耗用的电费。计算公式如下：

$$台班动力费 = 台班耗电量 \times 电价 \tag{4-39}$$

（1）台班耗电量应根据施工仪器仪表不同类别，按相关技术指标综合确定。

（2）电价应执行编制期工程造价管理机构发布的信息价格。

4.5.4　定额基价

定额基价是指反映完成定额项目规定的单位建筑安装产品，在定额编制基期所需的人工费、材料费、施工机具使用费或其总和。定额基价是不完全价格，因为只包含了人工、材料、机械台班的费用。

《建设工程工程量清单计价标准》GB/T 50500—2024 的综合单价是不完全费用单价，综合单价包括人工、材料、机械台班、管理费、利润等费用，规费和增值税等费用仍未被包含其中。目前，我国已有不少省、市编制了工程量清单项目的综合单价的基价，为发承包双方组成工程量清单项目综合单价构建了平台，取得了成效。

1. 基价的构成

定额基价是由人、材、机单价构成的，计算公式为：

$$定额项目基价 = 人工费 + 材料费 + 施工机具费 \tag{4-40}$$

$$人工费 = 定额项目工日量 \times 人工单价 \tag{4-41}$$

$$材料费 = \sum(定额项目材料用量 \times 材料单价) \tag{4-42}$$

$$施工机具费 = \sum(定额项目台班量 \times 台班单价) \tag{4-43}$$

广东省综合定额基价是由人、材、机、管单价构成的。

2. 定额基价的套用

在编制单位工程计价文件的过程中，大多数项目可以直接套用定额基价。套用时应注意以下几点：

（1）根据施工图纸、设计说明和做法说明选择定额项目。

（2）工程内容、技术特征和施工方法上仔细核对，才能准确确定相对应的定额项目。

（3）分项工程项目名称和计量单位要与定额基价相一致。

3. 定额基价的换算

工程项目中的分项工程项目不能直接套用定额基价时，应按定额规定进行换算。

1）换算类型

换算类型有以下三种：

（1）设计要求与定额项目配合比、材料不同时的换算。如砂浆强度等级、混凝土强度等级、抹灰砂浆及其他配合比材料与定额不同时的换算。

（2）乘以系数的换算。按定额说明规定对定额中的人工费、材料费、机械费乘以各种系数的换算。

（3）其他换算。

2）换算的基本方法

根据相关定额，按定额规定换入增加的费用，扣除减少的费用。用下列表达式表示：

$$换算后的定额基价 = 原定额基价 + 换入的费用 - 换出的费用 \tag{4-44}$$

第6节　建筑安装工程费用定额

4.6.1　建筑安装工程费用定额的编制原则

（1）合理确定定额水平的原则

建筑安装工程费用定额的水平应按照社会必要劳动量确定。建筑安装工程费用定额的编制工作是一项政策性很强的技术经济工作。合理的定额水平应该从实际出发，在确定建筑安装工程费用定额时，一方面要及时准确地反映企业技术和施工管理水平，促进企业管理水平不断完善提高，这些因素会对建筑安装工程费用支出的减少产生积极的影响；另一方面也应考虑由于材料价格上涨，定额人工费的变化会使建筑安装工程费用定额有关费用支出发生变化。各项费用开支标准应符合国务院、行业部门以及各省、自治区、直辖市人民政府的有关规定。

（2）简明、适用性原则

确定建筑安装工程费用定额，应在尽可能地反映实际消耗水平的前提下，做到形式简明，方便适用。要结合工程建设的技术经济特点，在认真分析各项费用属性的基础上，理顺费用定额的项目划分，有关部门可以按照统一的费用项目划分，制定相应的费率，费率的划分应以不同类型的工程和不同企业等级承担工程的范围相适应，按工程类型划分费率，实行同一工程，同一费率，运用定额计取各项费用的方法应力求简单易行。

（3）定性与定量分析相结合的原则

建筑安装工程费用定额的编制要充分考虑可能对工程造价造成影响的各种因素。在确定各种费率如总价措施项目费、企业管理费费率时，既要充分考虑现场的施工条件对某个具体工程的影响，要对各种因素进行定性、定量的分析研究后制定出合理的费用标准，又要贯彻勤俭节约的原则，在满足施工生产和经营管理需要的基础上，尽量压缩非生产人员的人数，以节约企业管理费中的有关费用支出。

4.6.2　企业管理费费率与规费费率的确定

1. 企业管理费费率

企业管理费由承包人投标报价时自主确定，其费率计算公式如下：

（1）以人工费、材料费、机械费为计算基础

$$企业管理费费率(\%) = \frac{生产工人年平均管理费}{年有效施工天数 \times 人工单价} \times 人工费占直接费比例(\%) \quad (4-45)$$

（2）以人工费和机械费合计为计算基础

$$企业管理费费率(\%) = \frac{生产工人年平均管理费}{年有效施工天数 \times (人工单价 + 每一日机械使用费)} \times 100\% \quad (4-46)$$

（3）以人工费为计算基础

$$企业管理费费率(\%) = \frac{生产工人年平均管理费}{年有效施工天数 \times 人工单价} \times 100\% \quad (4-47)$$

2. 规费费率

1）根据本地区典型工程发承包价的分析资料综合确定规费计算中所需数据

（1）每万元发承包价中人工费含量和机械费含量。

（2）人工费占人、材、机费的比例。

（3）每万元发承包价中所含规费缴纳标准的各项基数。

2）规费费率的计算公式

（1）以人、材、机费之和为计算基础：

$$规费费率(\%) = \frac{\sum 规费缴纳标准 \times 每万元发承包价计算基数}{每万元发承包价中的人工费含量} \times$$

$$人工费占人、材、机费的比例(\%) \quad (4-48)$$

（2）以人工费和机械费合计为计算基础：

$$规费费率(\%) = \frac{\sum 规费缴纳标准 \times 每万元发承包价计算基数}{每万元发承包价中的人工费含量和机械费含量} \times 100\% \qquad (4-49)$$

（3）以人工费为计算基础：

$$规费费率(\%) = \frac{\sum 规费缴纳标准 \times 每万元发承包价计算基数}{每万元发承包价中的人工费含量} \times 100\% \qquad (4-50)$$

$$企业管理费费率(\%) = \frac{生产工人年平均管理费}{年有效施工天数 \times 人工单价} \times 100\% \qquad (4-51)$$

4.6.3　利润

利润的计算公式如下：

$$利润 = 取费基数 \times 相应利润率 \qquad (4-52)$$

取费基数可以是人工费，也可以是直接费，或者是直接费 + 间接费。

4.6.4　增值税

1）采用一般计税方法时增值税的计算

当采用一般计税方法时，建筑业增值税税率为 9%。计算公式为：

$$增值税 = 税前造价 \times 增值税税率 \qquad (4-53)$$

税前造价为人工费、材料费、施工机具使用费、企业管理费、利润和规费之和，各费用项目均以不包含增值税可抵扣进项税额的价格计算。

2）采用简易计税方法时增值税的计算

（1）简易计税的适用范围。根据《营业税改征增值税试点实施办法》《营业税改征增值税试点有关事项的规定》以及《财政部　税务总局关于建筑服务等营改增试点政策的通知》（财税〔2017〕58 号）的规定，简易计税方法主要适用于以下几种情况：

① 小规模纳税人发生应税行为适用简易计税方法计税。小规模纳税人通常是指纳税人提供建筑服务的年应征增值税销售额未超过 500 万元，并且会计核算不健全，不能按规定报送有关税务资料的增值税纳税人。年应税销售额超过 500 万元但不经常发生应税行为的单位也可选择按照小规模纳税人计税。

② 一般纳税人以清包工方式提供的建筑服务，可以选择适用简易计税方法计税。以清包工方式提供建筑服务，是指施工方不采购建筑工程所需的材料或只采购辅助材料，并收取人工费、管理费或者其他费用的建筑服务。

③一般纳税人为甲供工程提供的建筑服务，可以选择适用简易计税方法计税。甲供工程，是指全部或部分设备、材料、动力由工程发包方自行采购的建筑工程。

④一般纳税人为建筑工程老项目提供的建筑服务，可以选择适用简易计税方法计税。建筑工程老项目：（a）《建筑工程施工许可证》注明的合同开工日期在2016年4月30日前的建筑工程项目；（b）未取得《建筑工程施工许可证》的，建筑工程承包合同注明的开工日期在2016年4月30日前的建筑工程项目。

（2）简易计税的计算方法。当采用简易计税方法时，建筑业增值税税率为3%。

第7节　工程造价信息及应用

4.7.1　工程造价信息及其主要内容

1. 工程造价信息的概念和特点

1）工程造价信息的概念

工程造价信息是一切有关工程计价的工程特征、状态及其变动的消息的组合。在工程建设期，工程造价总是在不停地运动着、变化着，并呈现出种种不同特征。

2）工程造价信息的特点

（1）区域性。建筑材料大多重量大、体积大、产地远离消费地点，因而运输量大，费用也较高。尤其不少建筑材料本身的价值或生产价格并不高，但所需要的运输费用却很高，这都在客观上要求尽可能就近使用建筑材料。因此，这类建筑信息的交换和流通往往限制在一定的区域内。

（2）多样性。建设工程具有多样性的特点，要使工程造价管理的信息资料满足不同特点项目的需求，在信息的内容和形式上应具有多样性的特点。

（3）专业性。工程造价信息的专业性集中反映在建设工程的专业化上，如水利、电力、铁道、公路等工程，所需的信息有它的专业特殊性。

（4）系统性。工程造价信息是由若干具有特定内容和同类性质的、在一定时间和空间内形成的一连串信息。一切工程造价的管理活动和变化总是在一定条件下受各种因素的制约和影响。工程造价管理工作也同样是多种因素相互作用的结果，并且从多方面反映出来，因而从工程计价信息源发出来的信息都不是孤立、紊乱的，而是大量的、有系统的。

（5）动态性。工程造价信息需要经常不断地收集和补充新的内容，进行信息更新，真实反映工程造价的动态变化。

（6）季节性。由于建筑生产受自然条件影响大，施工内容的安排必须充分考虑季节因素，使得工程造价信息也不能完全避免季节性的影响。

2. 工程造价信息包括的主要内容

从广义上说，所有对工程造价的计价过程起作用的资料都可以称为是工程造价信息，如各种定额资料、标准规范、政策文件等。但最能体现信息动态性变化特征，并且在工程价格的市场机制中起重要作用的工程造价信息主要包括价格信息、工程造价指标和工程造价指数三类。

1）价格信息

包括各种建筑材料、装修材料、安装材料、人工工资、施工机具等的最新市场价格。这些信息是比较初级的，一般没有经过系统的加工处理，也可以称其为数据。

（1）人工价格信息。我国自 2007 年起开展建筑工程实物工程量与建筑工种人工成本信息（也即人工价格信息）的测算和发布工作。其成果是引导建筑劳务合同双方合理确定建筑工人工资水平的基础，是建筑业企业合理支付工人劳动报酬和调解、处理建筑工人劳动工资纠纷的依据，也是工程招标投标中评定成本的依据。

（2）材料价格信息。在材料价格信息的发布中，应披露材料类别、规格、单价、供货地区、供货单位以及发布日期等信息。

（3）施工机具价格信息。施工机具价格信息，又分为设备市场价格信息和设备租赁市场价格信息两部分。发布的机械价格信息应包括机械种类、规格型号、供货厂商名称、租赁单价、发布日期等内容。

2）工程造价指标

根据已完或在建工程的各种造价信息经过统一格式及标准化处理后的造价数值，可用于对已完或者在建工程的造价分析以及拟建工程的计价依据。

3）工程造价指数

工程造价指数是反映一定时期价格变化对工程造价影响程度的指数，包括各种单项价格指数、设备工器具价格指数、建筑安装工程造价指数、建设项目或单项工程造价指数。该内容将在下面重点讲述。

3. 工程造价信息服务方式改革的主要任务

（1）明晰政府与市场的服务边界，明确政府提供的工程造价信息服务清单，鼓励社会力量开展工程造价信息服务，探索政府购买服务，构建多元化的工程造价信息服务方式。

（2）建立工程造价信息化标准体系。编制工程造价数据交换标准，打破信息孤岛，奠定造价信息数据共享基础。建立国家工程造价数据库，开展工程造价数据积累，提升公共服务能力。制定工程造价指标指数编制标准，抓好造价指标指数测算发布工作。

4.7.2 工程造价指数

1）工程造价指数的概念及其编制的意义

在建筑市场供求和价格水平发生经常性波动的情况下，建设工程造价及其各组成部分也处于不断变化之中，这不仅使不同时期的工程在"量"与"价"两方面都失去可比性，也给合理确定和有效控制造价造成了困难。以合理方法编制的工程造价指数，不仅能够较好地反映工程造价的变动趋势和变化幅度，而且可以剔除价格水平变化对造价的影响，正确反映建筑市场的供求关系和生产力发展水平。

工程造价指数是一定时期的建设工程造价相对于某一固定时期工程造价的比值，用来反映一定时期由于价格变化对工程造价的影响程度，它是调整工程造价价差的依据。工程造价指数反映了报告期与基期相比的价格变动趋势，利用它来研究实际工作中的下列问题很有意义：

（1）可以利用工程造价指数分析价格变动趋势及其原因。

（2）可以利用工程造价指数预计宏观经济变化对工程造价的影响。

（3）工程造价指数是工程发承包双方进行工程估价和结算的重要依据。

2）工程造价指数的内容及其特征

工程造价指数的内容包括以下几种。

（1）各种单项价格指数。其中包括了反映各类工程的人工费、材料费、施工机具使用费报告期价格对基期价格的变化程度的指标。可利用它研究主要单项价格变化的情况及其发展变化的趋势。其计算过程可以简单表示为报告期价格与基期价格之比。依此类推，可以把各种费率指数也归于其中，如企业管理费指数，甚至工程建设其他费用指数等。这些费率指数的编制可以直接用报告期费率与基期费率之比求得。很明显，这些单项价格指数都属于个体指数。其编制过程相对比较简单。

（2）设备、工器具价格指数。设备、工器具费用的变动通常是由两个因素引起的，即设备、工器具单件采购价格的变化和采购数量的变化，并且工程所采购的设备、工器具是由不同规格、不同品种组成的，因此，设备、工器具价格指数属于总指数，可以用综合指数的形式来表示。

（3）建筑安装工程造价指数。建筑安装工程造价指数也是一种总指数，其中包括了人工费指数、材料费指数、施工机具使用费指数以及企业管理费等各项个体指数的综合影响。建筑安装工程造价指数相对比较复杂，涉及的方面较广，利用综合指数来进行计算分析难度较大。因此，可以通过对各项个体指数的加权平均，用平均数指数的形式来表示。

（4）建设项目或单项工程造价指数。该指数是由设备、工器具价格指数，建筑安装工程造价指数，工程建设其他费用指数综合得到的。它也属于总指数，并且与建筑安装工程造价指数类似，一般也用平均数指数的形式来表示。

4.7.3　工程计价信息的动态管理

1）工程计价信息管理的基本原则

工程计价信息管理是指对信息的收集、加工整理、储存、传递与应用等一系列工作的总称。为了达到工程计价信息动态管理的目的，在工程计价信息管理中应遵循以下基本原则。

（1）标准化原则。要求在项目的实施过程中对有关信息的分类进行统一，对信息流程进行规范，力求做到格式化和标准化，从组织上保证信息生产过程的效率。

（2）有效性原则。工程计价信息应针对不同层次管理者的要求进行适当加工，针对不同管理层提供不同要求和浓缩程度的信息，满足不同项目参与方高效信息交换的需要。这一原则是为了保证信息产品对于决策支持的有效性。

（3）定量化原则。工程计价信息不应是项目实施过程中产生数据的简单记录，应该是经过信息处理人员的比较与分析。采用定量工具对有关数据进行分析和比较是十分必要的。

（4）时效性原则。考虑到工程造价计价过程的时效性，工程计价信息也应具有相应的时效性，以保证信息产品能够及时服务于决策。

（5）高效处理原则。通过采用高性能的信息处理工具（如工程计价信息管理系统），尽量缩短信息在处理过程中的延迟。

2）工程造价信息化建设

（1）制定工程造价信息化管理发展规划。根据住房和城乡建设部《"十四五"建筑业发展规划》，推动新一代信息技术与建筑业深度融合，搭建市场价格信息发布平台，鼓励企事业单位和行业协会通过平台发布人工、材料、机械等市场价格信息，进一步完善工程造价市场形成机制。

（2）加快有关工程造价软件和网络的发展。为加大信息化建设的力度，全国工程造价信息网正在与各省信息网联网，同时把与工程造价信息化有关的企业组织起来，加强交流、协作，避免低层次、低水平的重复开发，鼓励技术创新，淘汰落后，不断提高信息技术在工程造价中的应用水平。实现网络资源高度共享和及时处理，从根本上改变信息不对称的滞后状况。

（3）发展工程造价信息化，推进造价信息的标准化工作。工程造价信息标准化工作，包括组织编制建设工程人工、材料、机具、设备的分类及标准代码，工程项目分类标准代码，各类信息采集及传输标准格式等工作，造价信息的标准化工作为全国工程造价信息化的发展提供基础。

（4）加快培养工程造价管理信息化人才。工程造价管理部门正通过各种手段与媒介，大力宣传信息化的重要性，同时亦正大力加强对管理人员和业务人员信息化知识的宣传普及、应用技能的培训，以培养大量可以适应工程造价管理信息化发展的人才，满足工程造价管理信息化建设的需要。

4.7.4 信息技术在工程造价计价与计量中的应用

当今世界正朝着信息化、智能化快速发展，随着计算机技术和互联网的快速发展，建筑行业的信息化、智能化也成为必然。工程造价的计量、计价从手工方式快速发展到现在的信息化和智能化，把广大的造价人员从繁重的手工劳动中解放出来，让造价从业人员越来越感受到专业的信息技术带来的方便和快捷，极大地提高了造价人员的工作效率，也极大地提升了企业造价管理的水平。

（1）工程计价

计算机技术在工程造价计量计价中的最先应用是在计价方面，计价软件把国标定额、国标清单、省市地方定额、省市地方清单、计价办法、取费规定、省市造价管理部门的价格信息等内置到软件中，当前工程的工程造价即可快速准确地统计出来，并能快速进行人、材、机的统计分析，计价软件的开发与应用得到了广泛的重视，取得了良好的经济效益。

（2）工程计量

工程量计算是编制工程计价的基础工作，具有工作量大、烦琐、费时、细致等特点，约占工程计价工作量的 50%~70%，计算的精确度和速度也直接影响着工程计价文件的质量。目前广泛使用的自动计算工程量软件，均能实现工程量自动计算，并可以直接按计算规则计算出工程量，全面准确体现清单项目。

4.7.5　BIM 技术与工程造价

建筑信息模型（Building Information Modeling），目前已经在全球范围内得到业界的广泛认可，它可以帮助实现建筑信息模型的集成，从建筑的设计、施工、运行直至建筑全生命周期的终结，各种信息始终整合于一个三维模型信息数据库中，设计团队、施工单位、设施运营部门和建设单位等各方人员可以基于 BIM 进行协同工作，提高工作效率、节省资源、降低成本。

《"十四五"建筑业发展规划》中明确提出了"加快推进建筑信息模型（BIM）技术在工程全寿命期的集成应用，健全数据交互和安全标准，强化设计、生产、施工各环节数字化协同，推动工程建设全过程数字化成果交付和应用"。

1）BIM 技术的特点

BIM 技术因使用三维全息信息技术，全过程地反映了建筑施工中的重要因素信息，对于科学实施施工管理是一次革命性的技术突破，主要具有如下特点：

（1）可视化。在 BIM 建筑信息模型中，整个施工过程都是可视化的。所以，可视化的结果不仅可以用来生成效果图的展示及报表，更重要的是，项目设计、建造、运营过程中的沟通、讨论、决策都在可视化的状态下进行，极大地提升了项目管控的科学化水平。

（2）协调性。BIM 的协调性服务可以帮助解决项目从勘探设计到环境适应再到具体施工的全过程协调问题。

（3）模拟性。模拟性并不是只能模拟设计出建筑物模型，还可以模拟不能够在真实世界中进行操作的事物。在设计阶段，BIM 可以对一些设计上需要进行模拟的东西进行模拟实验，如节能模拟、紧急疏散模拟、日照模拟、热能传导模拟等；在招标投标和施工阶段可以根据施工的组织设计模拟实际施工，从而确定合理的施工方案来指导施工。同时还可以进行 5D 模拟（基于 3D 模型的造价控制），从而实现成本控制等。

（4）互用性。应用 BIM 可以实现信息的互用性，充分保证了信息经过传输与交换以后，信息前后的一致性。具体来说，实现互用性就是 BIM 模型中所有数据只需要一次性采集或输入，就可以在整个建筑物的全生命周期中实现信息的共享、交换与流动，使 BIM 模型能够自动演化，避免了信息不一致的错误。

（5）优化性。事实上，整个设计、施工、运营的过程就是一个不断优化的过程，在 BIM 的基础上可以做更好的优化，包括项目方案优化、特殊项目的设计优化等。

2）BIM 技术对工程造价管理的价值

目前，工程建设从可行性研究开始经初步设计、扩大初步设计、施工图设计、发承包、施工、调试、竣工、投产、决算、后评估等的整个过程，围绕工程造价开展各项业务工作。基于 BIM 的全过程造价管理让各方在各个阶段能够实现协同工作，解决了阶段割裂和专业割裂的问题，避免了设计与造价控制环节脱节、设计与施工脱节、变更频繁等问题。

BIM 在提升工程造价水平，提高工程造价效率，实现工程造价乃至整个工程生命周期信息化的过程中，优势明显，BIM 技术对工程造价管理的价值主要有以下几点：

（1）提高了工程量计算的准确性和效率。

（2）提高了设计效率和质量。

（3）提高工程造价分析能力。

（4）BIM 技术真正实现了造价全过程管理。

3）BIM 技术在工程造价管理各阶段的应用

（1）BIM 在决策阶段的应用。

基于 BIM 技术辅助投资决策可以带来项目投资分析效率的极大提升。建设单位在决策阶段可以根据不同的项目方案建立初步的 BIM 数据模型，结合可视化技术、虚拟建造等功能，为项目的模拟决策提供了基础。根据 BIM 模型数据，可以调用与拟建项目相似工程的造价数据，高效准确地估算出规划项目的总投资额，为投资决策提供准确依据。BIM 技术在投资造价估算和投资方案选择方面大有作为。

（2）BIM 在设计阶段的应用。

在设计阶段，通过 BIM 技术对设计方案优选或限额设计，设计模型的多专业一致性检查、设计概算、施工图预算的编制管理和审核环节的应用，实现对造价的有效控制。

（3）BIM 在招标投标阶段的应用。

我国建设工程已基本实现了工程量清单招标投标模式，招标和投标各方都可以利用 BIM 模型进行工程量自动计算、统计分析，形成准确的工程量清单。有利于招标方控制造价和投标方报价的编制，提高招标投标工作的效率和准确性，并为后续的工程造价管理和控制提供基础数据。

（4）BIM 在施工过程中的应用。

建筑信息模型在应用方面为建设项目各方提供了施工计划与造价控制的所有数据。项目各方人员在正式施工之前就可以通过建筑信息模型确定不同时间节点的施工进度与施工成本，可以直观地按月、按周、按日观看到项目的具体实施情况并得到该时间节点的造价数据，方便项目的实时修改调整，实现限额领料施工，最大地体现造价控制的效果。

（5）BIM 在工程竣工结算中的应用。

竣工阶段管理工作的主要内容是确定建设工程项目最终的实际造价，即竣工结算价格和竣工决算价格，编制竣工决算文件，办理项目的资产移交。在造价管理过程中，BIM模型数据库也不断修改完善，模型相关的合同、设计变更、现场签证、计量支付、材料管理等信息也不断录入与更新，到竣工结算时，其信息量已完全可以表达工程实体。BIM模型的准确性和过程记录完备性有助于提高结算效率，同时，可以随时查看变更前后的模型进行对比分析，避免结算时描述不清，从而加快结算和审核速度。

真题训练

1. 工程计价的方法有多种，各有差异。现阶段主要包括（　　）两种方法。【单选题】

　　A. 定额计价与工程量清单计价

　　B. 企业定额计价与工程量清单计价

　　C. 市场询价与工程量清单计价

　　D. 厂家询价与工程量清单计价

【答案】A

2. 一定时期的建设工程造价相对于某一固定时期工程造价的比值，以某一设定值为参照得出的同比例数值称为（　　）。【单选题】

　　A. 价格信息　　　　　　　　　　B. 工程造价指标

　　C. 工程造价指数　　　　　　　　D. 工程造价比率

【答案】C

3. 某施工机械产量定额 2.56（100m³/台班），则该机械时间定额为（　　）台班/100m³。【单选题】

　　A. 0.004　　　　　B. 0.026　　　　　C. 0.391　　　　　D. 2.56

【答案】C

4. 编制劳动定额时，对产品品种多、批量少、不易计算工作量的施工作业，适宜采用的方法是（　　）。【单选题】

　　A. 经验估计法　　　　　　　　　B. 统计分析法

C. 技术测定法   D. 比较类推法

【答案】A

5. 用水泥砂浆砌筑 $2m^3$ 砖墙（$240mm \times 115mm \times 53m$）的总耗费用为 1113 块，已知的损耗率为 5%，则标准砖、砂浆的净用量分别为（　　　）。【单选题】

A. 1057 块、$0.372m^3$ B. 1057 块、$0.454m^3$

C. 1060 块、$0.372m^3$ D. 1060 块、$0.449m^3$

【答案】D

6. 工程定额按编制程序和用途可分为（　　　）。【多选题】

A. 施工定额   B. 预算定额

C. 概算定额   D. 建筑工程定额

E. 安装工程定额

【答案】ABC

7. 工程计价信息管理的基本原则包括（　　　）。【多选题】

A. 标准化原则   B. 时效性原则

C. 有效性原则   D. 定性化原则

E. 高效处理原则

【答案】ABCE

8. 建筑业在计算增值税时，可以采用简易计税方法的情况是（　　　）。【多选题】

A. 小规模纳税人发生应税行为

B. 一般纳税人发生常规的应税行为

C. 一般纳税人以包清工方式提供的建筑服务

D. 一般纳税人为甲供工程提供的建筑服务

E. 一般纳税人为建筑工程老项目提供的建筑服务

【答案】ACDE

9. 工程造价指数反映了报告期与基期相比的价格变动趋势，利用它来研究实际工作中的下列哪些问题很有意义（　　　）。【多选题】

A. 分析价格变动趋势及其原因

B. 预计宏观经济变化对工程造价的影响

C. 工程承发包双方进行工程估价和结算的重要依据

D. 对信息流程进行规范，力求做到格式化和标准化，从组织上保证信息生产过程的效率

E. 采用定量工具对有关数据进行分析和比较是十分必要的

【答案】ABC

10. 定额测定方法中，属于编制材料消耗定额的基本方法有（　　　）。【多选题】

A. 现场技术测定法　　　　　　　B. 试验法

C. 统计法　　　　　　　　　　　D. 理论计算

E. 写实记录法

【答案】ABCD

第 5 章
工程决策和设计阶段造价管理

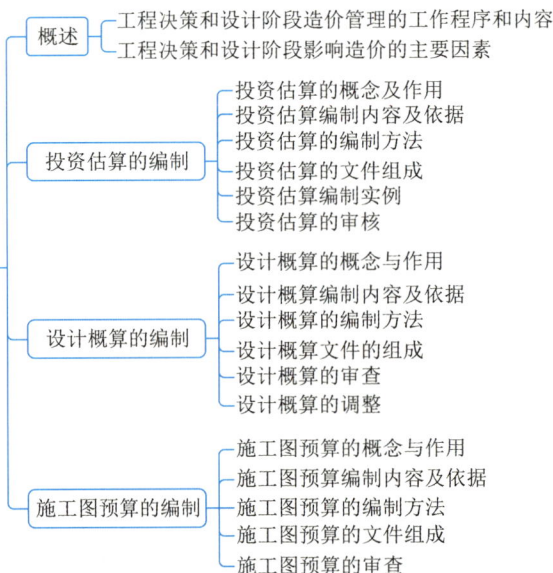

本章提示

掌握 施工图预算的概念与作用；施工图预算的文件组成。施工图预算编制内容及依据；施工图预算的编制方法；施工图预算的审查。

熟悉 工程决策和设计阶段造价管理的工作程序；投资估算概念及其作用；投资估算的编制方法；设计概算文件的组成；设计概算的编制方法。

了解 投资估算编制内容及依据；投资估算的审核；投资估算编制实例；设计概算的概念与作用；设计概算编制内容及依据；设计概算的调整。

知识体系

工程决策和设计阶段造价管理

- 概述
  - 工程决策和设计阶段造价管理的工作程序和内容
  - 工程决策和设计阶段影响造价的主要因素
- 投资估算的编制
  - 投资估算的概念及作用
  - 投资估算编制内容及依据
  - 投资估算的编制方法
  - 投资估算的文件组成
  - 投资估算编制实例
  - 投资估算的审核
- 设计概算的编制
  - 设计概算的概念与作用
  - 设计概算编制内容及依据
  - 设计概算的编制方法
  - 设计概算文件的组成
  - 设计概算的审查
  - 设计概算的调整
- 施工图预算的编制
  - 施工图预算的概念与作用
  - 施工图预算编制内容及依据
  - 施工图预算的编制方法
  - 施工图预算的文件组成
  - 施工图预算的审查

第 1 节　概述

工程决策是对拟建项目的选择和决定投资行动方案的过程；是通过对多个建设方案进行技术和经济比较做出决定的过程。工程决策正确与否的前提，是决策者掌握的技术和经济基础资料的充分性、可靠性和有效性，特别是对跨地区、国际化的巨大工程项目，充分掌握大量翔实的技术和经济基础资料，是工程决策正确性的根本保证。

工程设计是指工程项目施工之前，设计单位根据设计任务书，为实现建筑、安装及设备制造所进行的规划、图纸、数据等技术文件的工作。工程设计是工程项目由决策变为设计。

5.1.1　工程决策和设计阶段造价管理的工作程序和内容

工程决策和设计阶段项目管理工作程序和造价管理工作内容如表 5-1 所示。工程造价管理工作是随着项目管理工作而逐步展开。此阶段的造价管理工作内容为：投资估算、设计概算和施工图预算的工作。随着造价文件的编制工作不断深入和细化，工程造价的精度就越来越高，造价偏差也就越来越小。工程决策和设计阶段工程造价管理工作的质量对于工程项目建设的成功与否具有决定性的作用。

工程决策和设计阶段项目管理工作程序和造价管理工作内容　　　表 5-1

阶段划分	项目管理工作程序	工程造价管理工作内容	造价偏差控制
决策阶段	1. 投资机会研究、项目建议书	投资估算	±30%左右
	2. 初步可行性研究		±20%以内
	3. 详细可行性研究		±10%以内
设计阶段	1. 方案设计		±10%以内
	2. 初步设计	设计概算	±5%以内
	3. 技术设计	修正概算	±5%以内
	4. 施工图设计	施工图预算	±3%以内

1. 工程决策阶段造价管理工作内容

建设工程项目决策阶段的造价管理工作包括：投资机会研究、项目建议书、初步可行性研究、详细可行性研究等阶段，相应的工程造价管理工作统称为投资估算。在不同的工作阶段，由于对建设工程项目考虑的深入程度不同以及掌握的资料不同，投资估算的精确度也有所不同。

（1）投资机会研究、项目建议书阶段的投资估算

投资机会研究阶段的工作内容：主要是根据产业布局和产业结构的计划以及市场需求，探讨投资方向和选择投资机会，提出项目投资初步设想。经过论证该项目投资有进一步研究的必要，则制定项目建议书。对于较简单的投资项目，投资机会研究和项目建议书并为一个工作阶段。

投资机会研究阶段投资估算的依据资料比较粗略，投资额通常是通过与已建类似项目的对比得到的，其偏差率应控制在30%左右。项目建议书阶段的投资额是根据产品方案、项目建设规模、产品生产工艺、生产车间组成、初选建设地点等估算出来的，其投资估算额度的偏差率应控制在30%以内。

（2）初步可行性研究阶段的投资估算

这一阶段工作内容：主要是在项目建议书的基础上，进一步确定项目的投资规模、技术方案、设备选型、建设地址选择和建设进度等情况，对项目投资以及项目建设后的生产和经营费用支出进行估算，并对工程项目经济效益进行评价，根据评价结果初步判断项目的可行性。该阶段是介于项目建议书和详细可行性研究之间的中间阶段，投资估算额度的偏差率一般要求控制在20%以内。

（3）详细可行性研究阶段的投资估算

也称为最终可行性研究阶段。该阶段工作内容：最终确定建设项目的各项市场、技术、经济方案，并进行全面、详细、深入的投资估算和技术经济分析，选择拟建项目的最佳投资方案，对项目的可行性提出结论性意见。该阶段研究内容较详尽，投资估算额度的偏差率应控制在10%以内。这一阶段的投资估算是项目可行性论证、选择最佳投资方案的主要依据，也是编制设计文件的主要依据。

2. 工程设计阶段造价管理工作内容

建设工程项目设计的阶段划分"两阶段设计""三阶段设计"和"四阶段设计"。一般工业与民用建设工程项目的设计工作可按初步设计和施工图设计两个阶段进行，称之为"两阶段设计"；对于技术上复杂而又缺乏设计经验的新型项目，可按初步设计、技术设计和施工图设计三个阶段进行，称之为"三阶段设计"；对于大型复杂且对国计民生影响重大的项目，在初步设计之前增加方案设计阶段，称之为"四阶段设计"。

（1）方案设计阶段的投资估算

方案设计是在项目投资决策立项之后，预可行性研究阶段提出的问题和建议，经过项目咨询机构和业主单位共同研究，形成具体明确的项目建设实施方案的策划性设计文

件。方案设计的造价管理工作仍称为投资估算。

（2）初步设计阶段的设计概算

初步设计是随工程项目的类型不同而有所变化。其工作内容包括：项目的总体设计、布局设计、主要的工艺流程和设备的选型与安装设计、土建工程量及费用的估算等。初步设计文件应当满足编制施工招标文件、主要设备材料订货和编制施工图设计文件的需要，是施工图设计的基础。例如，某工业项目的初步设计内容包括初步系统设计、绘制各工艺系统的流程图、通过计算确定各系统规模和设备参数后绘制管道及仪表图、编制设备的规程及数据表以供招标使用。

初步设计阶段的造价管理工作称为设计概算。设计概算的任务是对项目建设的土建、安装工程量进行概算，对工程项目建设费用进行概算。以整个建设项目为单位形成的概算文件称为建设项目总概算；以单项工程为单位形成的概算文件称为单项工程综合概算。设计概算一经批准，即作为控制拟建项目工程造价的最高限额。

（3）技术设计阶段的修正概算

技术设计是初步设计的具体化，也是各种技术问题的定案阶段。技术设计的详细程度应能够满足设计方案中重大技术问题的要求，应保证能够根据它进行施工图设计和提出设备订货明细表。技术设计阶段对于初步设计所确定的方案进行了技术性更改，应对更改部分编制修正概算。对于不复杂的工程项目，技术设计阶段可以省略。即初步设计完成后直接进入施工图设计阶段。

（4）施工图设计阶段的施工图预算

施工图设计阶段的工作内容：是根据批准的初步设计，绘制出完整和尽可能详细的建筑、安装图纸。包括设计总说明、大样图、标准图集的引用、零部件结构明细表、验收标准等。此设计文件应当满足设备材料采购、非标准设备制作和施工工艺的需要，并注明建筑工程合理使用年限。

施工图预算（也称为设计预算）是在施工图设计完成之后，由设计单位根据施工图和施工方案，结合现行的预算定额、地区单位估价表、费用计取标准、各种资源单件等计算并汇总的造价文件。

5.1.2　工程决策和设计阶段影响造价的主要因素

1. 工程决策阶段影响造价的主要因素

项目建设规模、建设地址选择、技术方案、设备方案、工程施工方案和环境保护措施等。

1）项目建设规模

项目建设规模是指项目设定的正常生产运营年份可能达到的生产能力或者使用效益。项目规模的合理选择关系着项目的成败，决定着工程造价合理与否，其制约因素有市场因素、技术因素、环境因素。

（1）市场因素。

项目产品的市场需求状况是确定项目生产规模的前提。通过市场分析与预测，确定市场需求量、了解竞争对手情况，最终确定项目建成时的最佳生产规模，使所建项目在未来能够保持合理的盈利水平和可持续发展的能力。同样，原材料市场、资金市场、劳动力市场等对项目规模的选择也起着程度不同的制约作用。如项目规模过大可能导致材料供应紧张和价格上涨，造成项目所需投资资金的筹集困难和资金成本上升等，将制约项目的规模。

（2）技术因素。

先进适合的生产技术及其技术装备是项目规模增效的保障，其相应的管理技术水平则又是实现规模增效的保证。如果先进技术及其技术装备的来源没有保障，或获取技术的成本过高，或相应的管理水平跟不上，则不仅预期的规模增效难以实现，而且还会给项目的生存和发展带来危机，导致项目的技术投资造成浪费。

（3）环境因素。

项目规模需考虑的主要环境因素有燃料动力供应、协作及土地条件、运输及通信条件等。

（4）建设规模方案比选。

可行性研究报告应根据经济合理性、市场容量、环境容量以及资金、原材料和主要外部协作条件等方面的研究，对项目建设规模进行充分论证。必要时进行多方案技术经济分析与比较。大型复杂项目的建设规模论证应研究合理、优化的工程分期分批，明确初期规模和远景规模。不同行业、不同类型项目在研究确定其建设规模时还应充分考虑其自身特点。经过多方案比较，为项目决策提供有说服力的方案。

2）建设地址选择

确定建设项目的地址，需要经过建设地区选择和建设地点选择（厂址选择）两个不同层次的、相互联系又相互区别的工作阶段。

3）技术方案

生产技术方案指产品生产所采用的工艺流程和生产方法。技术方案不仅影响项目的建设成本，也影响项目建成后的运营成本。因此，技术方案的选择直接影响项目的建设和运营效果，必须认真选择和确定。

4）设备方案

在生产工艺流程和生产技术确定后，要根据产品生产规模和工艺过程的要求选择设备的型号和数量。设备的选择与技术密切相关，二者必须匹配。

5）工程施工方案

工程施工方案构成项目的实体。工程施工方案选择是在已选定项目建设规模、技术方案和设备方案的基础上，研究论证主要建筑物、构筑物的建造方案，包括对于建造标准的确定。一般工业项目的厂房、工业窑炉、生产装置等建筑物、构筑物的工程施工方案，主要研究其建筑特征（面积、层数、高度、跨度），建筑物和构筑物的结构形式，以及特殊建筑要求（防火、防震、防爆、防腐蚀、隔声、保温、隔热等），基础工程施工方案，抗震设防等。工程施工方案应在满足使用功能、确保质量和安全的前提下，力求降低造价、节约资金。

6）环境保护措施

建设项目会引起自然环境、社会环境和生态环境的变化，对环境质量产生不同程度的影响。因此，需要在确定建设地址和技术方案中，调查研究环境条件，识别和分析拟建项目影响环境的因素，研究提出治理和保护环境的措施，比选和优化环境保护方案。在研究环境保护治理措施时，应从环境效益、经济效益相统一的角度进行分析论证，力求环境保护治理方案技术可行和经济合理。

2. 工程设计阶段影响造价的主要因素

1）工业项目

（1）总平面设计。

总平面设计中影响工程造价的因素有占地面积、功能分区和运输方式的选择。占地面积的大小一方面影响征地成本，另一方面也会影响管线布置成本及项目建成运营的运输成本；合理的功能分区既可以使建筑物的各项功能充分发挥，又可以使总平面布置紧凑、安全，避免场地挖填平衡工程量过大，节约用地，降低工程造价；不同的运输方式成本不同。从降低工程造价的角度来看，应尽可能选择无轨运输，可以减少占地，节约投资。

（2）工艺设计。

产品生产的工艺设计是工程设计的核心，是根据工业产品生产的特点、生产性质和功能来确定的。工艺设计一般包括生产设备的选择、工艺流程设计、工艺作业规范和定额标准的制定和生产方法的确定。工艺设计标准高低不仅直接影响工程建设投资的大小和建设进度，而且还决定着未来企业的产品质量、数量和经营费用。

工艺设计影响工程造价的因素包括生产方法、工艺流程和设备选型。在工业建筑中，设备及安装工程投资占有很大比例，设备的选型不仅影响着工程造价，而且对生产方法及产品质量也有着决定作用。

（3）建筑设计。

建筑设计在考虑施工组织和施工条件的基础上，决定建筑平面和立面设计。建筑设计阶段影响工程造价的主要因素有平面形状、流通空间、总高、层数、柱网布置、建筑结构类型。建筑物平面形状越简单、越规则，单位面积造价就越低，在建筑面积不变的情况下，建筑层高增加会引起各项费用的增加。

例如，单层厂房层高每增加 1m，单位面积造价增加 1.8%～3.6%；多层厂房的层高每增加 0.6m，单位面积造价提高 8.3%左右。建筑物层数对造价的影响，因建筑类型、形式和结构不同而不同。如果增加一个楼层不影响建筑物的结构形式，单位建筑面积的造价可能会降低。工业厂房层数的选择应该重点考虑生产性质和生产工艺的要求。确定多层厂房的经济层数主要有两个因素：一是厂房展开面积的大小，展开面积越大，层数越能提高；二是厂房宽度和长度，宽度和长度越大，则经济层数越能增高，造价也随之相应降低。柱网布置是确定柱子的行距（跨度）和间距（每行柱子中相邻两根柱子间的距离）的依据。柱网布置是否合理，对工程造价和厂房面积的利用效率都有较大的影响。对于单跨厂房，当柱间距不变时，跨度越大，单位面积造价越低。对于多跨厂房，当跨度不变时，中跨数量越多越经济。随着建筑物体积和面积的增加，工程总造价会提高。对于工业建筑，在不影响生产能力的条件下，厂房、设备布置力求紧凑合理；要采用先进工艺和高效能的设备，节省厂房面积；要采用大跨度、大柱距的大厂房平面设计形式，提高平面利用系数。建筑材料和建筑结构选择是否合理，不仅直接影响到工程质量、使用寿命、耐火和抗震性能，而且对施工费用有很大的影响。尤其是建筑材料，一般约占人工费、材料费、施工机具使用费合计的 60%左右，降低材料费用，也会导致企业管理费、利润、增值税的降低。采用各种先进的结构形式和轻质高强建筑材料，能减轻建筑物自重，简化基础和结构工程，减少建筑材料和构配件的费用及运费，并能提高劳动生产率和缩短建设工期，经济效果十分明显。

2）民用项目

（1）居住小区规划。

影响工程造价的主要因素：占地面积和建筑群体的布置形式。占地面积不仅直接决定着土地费的高低，而且影响着小区内道路、工程管线长度和公共设备的多少，而这些费用对小区建设投资的影响通常很大。因而，用地面积指标在很大程度上影响小区建设的总造价。建筑群体的布置形式对用地的影响也不容忽视，通过采取高低搭配、点线结合和前后错列布置、斜向布置或拐角单元等手法，既满足采光、通风、消防等要求又能提高容积率、节省用地。在保证居住小区基本功能的前提下，适当集中公共设施，合理布置道路，充分利用小区内的边角用地，有利于提高建筑密度，降低小区的总造价。

（2）住宅建筑设计。

影响工程造价的主要因素：建筑物平面形状和周长系数、层高和净高、层数、单元组成、户型和住户面积、建筑结构等。住宅的层高和净高直接影响工程造价。根据不同性质的工程综合测算，住宅层高每降低 10cm，可降低造价 1.2%～1.5%。层高降低还可提高居住小区的建筑密度，节约土地成本及市政设施配套费。但是，层高设计中还需考虑采光与通风问题，层高过低不利于采光及通风，因此，民用住宅的层高一般不宜低于2.8m。当住宅达到 7 层及以上要增加电梯费用，需要较多的交通面积（过道、走廊要加宽）和补充设备（供水设备和供电设备等）。特别是高层住宅，要经受强风和地震等水平荷载，需要提高结构强度，改变结构形式，使工程造价大幅度上升。因此，中小城市以建造多层住宅较为经济；大城市可沿主要街道建设高层住宅，以合理利用空间。对于土地特别昂贵的地区，为了降低土地费用，中、高层住宅是比较经济的选择。随着建筑工业化水平的提高，住宅工业化建筑体系的结构形式多种多样，应根据实际情况，因地制宜、就地取材，采用适合本地区经济合理的结构形式。

第 2 节 投资估算的编制

5.2.1 投资估算的概念及作用

1. 投资估算的概念

投资估算是指在建设项目决策阶段，通过对拟建项目所需投资的测算而形成投资估算文件的过程，是进行建设项目技术经济分析与评价和投资决策的基础。投资估算的准确与否不仅影响到项目前期各阶段的工作质量和经济评价结果，而且也直接关系到后续的设计概算和施工图预算的工作及其成果的质量，对建设项目资金筹措方案也有直接的影响。因此，准确地估算建设项目投资，是建设项目前期各阶段造价管理的重要任务。

2. 投资估算的作用

（1）在投资机会研究与项目建议书阶段，投资估算是项目主管部门审批项目建议书的依据，并对项目的规划、规模起参考作用。

（2）在可行性研究阶段，投资估算是项目投资决策的重要依据，也是研究、分析、计算项目投资经济效果的重要依据。

（3）在方案设计阶段，投资估算是项目具体建设方案技术经济分析、比选的依据。投资估算一经确定，即成为限额设计的依据，也是对各专业设计进行资金计划的依据，即控制和指导设计不超限额的尺度。

（4）投资估算是项目资金筹措及制定建设贷款计划的依据。建设单位可根据批准的项目投资估算额，进行资金筹措和向银行申请贷款。

（5）投资估算是核算建设项目固定资产投资额和编制固定资产投资计划的重要依据。

（6）投资估算是设计招标阶段优选设计单位和设计方案的重要依据。投标单位报送的投标书中包括项目设计方案、项目的投资估算和经济性分析。招标单位根据投资估算对各项设计方案的经济合理性进行分析、衡量、比较。在此基础上，择优确定设计单位和设计方案。

5.2.2 投资估算编制内容及依据

1. 投资估算编制内容

建设项目投资估算包括建设投资、建设期利息和流动资金的估算。

1）建设投资

（1）按照费用的性质划分，包括工程费用、工程建设其他费用和预备费用三部分。其中，工程费用包括建筑工程费、与建设有关的其他费用、与生产经营有关的其他费用；预备费用包括基本预备费用和价差预备费。

（2）按形成资产法估算建设投资划分，工程费用形成固定资产；工程建设其他费用可分别形成固定资产、无形资产及其他资产；为简化计算，预备费一并计入固定资产。

2）建设期利息

建设期利息是为工程建设筹措债务资金而发生的融资费用及在建设期内发生并应计入固定资产原值的利益,包括支付金融机构的贷款利息和为筹集资金而发生的融资费用。建设期利息单独估算，以便对建设项目进行融资前和融资后财务分析。

3）流动资金

流动资金是指生产经营性项目投产后，用于购买原材料、燃料、支付工资及其他经营费用等所需的周转资金。它是伴随着建设投资而发生的长期占用的流动资产投资，流动资金 = 流动资产 − 流动负债。其中，流动资产主要考虑现金、应收账款、预付账款和存货；流动负债主要考虑应付账款和预收账款。因此，流动资金的概念，实际上就是财务中的营运资金。

2. 投资估算编制依据

（1）国家、行业和地方政府的有关规定。

（2）拟建项目建设方案确定的各项工程建设内容。

（3）工程勘察与设计文件或有关专业提供的主要工程量和主要设备清单。

（4）行业部门、项目所在地工程造价管理机构或行业协会等编制的投资估算指标、概算指标（定额）、工程建设其他费用定额（规定）、综合单价、价格指数和有关造价文件等。

（5）类似工程的各种技术经济指标和参数。

（6）工程所在地的工、料、机市场价格，建筑、工艺及附属设备的市场价格和有关费用。

（7）政府有关部门、金融机构等部门发布的价格指数、利率、汇率、税率等有关参数。

（8）与项目建设相关的工程地质资料、设计文件、图纸等。

（9）其他技术经济资料。

5.2.3　投资估算的编制方法

根据方案深度、资料占有等情况的不同，采用不同的编制方法。在投资机会研究和项目建议书阶段，投资估算要求的精度低，可采取简单的匡算法，如单位生产能力法、生产能力指数法、系数估算法、比例估算法、指标估算法等。在可行性研究阶段，投资估算精度要求就高些，需采用相对详细的估算方法，如指标估算法等。

1. 项目建议书阶段的投资估算

由于项目建议书阶段是初步决策阶段，投资估算只起指导性作用。其投资估算方法主要有：

1）单位生产能力估算法

依据调查的统计资料，利用相近规模的单位生产能力投资乘以建设规模，即得拟建项目投资。其计算公式为：

$$C_2 = \left(\frac{C_1}{Q_1}\right) \times Q_2 \times f \tag{5-1}$$

式中：C_1——已建类似项目的静态投资额；

　　　　C_2——拟建项目静态投资额；

　　　　Q_1——已建类似项目的生产能力；

　　　　Q_2——拟建项目的生产能力；

　　　　f——不同时期、不同地点的定额、单价、费用变更等的综合调整系数。

【例 5-1】某公司拟于 2018 年在某地区开工兴建年产 45 万吨合成氨的化肥厂。2014 年兴建的年产 30 万吨同类项目总投资为 28000 万元。根据测算拟建项目造价综合调整系数为 1.216，试采用单位生产能力估算法，计算该拟建项目所需静态投资为多少万元。

【解】

$$C_2 = \left(\frac{C_1}{Q_1}\right) \times Q_2 \times f = \left(\frac{28000}{30}\right) \times 45 \times 1.216 = 51072（万元）$$

单位生产能力估算法只能是粗略的快速计算，误差较大，可达 ±30%。应用该估算法时需要注意建设区域的差异性、配套工程的差异性、建设时间的差异性等方面可能造成的投资估算精度的差异。

2）生产能力指数法

生产能力指数法又称指数估算法，它是根据已建成的类似项目生产能力和投资额来粗略估算拟建项目投资额的方法，是对单位生产能力估算法的改进。其计算公式为：

$$C_2 = C_1 \times \left(\frac{Q_2}{Q_1}\right)^x \times f \tag{5-2}$$

式中：x——生产能力指数，其他符号含义同前。

上式表明造价与规模（或容量）呈非线性关系，且单位造价随工程规模（或容量）的增大而减小。在正常情况下 $0 \leqslant x \leqslant 1$。

若已建类似项目的生产规模与拟建项目生产规模相差不大，Q_1 与 Q_2 的比值在 0.5～2.0 之间，则指数 x 的取值近似为 1。

若已建类似项目的生产规模与拟建项目生产规模相差不大于 50 倍，且拟建项目生产规模的扩大仅靠增大设备规模来达到时，则 x 取值为 0.6～0.7；若是靠增加相同规格设备的数量达到时，x 取值为 0.8～0.9。

生产能力指数法主要应用于拟建装置或项目与用来参考的已知装置或项目的规模不同的场合。

【例 5-2】接【例 5-1】，如果根据两个项目规模差异，确定生产能力指数为 0.81，试采用生产能力指数估算法，计算该拟建项目所需静态投资为多少万元。

【解】

$$C_2 = C_1 \times \left(\frac{Q_2}{O_1}\right)^x \times f = 28000 \times \left(\frac{45}{30}\right)^{0.81} \times 1.216 = 47285（万元）$$

生产能力指数法与单位生产能力估算法相比精确度略高些。尽管估价误差仍较大，但有它独特的好处：即这种估价方法不需要详细的工程设计资料，只知道工艺流程及规模就可以，在总承包工程报价时，承包商大多采用这种方法估价。

3）系数估算法

系数估算法也称为因子估算法，它是以拟建项目的主体工程费或主要设备购置费为基数，以其他工程费与主体工程费或设备购置费的百分比为系数，依此估算拟建项目总投资的方法。这种方法简单易行，但是精度较低，一般应用于设计深度不足，拟建建设项目与已建类似建设项目的主体工程费或主要生产工艺设备投资比重较大，行业内相关系数等基础资料完备的情况。其计算公式如下：

$$C = E(1 + f_1 P_1 + f_2 P_2 + f_3 P_3 + \cdots) + I \tag{5-3}$$

式中：　C——拟建建设项目的静态投资；

　　　　E——拟建建设项目的主体工程费或主要生产工艺设备费；

P_1、P_2、P_3——已建类似建设项目的辅助或配套工程费占主体工程费或主要生产工艺设备费的比重；

f_1、f_2、f_3——由于建设时间、地点而产生的定额水平、建筑安装材料价格、费用变更和调整等综合调整系数；

　　　　I——根据具体情况计算的拟建建设项目各项其他建设费用。

4）比例估算法

根据统计资料先求出已有同类企业主要设备投资占全厂建设投资的比例，然后再估算出拟建项目的主要设备投资，即可按比例求出拟建项目的建设投资。其表达式为：

$$I = \frac{1}{K} \sum_{i=1}^{n} Q_i P_i \tag{5-4}$$

式中：I——拟建项目的建设投资；

　　　K——已建项目主要设备投资占拟建项目投资的比例；

　　　n——设备种类数；

　　　Q_i——第 i 种设备的数量；

　　　P_i——第 i 种设备的单价（到厂价格）。

5）指标估算法

指标估算法是依据投资估算指标，对各单位工程或单项工程费用进行估算，进而估算建设项目总投资，再按相关规定估算工程建设其他费用、基本预备费、建设期利息等，形成拟建项目静态投资。

2. 可行性研究阶段的投资估算

原则上应采用指标估算法。对投资有重大影响的主体工程应估算出分部分项工程量，参考相关概算指标或概算定额编制主要单项工程的投资估算。对于子项单一的大型民用公共建筑，主要单项工程估算应细化到单位工程预算书。可行性研究投资估算应满足项目的可行性研究与评价，并最终满足国家和地方相关部门审批或备案的要求。初步可行性研究阶段、方案设计阶段项目建设投资估算视设计深度，可以参照本章讲述的可行性研究阶段投资估算的编制办法进行。

1）建筑工程费用估算

建筑工程费用是指为建造永久性建筑物和构筑物所需要的费用，一般采用单位建筑工程投资估算法、单位实物工程量投资估算法、概算指标投资估算法等进行估算。

（1）单位建筑工程投资估算法，以单位建筑工程量投资乘以建筑工程总量计算。一般工业与民用建筑以单位建筑面积（m²）的投资，工业窑炉砌筑以单位容积（m³）的投资，水库以水坝单位长度（m）的投资，铁路路基以单位长度（km）的投资，矿山掘进以单位长度（m）的投资，乘以相应的建筑工程量计算建筑工程费。这种方法可以进一步分为单位长度价格法、单位面积价格法、单位容积价格法和单位功能价格法。

①单位长度价格法。此方法是利用每单位长度的费用价格进行估算，首先要用已知的项目建筑工程费用除以该项目的长度，得到单位长度价格，然后将结果应用到拟建项目的建筑工程费估算中。

②单位面积价格法。此方法首先要用已知的项目建筑工程费用除以该项目的房屋总面积，即为单位面积价格，然后将结果应用到拟建项目的建筑工程费估算中。

③单位容积价格法。在一些项目中，建筑高度是影响成本的重要因素。例如，仓库、工业窑炉砌筑的高度根据需要会有很大的变化，显然这时不再适用单位面积价格，而单位容积价格则成为确定初步估算的好方法。将已完工程总的建筑工程费用除以建筑容积，即可得到单位容积价格。

④单位功能价格法。此方法是利用每功能单位的成本价格估算，将选出所有此类项目中共有的单位，并计算每个项目中该单位的数量。例如，可以用医院里的病床数量为功能单位，新建一所医院的费用被细分为其所提供的病床数量。这种计算方法首先

给出每张病床的单价，然后乘以该医院所有病床的数量，从而确定该医院项目的工程费用。

（2）单位实物工程量投资估算法。以单位实物工程量的投资乘以实物工程总量计算。土石方工程按每立方米投资，矿井巷道衬砌工程按每延长米投资，场地、路面铺设工程按每平方米投资，乘以相应的实物工程总量计算建筑工程费。

（3）概算指标投资估算法。对于没有上述概算指标且建筑工程费占总投资比例较大的项目，可采用概算指标估算法。采用此种方法，应占有较为详细的工程资料、建筑材料价格和工程费用指标，投入的时间和工作量较大。

2）设备购置费估算

设备购置费是为建设项目购置或自制的达到固定资产标准的各种国产或进口设备、工具、器具的购置费用。设备购置费根据项目主要设备表及价格、费用资料编制，工器具购置费按设备费的一定比例计取。对于价值高的设备应按单台（套）估算购置费，价值较小的设备可按类估算，国内设备和进口设备应分别估算。

3）工程建设其他费用估算

工程建设其他费用的估算应结合拟建项目的具体情况，有合同或协议明确的费用按合同或协议列入。无合同或协议明确的费用，根据国家和各行业部门、工程所在地地方政府的有关工程建设其他费用定额和估算办法估算。按照工程建设其他费用的内容和性质不同，工程建设其他费用分为土地使用费和其他补偿费、与项目建设有关的各类其他费用、与生产经营有关的其他费用。

（1）土地使用费和其他补偿费估算。

土地使用费是指建设项目使用土地应支付的费用，包括建设用地费和临时土地使用费，以及由于使用土地发生的其他有关费用，如水土保持补偿费等。建设用地费用是指为获得建设项目的土地使用权而在建设期内发生的费用。建设项目采用"长租短付"方式租用土地使用权，在建设期间支付的租用土地费用计入建设用地费，在生产经营中支付的租用土地使用费应计入营运成本中核算。建设用地费用应按概算编制时国家和省级政府的现行规定计算。建设项目工程所在地另有规定的，从其规定。

（2）与项目建设有关的其他费用估算。

与项目建设有关的其他费用包括：

①基本费用项目。基本费用项目适用于所有建设工程，除另有规定和说明外，均需列项计算。包括建设项目前期工作咨询费、环境影响评价费、项目建设管理费、代建服务费、测量测绘费、研究试验费、工程勘察费、工程设计费、施工图技术审查费及设计

咨询费、建设单位临时设施费、工程建设监理费、工程造价咨询费、工程招标费、检验监测费、工程保险费、建筑信息模型（BIM）技术应用费用等。

②通用费用项目。通用费用项目适用于各类建设工程，应根据实际条件和需要列项计算。包括社会稳定风险评估费、水土保持咨询服务费、节能评估费、引进技术与引进设备其他费、专利及专有技术使用费、特殊设备安全监督检验费、白蚁防治费、配套设施建设费、建设单位缴存各项基金的财务费用等。

③与场地有关的费用项目。与场地有关的费用项目主要适用于各类特殊建设地质、特殊建设周边环境和条件下的建设工程，应根据实际条件和需要列项计算。包括地质灾害危险性评价费、地震安全性评价费、防洪评估费、周边建（构）筑物安全鉴定费、与特殊场地有关的费用等。

④与生产运营有关的费用项目。与生产运营有关的费用项目主要适用于生产运营性的建设工程，应根据实际条件和需要列项计算。包括职业病危害评价费、联合试运转费、生产准备费等。

4）基本预备费估算

基本预备费的估算一般是以建设项目的工程费用和工程建设其他费用之和为基础，乘以基本预备费率进行计算。基本预备费率的大小应根据建设项目的设计阶段和具体的设计深度，以及在估算中所采用的各项估算指标与设计内容的贴近度、项目所属行业主管部门的具体规定确定。

上述各项费用是不随时间的变化而变化的费用，故称为静态投资部分。

5）价差预备费

价差预备费的内容：人工、设备、材料、施工机械的价差费，建筑安装工程费及工程建设其他费用调整，利率、汇率调整等增加的费用。

价差预备费一般根据国家规定的投资综合价格指数，按估算年份价格水平的投资额为基数，采用复利方法计算。计算公式为：

$$P = \sum_{i=1}^{n} I_i \left[(1+f)^m (1+f)^{0.5} (1+f)^{t-1} - 1 \right] \tag{5-5}$$

式中：P——价差预备费（万元）；

n——建设期（年）；

I_i——静态投资部分第 i 年投入的工程费用（万元）；

f——年涨价率（%）；

m——建设前期年限（从编制估算到开工建设，单位：年）；

　　　　t——年度数。

【例 5-3】某建设项目建筑安装工程费 8000 万元，设备购置费 4500 万元，工程建设其他费用 3000 万元，已知基本预备费率 5%，项目建设前期年限为 1 年，建设期为 3 年，各年投资计划额为：第一年完成投资 30%、第二年 50%、第三年 20%。年均投资价格上涨率为 5%，求建设项目建设期间价差预备费。

【解】基本预备费 $= (8000 + 4500 + 3000) \times 5\% = 775$（万元）

静态投资额 $= 8000 + 4500 + 3000 + 775 = 16275$（万元）

建设期第一年完成静态投资 $= 16275 \times 30\% = 4882.5$（万元）

第一年价差预备费为：$P_1 = I_1[(1 + f)(1 + f)^{0.5} - 1] = 370.73$（万元）

第二年完成静态投资 $= 16275 \times 50\% = 8137.5$（万元）

第二年价差预备费为：$P_2 = I_2[(1 + f)(1 + f)^{0.5}(1 + f) - 1] = 1055.65$（万元）

第三年完成静态投资 $= 16275 \times 20\% = 3255$（万元）

第三年价差预备费为：$P_3 = I_3[(1 + f)(1 + f)^{0.5}(1 + f)^2 - 1] = 606.12$（万元）

所以建设期的价差预备费为：

$P = 370.73 + 1055.65 + 606.12 = 2032.5$（万元）

6）建设期利息估算

　　在建设项目分年度投资计划的基础上设定初步融资方案，对采用债务融资的项目应估算建设期利息。建设期利息是指筹措债务资金时在建设期内发生并按规定允许在投产后计入固定资产原值的利息，即资本化利息。建设期利息包括向国内银行和其他非银行金融机构贷款、出口信贷、外国政府贷款、国际商业银行贷款以及在境内外发行的债券等在建设期间应计的借款利息。

　　对于多种借款资金来源，每笔借款的年利率各不相同的项目，既可分别计算每笔借款的利息，也可先计算出各笔借款加权平均的年利率，并以此利率计算全部借款的利息。

　　建设期利息的估算，根据建设期资金用款计划，可按当年借款在当年的年中使用考虑，即当年借款按半年计息，上年借款按全年计息。国外贷款利息的计算中，还应包括国外贷款银行根据贷款协议向贷款方以年利率的方式收取的手续费、管理费、承诺费，以及国内代理机构向贷款单位收取的转贷费、担保费、管理费等。

　　建设期各年利息的计算公式为：

$$q_j = \left(P_{j-1} + \frac{1}{2}A_j\right) \cdot i(j = 1, \cdots, n) \tag{5-6}$$

式中：q_j——建设期第 j 年利息；

P_{j-1}——建设期第$(j-1)$年末贷款累计金额与利息累计金额之和；

A_j——建设期第j年贷款金额；

i——年利率；

n——建设期年份数。

建设期利息合计为：

$$q = \sum_{i=1}^{n} q_j \tag{5-7}$$

【例 5-4】某新建项目，建设期为 3 年，分年度贷款，第一年贷款 600 万元，第二年贷款 900 万元，第三年贷款 500 万元，年利率为 6%，计算建设期利息。

【解】在建设期各年利息计算如下：

$$q_1 = \frac{1}{2} A_1 \cdot i = \frac{1}{2} \times 600 \times 6\% = 18 （万元）$$

$$q_2 = \left(P_1 + \frac{1}{2} A_2 \right) \cdot i = \left(600 + 18 + \frac{1}{2} \times 900 \right) \times 6\% = 64.08 （万元）$$

$$q_3 = \left(P_2 + \frac{1}{2} A_3 \right) \cdot i = \left(618 + 900 + 64.08 + \frac{1}{2} \times 500 \right) \times 6\% = 109.92 （万元）$$

所以建设期利息之和为：

$$q = q_1 + q_2 + q_3 = 18 + 64.08 + 109.92 = 192 （万元）$$

价差预备费和建设期利息是随时间的变化而变化的费用，故称为动态投资部分。

3. 流动资金的估算

流动资金也称流动资产投资，是指生产经营性项目投产后，为进行正常生产运营，用于购买原材料、燃料，支付工资及其他经营费用等所需的周转资金。流动资金的估算可采用分项详细估算法和扩大指标估算法。

1）分项详细估算法

分项详细估算法是根据项目的流动资产和流动负债，估算项目所占用流动资金的方法。流动资产的构成要素一般包括存货、库存现金、应收账款和预付账款；流动负债的构成要素一般包括应付账款和预收账款。流动资金等于流动资产和流动负债的差额。可行性研究阶段的流动资金估算应采用分项详细估算法。

2）扩大指标估算法

扩大指标估算法是根据现有同类企业的实际资料，求得各种流动资金率指标，亦可依据行业或部门给定的参考值或经验确定比率。将各类流动资金率乘以相对应的费用基数来估算流动资金。一般常用的基数有销售收入、经营成本、总成本费用和固定资产投资等，究竟采用何种基数依行业习惯而定。扩大指标估算法简便易行，但准确度不高，适用于项目建议书阶段的估算。扩大指标估算法计算流动资金的公式为：

$$年流动资金额 = 年费用基数 \times 各类流动资金率 \tag{5-8}$$

$$年流动资金额 = 年产量 \times 单位产品产量占用流动资金额 \tag{5-9}$$

需要注意的是，流动资金属于长期性（永久性）流动资产。其筹措可按自有资本金和长期负债两种方式解决。自有资本金部分一般不能低于流动资金总额的 30%（该部分称为铺底流动资金，根据原国家计委的规定，工业建设项目按流动资金总额的 30% 作为铺底流动资金，计入建设期投资总额）。在投产的第一年开始按生产负荷安排流动资金需用量。流动资金的借款部分按全年计算利息，并计入生产期间财务费用，项目计算期末收回全部流动资金。

5.2.4　投资估算的文件组成

投资估算文件组成：封面、签署页、编制说明、投资估算分析、总投资估算表、单项工程投资估算表、主要技术经济指标等内容。

1. 投资估算编制说明的内容

（1）工程概况。

（2）编制范围。

（3）编制方法。

（4）编制依据。

（5）主要技术经济指标。

（6）有关参数、率值选定的说明。

（7）特殊问题的说明包括：采用新技术、新材料、新设备、新工艺时必须说明价格的确定；进口材料、设备、技术费用的构成与计算参数；采用巨型结构、异型结构的费用估算方法；环保（不限于）投资占总投资的比重；未包括项目或费用的必要说明等。

（8）采用限额设计的工程还应对投资限额和投资分解做进一步说明。

（9）采用方案比选的工程还应对方案比选的估算和经济指标做进一步说明。

2. 投资估算分析的内容

（1）工程投资比例分析。

建筑工程要分析土建、装饰、给水排水、电气、暖通、空调、动力等主体工程和道路、广场、围墙、大门、室外管线、绿化等室外附属工程占总投资的比例。

工业项目要分析主要生产项目（列出各生产装置）、辅助生产项目、公用工程项目（给水排水、供电和通信、供气、总图运输及外管）、服务性工程、生活福利设施、厂外工程占建设总投资的比例。

（2）分析设备购置费、建筑工程费、安装工程费、工程建设其他费用、预备费占建设总投资的比例；分析引进设备费用占全部设备费用的比例等。

（3）分析影响投资的主要因素。

（4）与国内类似工程项目的比较，分析说明投资高低原因。

3. 总投资估算汇总表

总投资估算汇总表是将工程费用、工程建设其他费用、预备费、建设期利息、流动资金等估算额以表格的形式进行汇总，形成建设项目投资估算总额。其表格形式见表 5-2。

总投资估算汇总表　　　　　　　　　　　　　　　　表 5-2

工程名称：

序号	工程和费用名称	估算价值/万元					技术经济指标			
		建筑工程费	设备及工器具购置费	安装工程费	其他费用	合计	单位	数量	单位价值	比例/%
一	工程费用									
（一）	主要生产系统									
1										
2										
（二）	辅助生产系统									
1										
2										
（三）	公用设施									
1										
2										
（四）	外部工程									
1										
2										
二	工程建设其他费用									
1										
2										
三	预备费									
1	基本预备费									
2	价差预备费									
四	建设期利息									
五	流动资金									
	投资估算合计/万元									
	比例/%									

编制人：	审核人：	审定人：

4. 单项工程投资估算表

单项工程投资估算应按建设项目划分的各个单项工程分别计算组成工程费用的建筑工程费、设备购置费、安装工程费，如表 5-3 所示。

单项工程投资估算汇总表　　　　　表 5-3

工程名称：

序号	工程和费用名称	估算价值/万元					技术经济指标			
		建筑工程费	设备及工器具购置费	安装工程费	其他费用	合计	单位	数量	单位价值	比例/%
	工程费用									
（一）	主要生产系统									
1	××车间									
	土建工程									
	建筑安装									
	工艺工程									
	非标准件									
	工艺管道									
	筑炉工程									
	保温工程									
	电气工程									
	自动化工程									
	给水排水工程									
	暖通空调									
	动力工程									
	小计									
2										
3										

编制人：　　　　　　审核人：　　　　　　审定人：

5. 主要技术经济指标

投资估算人员应根据项目特点、计算并分析整个建设项目、各单项工程和单位工程的主要技术经济指标。

5.2.5　投资估算编制实例

【例 5-5】某企业拟建一项年产某种产品 3000 万吨的工业生产项目，该项目由一个综合生产车间和若干附属工程组成。根据项目建议书中提供的同行业已建年产 2000 万吨类似综合生产车间项目主设备投资和与主设备投资有关的其他专业工程投资系数如表 5-4 所示。

已建类似项目主设备投资、与主设备投资有关的其他专业工程投资系数表　表 5-4

主设备投资	锅炉设备	加热设备	冷却设备	仪器仪表	起重设备	电力传动	建筑工程	安装工程
2200 万元	0.12	0.01	0.04	0.02	0.09	0.18	0.27	0.13

拟建项目的附属工程由动力系统、机修系统、行政办公楼工程、宿舍工程、总图工程、场外工程等组成，其投资初步估计如表 5-5 所示。

附属工程投资初步估计数据表（单位：万元）　表 5-5

工程名称	动力系统	机修系统	行政办公楼	宿舍工程	总图工程	场外工程
建筑工程费用	1800	800	2500	1500	1300	80
设备购置费用	35	20				
安装工程费用	200	150				
合计	2035	970	2500	1500	1300	80

据估计工程建设其他费用约为工程费用的 20%，基本预备费率为 5%。从投资估算完成到正式开工建设需要一年的时间，开工后预计物价年平均上涨率 3%。该项目建设投资的 70% 为企业自有资本金，其余资金采用贷款方式解决，贷款利率 7.85%（按年计息）。在 2 年建设期内贷款和资本金均按第 1 年 60%，第 2 年 40% 投入。流动资金占用额按年生产能力每吨 25 元估算。

问题：

（1）试用生产能力指数估算法估算拟建项目综合生产车间主设备投资。拟建项目与已建类似项目主设备投资综合调整系数取 1.20，生产能力指数取 0.85。

（2）试用主体专业系数法估算拟建项目综合生产车间投资额。经测定拟建项目与类似项目由于建设时间、地点和费用标准的不同，在锅炉设备、加热设备、冷却设备、仪器仪表、起重设备、电力传动、建筑工程、安装工程等专业工程投资综合调整系数分别为：1.10、1.05、1.00、1.05、1.20、1.20、1.05、1.10。

（3）估算拟建项目全部建设投资。

（4）估算拟建项目建设期利息、流动资金，汇总该建设项目投资估算总额。

【解】

问题 1：

拟建项目综合生产车间主设备投资 $= 2200 \times (3000/2000)^{0.85} \times 1.20 = 3726.33$（万元）

问题 2：

拟建项目综合生产车间投资额 = 设备费用 + 建筑工程费用 + 安装工程费用

设备费用 = $3726.33 \times (1 + 1.10 \times 0.12 + 1.05 \times 0.01 + 1.00 \times 0.04 + 1.05 \times 0.02 + 1.20 \times 0.09 + 1.20 \times 0.18) = 3726.33 \times (1 + 0.528) = 5693.83$（万元）

建筑工程费用 = $3726.33 \times (1.05 \times 0.27) = 1056.41$（万元）

安装工程费用 = $3726.33 \times (1.10 \times 0.13) = 532.87$（万元）

拟建项目综合生产车间投资额 = $5693.83 + 1056.41 + 532.87 = 7283.11$（万元）

问题 3：

（1）工程费用 = 拟建项目综合生产车间投资额 + 附属工程投资 = $7283.11 + 2035 + 970 + 2500 + 1500 + 1300 + 80 = 15668.11$（万元）

（2）工程建设其他费用 = 工程费用与工程建设其他费用百分比 = $15668.11 \times 20\% = 3133.62$（万元）

（3）基本预备费 = (工程费用 + 工程建设其他费用) × 基本预备费率 = $(15668.11 + 3133.62) \times 5\% = 940.09$（万元）

（4）静态投资合计 = $15668.11 + 3133.62 + 940.09 = 19741.82$（万元）

（5）建设期各年静态投资：

第 1 年：$19741.82 \times 60\% = 11845.09$（万元）

第 2 年：$19741.82 \times 40\% = 7896.73$（万元）

（6）价差预备费：

$$P = 11845.09 \times \left[(1 \times 3\%)^1 \times (1 + 3\%)^{0.5} \times (1 + 3\%)^{1-1} - 1\right] + 7896.73 \times \left[(1 + 3\%)^1 \times (1 + 3\%)^{0.5} \times (1 + 3\%)^{2-1} - 1\right]$$
$$= 537.01 + 605.65 = 1142.66 \text{（万元）}$$

（7）预备费：

预备费 = $940.09 + 1142.66 = 2082.75$（万元）

（8）拟建项目全部建设投资 = 工程费用 + 工程建设其他费用 + 预备费 = $15668.11 + 3133.62 + 2082.75 = 20884.48$（万元）

问题 4：

（1）建设期每年贷款额：

第 1 年贷款额 = $20884.48 \times 60\% \times 30\% = 3759.21$（万元）

第 2 年贷款额 = $20884.48 \times 40\% \times 30\% = 2506.14$（万元）

（2）建设期利息：

第 1 年利息 = $(0 + 3759.21 \div 2) \times 7.85\% = 147.55$（万元）

第 2 年利息 = (3759.21 + 147.55 + 2506.14 ÷ 2) × 7.85% = 405.05（万元）

建设期利息合计 = 147.55 + 405.05 = 552.60（万元）

（3）流动资产投资 = 3000 × 25 = 75000（万元）

（4）该建设项目投资估算总额 = 建设投资 + 建设期利息 + 流动资产投资 = 20884.48 + 552.60 + 75000 = 96437.08（万元）

如果按流动资产投资的 30%作为铺底流动资金计入建设期建设项目投资估算总额，则该建设项目投资估算总额应为 43937.08 万元。

5.2.6　投资估算的审核

为保证投资估算的完整性和准确性，必须加强对投资估算的审核工作。有关文件规定，对建设项目进行评估时应进行投资估算的审核，政府投资项目的投资估算审核除依据设计文件外，还应依据政府有关部门发布的规定、建设项目投资估算指标和工程造价信息等计价依据。

投资估算的审核内容主要从以下几个方面进行：

1. 审核和分析投资估算编制依据的时效性、准确性和实用性

估算项目投资所需的数据资料很多，如已建同类型项目的投资、设备和材料价格、运杂费率，有关的指标、标准以及各种规定等，这些资料可能随时间、地区、价格及定额水平的差异，使投资估算有较大的出入，因此，要注意投资估算编制依据的时效性、准确性和实用性。针对这些差异必须做好定额指标水平、价差的调整系数及费用项目的调查。同时，就工艺水平、规模大小、自然条件、环境因素等对已建项目与拟建项目在投资方面形成的差异进行调整，使投资估算的价格和费用水平符合项目建设所在地实际情况。针对调整的过程及结果要进行深入细致的分析和审查。

2. 审核选用的投资估算方法的科学性与适用性

投资估算的方法有许多种，每种估算方法都有各自适用条件和范围，并具有不同的精确度。如果使用的投资估算方法与项目的客观条件和情况不相适应，或者超出了该方法的适用范围，就不能保证投资估算的质量，而且，还要结合设计的阶段或深度等条件，采用适用、合理的估算办法进行估算。

如采用"单位工程指标"估算法时，应该审核套用的指标与拟建工程的标准和条件是否存在差异，及其对计算结果影响的程度，是否已采用局部换算或调整等方法对结果进行修正，修正系数的确定和采用是否具有一定的科学依据。处理方法不同，技术标准不同，费用相差可能很大。当工程量较大时，对估算总价影响甚大，如果在估算中不按

科学方法进行调整，将会因估算准确程度差造成工程造价失控。

3. 审核投资估算的编制内容与拟建项目规划要求的一致性

审核投资估算的工程内容，包括工程规模、自然条件、技术标准、环境要求，与规定要求是否一致，是否在估算时已进行了必要的修正和反映，是否对工程内容尽可能地量化和质化，有没有出现内容方面的重复或漏项和费用方面的高估或低算。

如建设项目的主体工程与附加工程或辅助工程、公用工程、生产与生活服务设施、交通工程等是否与规定的一致。是否漏掉了某些辅助工程、室外工程等的建设费用。

4. 审核投资估算的费用项目、费用数额的真实性

审核各个费用项目与规定要求、实际情况是否相符，有无漏项或多项，估算的费用项目是否符合项目的具体情况、国家规定及建设地区的实际要求，是否针对具体情况做了适当的增减。

审核项目所在地区的交通、地方材料供应、国内外设备的订货与大型设备的运输等方面，是否针对实际情况考虑了材料价格的差异问题；对偏远地区或有大型设备时是否已考虑了增加设备的运杂费。

审核是否考虑了物价上涨和引进国外设备或技术项目是否考虑了每年的通货膨胀率对投资额的影响，考虑的波动变化幅度是否合适。

审核"三废"处理所需相应的投资是否进行了估算，其估算数额是否符合实际。

审核项目投资主体自有的稀缺资源是否考虑了机会成本，沉没成本是否剔除。

审核是否考虑了采用新技术、新材料以及现行标准和规范比已建项目的要求提高所需增加的投资额，考虑的额度是否合适。

值得注意的是：投资估算要留有余地，既要防止漏项少算，又要防止高估冒算。要在优化和可行的建设方案的基础上，根据有关规定认真、准确、合理地确定经济指标，以保证投资估算具有足够的精度水平，使其真正对项目建设方案的投资决策起到应有的作用。

第 3 节　设计概算的编制

5.3.1　设计概算的概念与作用

1. 设计概算的概念

设计概算是以初步设计文件为依据，按照规定的程序、方法和依据，对建设项目总投资及其构成进行的概略计算。设计概算的成果文件称作设计概算书，简称设计概算。

设计概算书是设计文件的重要组成部分,在报批设计文件时,必须同时报批设计概算文件。采用两阶段设计的建设项目,初步设计阶段必须编制设计概算;采用三阶段设计的建设项目,扩大初步设计阶段必须编制修正概算。设计概算额度控制、审批、调整应遵循国家、各省市地方政府或行业有关规定。如果设计概算值超过控制额,以至于因概算投资额度变化影响项目的经济效益,使经济效益达不到预定目标值时,必须修改设计或重新立项审批。

2.设计概算的作用

设计概算是编制固定资产投资计划,确定和控制建设项目投资的依据。国家规定,编制年度固定资产投资计划,确定计划投资总额及其构成数额,要以批准的初步设计概算为依据,没有批准的初步设计文件及其概算,建设工程就不能列入年度固定资产投资计划。

设计概算是控制施工图设计和施工图预算的依据。设计单位必须按照批准的初步设计和总概算进行施工图设计。施工图预算不得突破设计概算,如确需突破总概算时,应按规定程序报批。

设计概算是衡量设计方案技术经济合理性和选择最佳设计方案的依据。设计部门在初步设计阶段要选择最佳设计方案,设计概算是从经济角度衡量设计方案经济合理性的重要依据。因此,设计概算是衡量设计方案技术经济合理性和选择最佳设计方案的依据。

设计概算是编制招标限价(招标标底)和投标报价的依据。以设计概算进行招标投标的工程,招标单位以设计概算作为编制招标限价(招标标底)的依据。承包单位也必须以设计概算为根据,编制投标报价,以合适的投标报价在投标竞争中取胜。

设计概算是签订建设工程施工合同和贷款合同的依据。我国《民法典》中明确规定,建设工程合同价款是以设计概算价、设计预算价为依据,且总承包合同不得超过设计总概算的投资额。银行贷款或各单项工程的拨款累计总额不能超过设计总概算,如果项目投资计划所列支投资额与贷款突破设计概算时,必须查明原因,之后由建设单位报请上级主管部门调整或追加设计概算,凡未批准之前,银行对其超支部分拒不拨付。

设计概算是考核建设项目投资效果的依据。通过设计概算与竣工决算对比,可以分析和考核投资效果的好坏,同时还可以验证设计概算的准确性,有利于加强设计概算管理和建设项目的造价管理工作。

5.3.2　设计概算编制内容及依据

1.编制内容

设计概算可分单位工程概算、单项工程综合概算和建设项目总概算三级。各级概算之间的相互关系如图 5-1 所示。

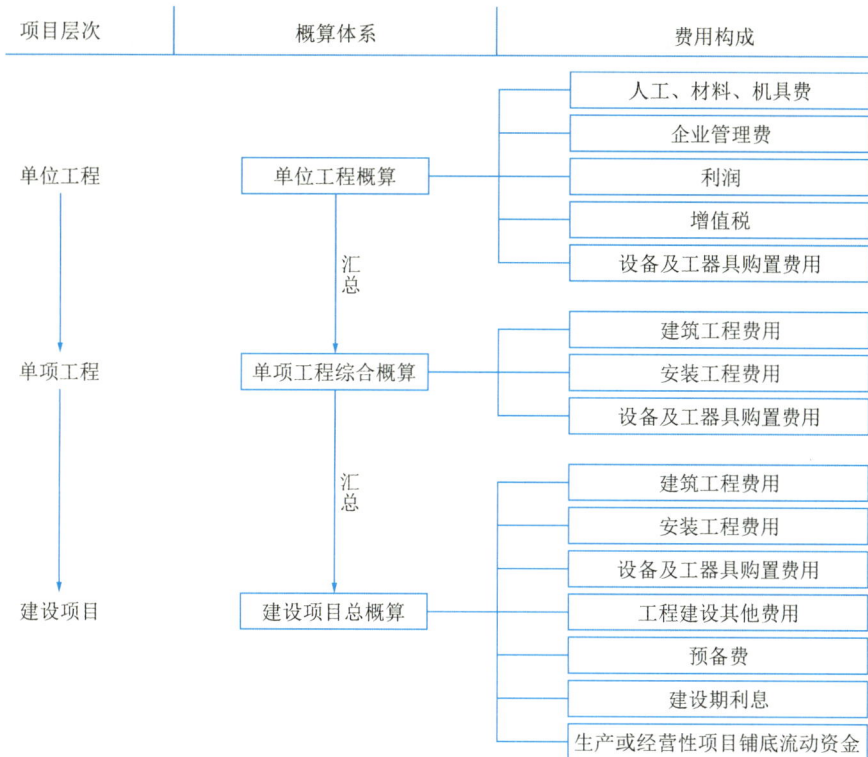

项目层次	概算体系	费用构成
单位工程	单位工程概算	人工、材料、机具费
		企业管理费
		利润
		增值税
		设备及工器具购置费用
单项工程	单项工程综合概算	建筑工程费用
		安装工程费用
		设备及工器具购置费用
建设项目	建设项目总概算	建筑工程费用
		安装工程费用
		设备及工器具购置费用
		工程建设其他费用
		预备费
		建设期利息
		生产或经营性项目铺底流动资金

图 5-1　三级概算之间的相互关系和费用构成

（1）单位工程概算

单位工程是指具有相对独立施工条件的工程。它是单项工程的组成部分。以此为对象编制的设计概算称为单位工程概算。单位工程概算分为建筑工程概算、设备及安装工程概算。

建筑工程概算包括土建工程概算，给水排水与供暖工程概算，通风与空调工程概算，动力与照明工程概算，弱电工程概算，特殊构筑物工程概算等。设备及安装工程概算包括机械设备及安装工程概算，电气设备及安装工程概算，热力设备及安装工程概算，工具、器具及生产家具购置费概算等。

（2）单项工程概算

单项工程是指具有独立的设计文件、建成后可以独立发挥生产能力或具有使用效益的工程。它是建设项目的组成部分。如生产车间、办公楼、食堂、图书馆、学生宿舍、住宅楼、配水厂等。单项工程概算是确定一个单项工程（设计单元）费用的文件，是总概算的组成部分，一般只包括单项工程的工程费用。单项工程综合概算的组成内容如图 5-2 所示。

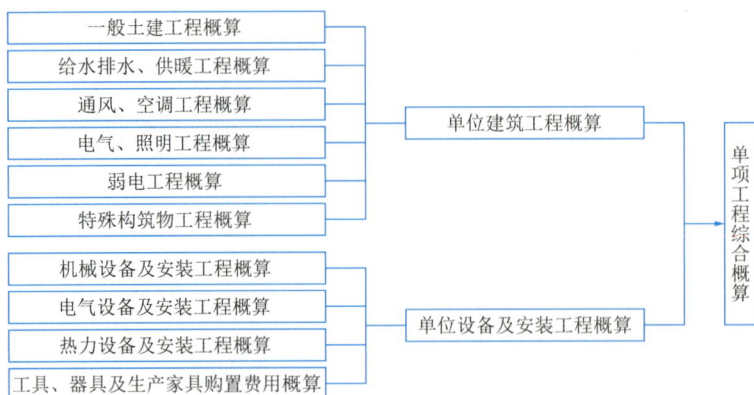

图 5-2　单项工程综合概算的组成内容

（3）建设项目总概算

建设项目总概算是以初步设计文件为依据，在单项工程综合概算的基础上计算建设项目概算总投资的成果文件。总概算是设计概算书的主要组成部分。它是由各单项工程综合概算、工程建设其他费用概算、预备费和建设期利息概算汇总编制而成的，如图 5-3所示。

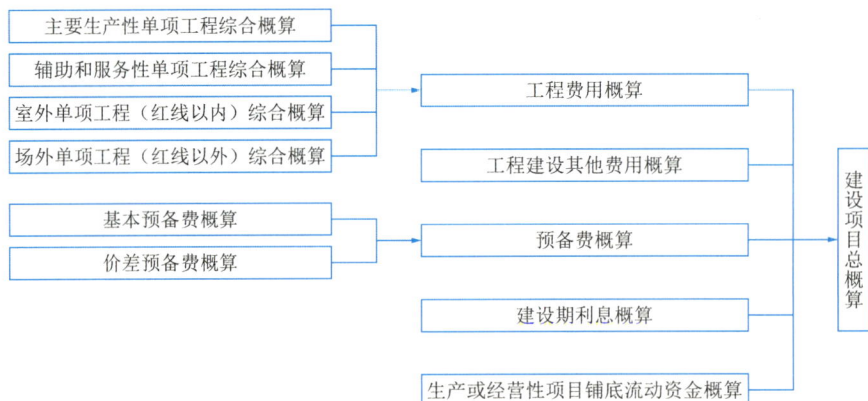

图 5-3　建设项目总概算的组成内容

若干个单位工程概算汇总后成为单项工程概算，若干个单项工程概算和工程建设其他费用、预备费、建设期利息等概算文件汇总成为建设项目总概算。单项工程概算和建设项目总概算仅是一种归纳、汇总性文件，因此，最基本的计算文件是单位工程概算书。一个建设项目若仅包括一个单项工程，则建设项目总概算书与单项工程综合概算书可合并编制。

2. 编制依据

设计概算编制依据涉及面很广，一般指编制项目概算所需的一切基础资料。对于不同项目，其概算编制依据不尽相同。设计概算文件编制人员应深入调研，收集编制概算所需的定额、价格、费用标准，以及国家或行业、当地主管部门的规定、办法等资料。投资方（项目业主）也应当主动配合，才能保证设计概算编制依据的完整性、合理性和时效性。一般来说，设计概算编制依据主要包括：①《广东省建设工程概算编制办法》；②国家和地方有关建设和造价管理的法律法规，以及行业有关规定；③经批准的建设项目设计任务书（或经批准的可行性研究报告）；④能满足编制概算的各专业经过评审并签字的初步设计图纸、文字说明和主要材料设备表及工程量；⑤建设场地的自然条件和施工条件；⑥常规或拟定的施工组织设计；⑦综合定额、技术经济指标、费用标准等；⑧建设项目的有关文件、合同、协议；⑨项目涉及的设备、工料机供应要求及市场价格；⑩建设项目资金筹措方式；⑪项目的技术复杂程度以及新技术、专利使用情况等；⑫其他。

5.3.3　设计概算的编制方法

1. 单位工程概算的编制方法

单位工程概算书是概算文件的基本组成部分，是编制单项工程综合概算（或项目总概算）的依据，应根据单项工程中所属的每个单体按专业分别编制，一般分建筑工程、设备及安装工程两大类。建筑及安装单位工程概算投资由人工费、材料费、施工机具使用费、企业管理费、利润、税金等费用组成。广东省建筑安装工程费的具体内容及组成基本与住房城乡建设部、财政部公布的《建筑安装工程费用项目组成》（建标〔2013〕44 号）相同，其中部分费用略有调整：管理费中的工会经费、职工教育经费改列入人工费；施工机具使用费中的场外运费改列入管理费；取消规费列项，原规费中的社会保险费和住房公积金改列入人工费和管理费中；税金中的城市维护建设税、教育费附加、地方教育附加改列入管理费；建筑安装工程费用的税金是指计入建筑安装工程造价内的增值税销项税额。

1）建筑单位工程概算编制方法

《建设项目设计概算编审规程》CECA/GC 2—2015 规定：建筑工程概算应按构成单位工程的主要分部分项工程编制，根据初步设计（或扩初设计）工程量按工程所在省、自治区、直辖市颁布的概算定额（指标）或行业概算定额（指标），以及工程费用定额计算。对于通用结构建筑可采用"造价指标"编制概算；对于特殊或重要的建构筑物，必须按构成单位工程的主要分部分项工程编制，必要时需要结合施工组织设计进行计算。在实务操作中，可视概算编制时具备的条件选用以下方法：

（1）概算定额法。

概算定额法又叫扩大单价法或扩大结构定额法，是利用概算定额编制单位工程概算的方法。根据设计图纸资料和概算定额的项目划分计算出工程量，然后套用概算定额单价（基价），计算汇总后，再计取有关费用，便可得出单位工程概算造价。

概算定额法适用于设计达到一定深度，建筑结构尺寸比较明确，能按照设计的平面、立面、剖面图纸计算出楼地面、墙身、门窗和屋面等分项工程（或扩大分项工程或扩大结构构件）工程量的项目。这种方法编制出的概算精度较高，但是编制工作量大，需要大量的人力和物力。

利用概算定额编制概算的具体步骤如下：

①熟悉图纸，了解设计意图、施工条件和施工方法。

②按照概算定额的分部分项顺序，列出分部工程（或扩大分项工程或扩大结构构件）的项目名称，并计算工程量。

③确定各分部工程项目的概算定额单价。

④根据分部工程的工程量和相应的概算定额单价计算人工、材料、机械费用。

⑤计算企业管理费、利润和增值税。

⑥计算单位工程概算造价。

⑦编写概算编制说明。

【例 5-6】某市拟建一座 12000m² 教学楼，请按给出的工程量和扩大单价表 5-6 编制出该教学楼土建工程设计概算造价和平方米造价。企业管理费费率为人工、材料、机械费用之和的 15%，利润率为人工、材料、机械费用与企业管理费之和的 8%，增值税税率为 10%。

某教学楼土建工程量和扩大单价   表 5-6

分部工程名称	单位	工程量	扩大单价/元
基础工程	10m³	250	3600
混凝土及钢筋混凝土	10m³	260	7800
砌筑工程	10m³	470	3900
地面工程	100m²	54	2400
楼面工程	100m²	90	2700
屋面工程	100m²	60	5500
门窗工程	100m²	65	9500
石材饰面	10m²	150	3600
脚手架	100m²	280	900
措施	100m²	120	2200

注：表中价格为人、材、机费用，均不含管理费、利润、增值税。

【解】根据已知条件和表 5-6 数据及扩大单价，求得该教学楼土建工程概算造价如表 5-7 所示。

某教学楼土建工程概算造价计算表　　　　表 5-7

序号	分部工程或费用名称	单位	工程量	扩大单价/元	合价/元
1	基础工程	10m³	250	3600	900000
2	混凝土及钢筋混凝土	10m³	260	7800	2028000
3	砌筑工程	10m³	470	3900	1833000
4	地面工程	100m²	54	2400	129600
5	楼面工程	100m²	90	2700	243000
6	屋面工程	100m²	60	5500	330000
7	门窗工程	100m²	65	9500	617500
8	石材饰面	10m²	150	3600	540000
9	脚手架	100m²	280	900	252000
10	措施	100m²	120	2200	264000
A	人、材、机费用小计	以上 9 项之和			7137100
B	管理费	A×15%			1070565
C	利润	(A+B)×8%			656613
D	增值税	(A+B+C)×10%			886428
	概算造价	A+B+C+D			9750706
	平方米造价/（元/m²）	9750706/12000			812.56

（2）概算指标法。

概算指标法是利用概算指标编制单位工程概算的方法，是用拟建的厂房、住宅的建筑面积（或体积）乘以技术条件相同或基本相同工程的概算指标，得出人工费、材料费、施工机具使用费合计，然后按规定计算出企业管理费、利润和增值税等，编制出单位工程概算的方法。

概算指标法的适用范围是设计深度不够，不能准确地计算出工程量，但工程设计技术比较成熟而又有类似工程概算指标可以利用。概算指标法主要适用初步设计概算编制阶段的建筑物工程土建、给水排水、暖通、照明等，以及较为简单或单一的构筑工程这类单位工程编制，计算出的费用精确度不高，往往只起到控制性作用。这是由于拟建工程（设计对象）往往与类似工程的概算指标的技术条件不尽相同，而且概算指标编制年份的设备、材料、人工等价格与拟建工程当时当地的价格也不会一样。如果想要提高精确度，需对指标进行调整。以下列举几种调整方法：

①设计对象的结构特征与概算指标有局部差异时的调整。

$$结构变化修正概算指标(元/m^2) = J + Q_1P_1 - Q_2P_2 \tag{5-10}$$

式中：J——原概算指标；

　　Q_1——概算指标中换入结构的工程量；

　　Q_2——概算指标中换出结构的工程量；

　　P_1——换入结构的单价指标；

　　P_2——换出结构的单价指标。

结构变化修正概算指标的人工、材料、机械数量

= 原概算指标的人工、材料、机械数量 + 换入结构件工程量 ×

相应定额人工、材料、机械消耗量 − 换出结构件工程量 ×

$$相应定额人工、材料、机械消耗量 \tag{5-11}$$

②设备、人工、材料、机械台班费用的调整。

设备、人工、材料、机械修正概算费用

= 原概算指标的设备、人工、材料、机械费用 +

$\sum$(换入设备、人工、材料、机械数量 × 拟建地区相应单价) −

$\sum$(换出设备、人工、材料、机械数量 ×

$$原概算指标设备人工、材料、机械单价) \tag{5-12}$$

以上两种方法，前者是直接修正结构件指标单价，后者是修正结构件指标工、料、机数量。

需要特别注意的是，换入部分与其他部分可能存在因建设时间、地点、经济政策等条件不同引起的价格差异。在进行指标修正时，要消除要素价格差异的影响，保证各部分价格是同条件下的可比价格。

【例 5-7】假设新建职工宿舍一座，其建筑面积为 3500m²，按当地概算指标手册查出同类土建工程单位造价 880 元/m²（其中人、材、机费为 650 元/m²），供暖工程 95 元/m²，给水排水工程 72 元/m²，照明工程 180 元/m²。但新建职工宿舍设计资料与概算指标相比较，其结构构件有部分变更。设计资料表明，外墙为 1.5 砖外墙，而概算指标中外墙为 1 砖墙。根据概算指标手册编制期采用的当地土建工程预算价格，外墙带形毛石基础的预算单价为 425.43 元/m³，1 砖外墙的预算单价为 642.50 元/m³，1.5 砖外墙的预算单价为 662.74 元/m³；概算指标中每 100m² 中含外墙带形毛石基础为 3m³，1 砖外墙为 14.93m³。新建工程设计资料表明，每 100m² 中含外墙带形毛石基础为 4m³，1.5 砖外墙为 22.7m³。根据当地造价主管部门颁布的新建项目土建、供暖、给水排水、照明等专业工程造价综

合调整系数分别为：1.25、1.28、1.23、1.30。

试计算：每平方米土建工程修正概算指标，该新建职工宿舍设计概算金额。

【解】

①土建工程结构变更人、材、机费用修正指标计算，如表 5-8 所示。

结构变化引起的单价调整　　　　　　　　　　　　　　　　　表 5-8

序号	结构名称	单位	数量（m³）	单价/（元/m³）	单位面积价格/（元/m²）
	土建工程单位面积造价				650
1	换出部分				
1.1	外墙带形毛石基础	m³	0.03	425.43	12.76
1.2	砖外墙	m²	0.1493	642.5	95.93
	换出合计	元			108.69
2	换入部分				
2.1	外墙带形毛石基础	m³	0.04	425.43	17.02
2.2	砖外墙	m³	0.227	662.74	150.44
	换入合计	元			167.46

土建工程单位面积人、材、机费用修正指标：$650 - 108.69 + 167.46 = 708.77$（元/m²）

②每平方米土建工程修正概算指标：$708.77 \times 880/650 \times 1.25 = 1199.46$（元/m²）

③该新建职工宿舍设计概算金额：

$(1199.46 + 95 \times 1.28 + 72 \times 1.23 + 180 \times 1.30) \times 3500 = 5752670$（元）

（3）类似工程预算法。

类似工程预算法是利用技术条件相类似工程的预算或结算资料，编制拟建单位工程概算的方法。类似工程预算法适用于拟建工程设计与已完工程或在建工程的设计相类似而又没有可用的概算指标时采用，但必须对建筑结构差异和价差进行调整。建筑结构差异的调整方法与概算指标法的调整方法相同，类似工程造价的价差调整有两种方法：

①类似工程造价资料有具体的人工、材料、机械台班的用量时，可按类似工程预算造价资料中的主要材料用量、工日数量、机械台班用量乘以拟建工程所在地的主要材料预算价格、人工单价、机械台班单价，计算出人才机费用合计，再计取相关费税，即可得出所需的造价指标。

②类似工程预算成本包括人工费、材料费、施工机具使用费和其他费（指管理等成本支出）时，可按下面公式调整：

$$D = A \cdot K \tag{5-13}$$

$$K = a\%K_1 + b\%K_2 + c\%K_3 + d\%K_4 \tag{5-14}$$

式中：　　　　　　D——拟建工程成本单价；

　　　　　　　　　A——类似工程成本单价；

　　　　　　　　　K——成本单价综合调整系数；

$a\%$、$b\%$、$c\%$、$d\%$——类似工程预算的人工费、材料费、施工机具使用费、其他费占预算造价的比重，如：$a\%$ = 类似工程人工费(或工资标准)/类似工程预算造价 × 100%，$b\%$、$c\%$、$d\%$类同；

　　K_1、K_2、K_3、K_4——拟建工程地区与类似工程预算造价在人工费、材料费、施工机具使用费和其他费之间的差异系数，如：K_1 = 拟建工程概算的人工费(或工资标准)/类似工程预算人工费(或地区工资标准)，K_2、K_3、K_4类同。

【例 5-8】新建一幢教学大楼，建筑面积为 6000m²，根据下列类似工程施工图预算的有关数据，试用类似工程预算编制概算。已知数据如下：

（1）类似工程的建筑面积为 4600m²，预算成本 7856200 元。

（2）类似工程各种费用占预算成本的权重是：人工费 20%、材料费 57%、施工机具使用费 12%、其他费 11%。

（3）拟建工程地区与类似工程地区造价之间的差异系数为K_1 = 1.03、K_2 = 1.04、K_3 = 0.98、K_4 = 1.05。

（4）利润和增值税率 18%。

根据上述条件，采用类似工程预算法计算拟建工程概算造价。

【解】

（1）综合调整系数为：$K = 20\% × 1.03 + 57\% × 1.04 + 12\% × 0.98 + 11\% × 1.05 = 1.032$

（2）类似工程预算单位面积成本为：7856200/4600 = 1707.87（元/m²）

（3）拟建教学楼工程单位面积概算成本为：1707.87 × 1.032 = 1762.52（元/m²）

（4）拟建教学楼工程单位面积概算造价为：1762.52 × (1 + 18%) = 2079.77（元/m²）

（5）拟建教学楼工程的概算造价为：2079.77 × 6000 = 12478620（元）

2）设备及安装单位工程概算的编制方法

设备及安装工程概算包括设备购置费概算和设备安装工程费概算两大部分。

（1）设备购置费概算。

设备购置费是根据初步设计的设备清单计算出设备原价，并汇总求出设备总原价，然后按有关规定的设备运杂费率乘以设备总原价,两项相加即为设备购置费概算。

有关设备原价、运杂费和设备购置费的计算方法见第 3 章第 4 节的介绍。

(2)设备安装工程费概算的编制方法。

《建设项目设计概算编审规程》CECA/GC 2—2015 规定:设备及安装工程概算按构成单位工程的主要分部分项工程编制,根据初步设计工程量按工程所在省、自治区、直辖市颁布的概算定额(指标)或行业概算定额(指标),以及工程费用定额计算。当概算定额或指标不能满足概算编制要求时,应编制"补充单位估价表"。设备安装工程费概算的编制方法应根据初步设计深度和要求所明确的程度而采用,主要编制方法有:

①预算单价法。当初步设计较深,有详细的设备和具体满足预算定额工程量清单时,可直接按工程预算定额单价编制安装工程概算,或者对于分部分项组成简单的单位工程也可采用工程预算定额单价编制概算,编制程序基本同于施工图预算编制。该方法具有计算比较具体、精确性较高的优点。

②扩大单价法。当初步设计深度不够,设备清单不完备,只有主体设备或仅有成套设备重量时,可采用主体设备、成套设备的综合扩大安装单价来编制概算。

上述两种方法的具体操作与建筑工程概算相类似。

③设备价值百分比法,也称安装设备百分比法。当设计深度不够,只有设备出厂价而无详细规格、重量时,安装费可按占设备费的百分比计算。其百分比值(即安装费率)由相关主管部门制定或由设计单位根据已完类似工程确定。该法常用于价格波动不大的定型产品和通用设备产品,计算公式为:

$$设备安装费 = 设备原价 \times 安装费率(\%) \tag{5-15}$$

④综合吨位指标法。当设计文件提供的设备清单有规格和设备重量时,可采用综合吨位指标编制概算,综合吨位指标由主管部门或由设计院根据已完类似工程资料确定。该法常用于设备价格波动较大的非标准设备和引进设备的安装工程概算,或者安装方式不确定,没有定额或指标计算公式为:

$$设备安装费 = 设备吨重 \times 每吨设备安装费指标(元/t) \tag{5-16}$$

2. 单项工程综合概算的编制方法

(1)单项工程综合概算的含义

单项工程综合概算(以下简称综合概算)是以初步设计文件为依据,在单位工程概算的基础上汇总单项工程费用的成果文件,是设计概算书的组成部分。

(2)单项工程综合概算的内容

综合概算是以单项工程所包括的各个单位工程概算为基础,采用"综合概算表"

（表5-9）进行汇总编制而成。综合概算表由建筑工程和设备及安装工程两大部分组成。

综合概算表　　　　　　　　　　　　　　表 5-9

综合概算编号：　　　　　　　工程名称（单项工程）：　　　　　　单位：万元　共　　页　第　　页

序号	概算编号	工程项目或费用名称	设计规模或主要工程量	建筑工程费	设备购置费	安装工程费	合计	其中：引进部分	
								美元	折合人民币
一		主要工程							
1		×××							
2		×××							
二		辅助工程							
1		×××							
2		×××							
三		配套工程							
1		×××							
2		×××							
		单项工程概算费用合计							

编制人：　　　　　　　　审核人：　　　　　　　　　审定人：

3. 建设项目总概算的编制方法

1）建设项目总概算的含义

总概算是确定一个完整建设项目概算总投资的文件（以下简称总概算），是在设计阶段对建设项目投资总额度的概算，是设计概算的最终汇总性造价文件。一般来说，一个完整的建设项目应按三级编制设计概算（单位工程概算→单项工程综合概算→建设项目总概算）。对于建设单位仅增建一个单项工程项目时，可不需要编制综合概算，直接编制总概算，也就是按二级编制设计概算（单位工程概算→单项工程总概算）。

2）建设项目总概算的内容

总概算文件应包括：编制说明、总概算表、各单项工程综合概算书、工程建设其他费用概算表、主要建筑安装材料汇总表。独立装订成册的总概算文件宜加封面、签署页（扉页）和目录。

（1）编制说明。

总概算编制说明一般应包括以下主要内容：

①项目概况：简述建设项目的建设地点、建设规模、建设性质（新建、扩建或改建）、

工程类别、建设期限（年限）、主要工程内容、主要工程量、主要工艺设备及数量等。

②主要技术经济指标：项目概算投资（有引进技术设备的给出所需外汇额度）及主要分项投资、主要单位投资（万元/m²、万元/m³、万元/t、万元/km、万元/套）等技术经济指标。

③资金来源：按资金来源不同渠道分别说明，发生资产租赁的说明租赁方式及租金。

④编制依据：说明概算主要编制依据。

⑤其他需要说明的问题。

⑥总说明附表（包括建筑、安装工程费用计算表、引进设备材料清单及从属费用计算表、具体建设项目概算要求的其他附表及附件）。

编制说明应针对具体项目的独有特征进行阐述，编制依据应符合国家法律法规和各级政府部门、行业颁布的规定制度，应符合现行的金融、财务、税收制度，应符合国家或建设项目所在地政府经济发展政策和规划；编制说明还应对概算存在的问题和一些其他相关的问题进行说明，比如不确定因素、没有考虑的外部衔接等问题。

（2）总概算表。

采用三级编制形式的总概算见表 5-10，采用二级编制形式的总概算见表 5-11。

总概算表（三级编制形式）　　　　表 5-10

总概算编号：　　　　　　　　工程名称（单项工程）：　　　　单位：万元　共　　页　第　　页

序号	概算编号	工程项目费用名称	建筑工程费	设备购置费	安装工程费	其他费用	合计	其中：引进部分		占总投资比例/%
								美元	折合人民币	
一		工程费用								
1		主要工程								
		×××								
		×××								
2		辅助工程								
		×××								
3		配套工程								
		×××								
二		其他费用								
1		×××								
2		×××								
三		预备费								

序号	概算编号	工程项目费用名称	建筑工程费	设备购置费	安装工程费	其他费用	合计	其中：引进部分		占总投资比例/%
								美元	折合人民币	
四		专项费用								
1		×××								
2		×××								
		建设工程概算总投资								

编制人：　　　　　　　　　审核人：　　　　　　　　　审定人：

总概算表（二级编制形式）　　　　　　　表 5-11

总概算编号：　　　　　　工程名称（单项工程）：　　　　　单位：万元　共　页　第　页

序号	概算编号	工程项目或费用名称	设计规模或主要工程量	建筑工程费	设备购置费	安装工程费	其他费用	合计	其中：引进部分		占总投资比例/%
									美元	折合人民币	
一		工程费用									
1		主要工程									
		×××									
		×××									
2		辅助工程									
		×××									
3		配套工程									
		×××									
二		其他费用									
1		×××									
2		×××									
三		预备费									
四		专项费用									
1		×××									
2		×××									
		建设工程概算总投资									

编制人：　　　　　　　　　审核人：　　　　　　　　　审定人：

编制时需注意：

①工程费用按单项工程综合概算组成编制采用二级编制的按单位工程概算组成编

制。市政民用建设项目一般排列顺序为：主体建（构）筑物、辅助建（构）筑物、配套系统。工业建设项目一般排列顺序为，主要工艺生产装置、辅助工艺生产装置、公用工程、总图运输、生产管理服务性工程、生活福利工程、厂外工程。

②其他费用一般按其他费用概算顺序列项。主要包括建设用地费、建设管理费、勘察设计费、可行性研究费、环境影响评价费、劳动安全卫生评价费、场地准备及临时设施费、工程保险费、联合试运转费、生产准备及开办费、特殊设备安全监督检验费、市政公用设施建设及绿化补偿费、引进技术和引进设备材料其他费、专利及专有技术使用费、研究试验费等。

③预备费包括基本预备费和价差预备费。基本预备费以总概算第一部分"工程费用"和第二部分"其他费用"之和为基数的百分比计算，价差预备费计算公式见本章第 2 节。

④应列入项目概算总投资中的几项费用一般包括建设期利息、铺底流动资金等。

5.3.4　设计概算文件的组成

设计概算文件是设计文件的组成部分，概算文件编制成册应与其他设计技术文件统一。概算文件主要由封面、扉页（签署页）、目录、编制说明、总概算表、工程建设其他费计算表、单项工程综合概算书、单位工程概算书等组成，具体应根据概算编制形式确定。封面应有建设项目名称，编制单位、编制日期及第几册共几册内容，扉页应有项目名称、编制单位、单位资质证书号、技术负责人、审核人和主要编制人的署名及证章。概算文件的编制说明应对建设项目的基本情况，概算编制的主要依据、主要经济指标等进行说明，具体应包括以下内容：

（1）工程概况。简述建设项目的建设地点、设计规模、建设性质（新建、扩建或改建）和项目主要特征。

（2）编制依据。批准的项目建议书或可行性研究报告及其他有关文件，具体说明概算编制所依据的设计图纸及有关文件，采用的定额、人工、主要材料和机械费用的依据或来源，各项费用确定的依据及编制方法。

（3）概算编制范围，总概算中所包括和不包括的工程项目（费用）。由几个单位共同设计和编制概算的，应说明分工编制情况。

（4）主要技术经济指标。单位面积（功能）经济参数，钢材、木材、水泥、商品砂浆、商品混凝土等主要材料的总用量。

（5）资金筹措及分年度使用计划，如使用外汇，应说明使用外汇的种类、折算汇率及外汇的使用条件。

（6）总概算价及各项费用的构成，说明概算的总金额、工程费用、工程建设其他费用、预备费及列入项目概算总投资中的相关费用，并对比项目建议书或可行性研究报告的投资估算价。

（7）其他与概算有关但不能在表格中反映的事项和必要的说明。

5.3.5　设计概算的审查

1. 审查设计概算的意义

设计概算编制完成后，需要经过全面、系统、认真的审查。设计概算审查的意义如下：

（1）有利于合理分配投资资金、加强投资计划管理，有助于合理确定和有效控制工程造价。设计概算编制偏高或偏低不仅影响工程造价的控制，也会影响投资计划的真实性，影响投资资金的合理分配。

（2）有利于促进概算编制单位严格执行国家有关概算的编制规定和费用标准，从而提高概算的编制质量。

（3）有利于促进设计的技术先进性与经济合理性。概算中的技术经济指标，是概算的综合反映，与同类工程对比，便可找出它的先进与合理程度。

（4）有利于核定建设项目的投资规模，可以使建设项目总投资力求做到准确、完整，防止任意扩大投资规模或出现漏项，从而减少投资缺口，缩小概算与预算之间的差距，避免故意压低概算投资，搞"钓鱼"项目，最后导致实际造价大幅度地突破概算。

（5）有利于为建设项目投资的落实提供可靠的依据。打足投资，不留缺口，有助于提高建设项目的投资效益。

2. 设计概算的审查内容

1）审查设计概算的编制依据

（1）审查编制依据的合法性。采用的各种编制依据必须经过国家和授权机关的批准，符合国家有关的编制规定，未经批准的不能采用。不能强调情况特殊，擅自提高概算定额、指标或费用标准。

（2）审查编制依据的时效性。各种依据，如定额、指标、价格、取费标准等都应根据国家有关部门的现行规定进行，注意有无调整和新的规定，如有，应按新的调整办法和规定执行。

（3）审查编制依据的适用范围。各种编制依据都有规定的适用范围，如各主管部门规定的各种专业定额及其取费标准，只适用于该部门的专业工程；各地区规定的各种定额及其取费标准，只适用于该地区范围内，特别是地区的材料预算价格区域性更强，如某市有该市区的材料预算价格，又编制了郊区内一个矿区的材料预算价格，在编制该矿区某工程概算时，应采用该矿区的材料预算价格。

2）审查概算编制深度

（1）审查编制说明。审查编制说明可以检查概算的编制方法、深度和编制依据等重大原则问题，若编制说明有差错，具体概算必有差错。

（2）审查概算编制深度。一般大中型项目的设计概算应有完整的编制说明和"三级概算"（即总概算表、单项工程综合概算表、单位工程概算表），并按有关规定的深度进行编制。审查是否有符合规定的"三级概算"，各级概算的编制、核对、审核是否按规定签署，有无随意简化，有无把"三级概算"简化为"二级概算"。

（3）审查概算的编制范围。审查概算编制范围及具体内容是否与主管部门批准的建设项目范围及具体工程内容一致；审查分期建设项目的建筑范围及具体工程内容有无重复交叉，是否重复计算或漏算；审查其他费用应列的项目是否符合规定，静态投资、动态投资和经营性项目铺底流动资金是否分别列出等。

3）审查概算的内容

（1）审查概算的编制是否符合国家的方针、政策，是否根据工程所在地的自然条件编制。

（2）审查建设规模（投资规模、生产能力等）、建设标准（用地指标、建筑标准等）、配套工程、设计定员等是否符合原批准的可行性研究报告或立项批文的标准。对总概算投资超过批准投资估算 10%以上的，应查明原因，重新上报审批。

（3）审查编制方法、计价依据和程序是否符合现行规定，包括定额或指标的适用范围和调整方法是否正确；补充定额或指标的项目划分、内容组成、编制原则等是否与现行的定额规定相一致等。

（4）审查工程量是否正确，工程量的计算是否根据初步设计图纸、概算定额、工程量计算规则和施工组织设计的要求进行，有无多算、重算和漏算，尤其对工程量大、造价高的项目要重点审查。

（5）审查材料用量和价格，审查主要材料（钢材、木材、水泥、砖）的用量数据是否正确，材料预算价格是否符合工程所在地的价格水平，材料价差调整是否符合现行规定及其计算是否正确等。

（6）审查设备规格、数量和配置是否符合设计要求，是否与设备清单相一致，设备预算价格是否真实，设备原价和运杂费的计算是否正确，非标准设备原价的计价方法是否符合规定，进口设备的各项费用的组成及其计算程序、方法是否符合国家主管部门的规定。

（7）审查建筑安装工程的各项费用的计取是否符合国家或地方有关部门的现行规定，计算程序和取费标准是否正确。

（8）审查综合概算、总概算的编制内容、方法是否符合现行规定和设计文件的要求，有无设计文件外项目，有无将非生产性项目以生产性项目列入。

（9）审查总概算文件的组成内容，是否完整地包括了建设项目从筹建到竣工投产为止的全部费用组成。

（10）审查工程建设其他费用项目，这部分费用内容多、弹性大，约占项目总投资15%～25%，要按照国家和地区规定逐项审查，不属于总概算范围的费用项目不能列入概算，具体费率或计取标准是否按国家、行业有关部门规定计算，有无随意列项、有无多列、交叉计列和漏项等。

（11）审查项目的"三废"治理。拟建项目必须同时安排"三废"（废水、废气、废渣）的治理方案和投资，对于未做安排或漏项或多算、重算的项目，要按照国家有关规定核实投资，以满足"三废"排放达到国家标准。

（12）审查技术经济指标，技术经济指标计算方法和程序是否正确，综合指标和单项指标与同类型工程指标相比是偏高还是偏低，其原因是什么，并予以纠正。

（13）审查投资经济效果，设计概算是初步设计经济效果的反映，要按照生产规模、工艺流程、产品品种和质量，从企业的投资效益和投产后的运营效益全面分析，是否达到了先进可靠、经济合理的要求。

3.审查设计概算的方法

（1）对比分析法

对比分析法主要是通过建设规模、标准与立项批文对比，工程数量与设计图纸对比，综合范围、内容与编制方法、规定对比，各项取费与规定标准对比，材料、人工单价与统一信息对比，引进设备、技术投资与报价要求对比，技术经济指标与同类工程对比等。通过以上对比，发现设计概算存在的主要问题和偏差，为解决问题和纠偏提供前提条件。

（2）查询核实法

查询核实法是对一些关键设备和设施、重要装置、引进工程图纸不全、难以核算的较大投资进行多方查询核对、逐项落实的方法。主要设备的市场价向设备采购部门或招标公司查询核实，重要生产装置、设施向同类企业（工程）查询了解，引进设备价格及有关费税向进出口公司调查落实，复杂的建筑安装工程向同类工程的建设、承包、施工单位征求意见，深度不够或不清楚的问题直接向原概算编制人员、设计者询问清楚。

（3）联合会审法

联合会审前，可先采取多种形式分头审查，包括设计单位自审，主管、建设、承包单位初审，工程造价咨询公司评审，邀请同行专家预审，审批部门复审等，经层层审查把关后，由有关单位和专家进行联合会审。在会审大会上，由设计单位介绍概算编制情况及有关问题，各有关单位、专家汇报初审、预审意见。然后进行认真分析、讨论，结合对各专业技术方案的审查意见所产生的投资增减，逐一核实原概算出现的问题。经过充分协商，认真听取设计单位意见后，实事求是地处理和调整。

对审查中发现的问题和偏差，按照单位工程概算、综合概算、总概算的顺序，按设备费、安装费、建筑费和工程建设其他费用分类整理。然后按照静态投资、动态投资和铺底流动资金三大类，汇总核增或核减的项目及其投资额。最后将具体审核数据，按照"原编概算""增减投资""增减幅度""调整原因"四栏列表，并按照原总概算表汇总顺序，将增减项目逐一列出，相应调整所属项目投资合计，再依次汇总审核后的总投资及增减投资额。对于差错较多、问题较大或不能满足要求的，责成编制单位按审查意见修改后，重新报批。

4.设计概算的批准

经审查合格后的设计概算提交审批部门复核，复核无误后以文件的形式正式下达审批概算。

5.3.6　设计概算的调整

批准后的设计概算一般不得调整。由于以下原因引起的设计和投资变化可以调整概算，但要严格按照调整概算的有关程序执行。

（1）超出原设计范围的重大变更。凡涉及建设规模、产品方案、总平面布置、主要工艺流程、主要设备型号规格、建筑面积、设计定员等方面的修改，必须由原批准立项单位认可，原设计审批单位复审，经复核批准后方可变更。

（2）超越基本预备费规定范围，不可抗拒的重大自然灾害引起的工程变动或费用增加。

（3）超出工程造价调整预备费，属国家重大政策性变动因素引起的调整。

由于上述原因需要调整概算时，应当由建设单位调查分析变更原因报主管部门，审批同意后，由原设计单位核实编制调整概算并按有关审批程序报批。由于设计范围的重大变更而需调整概算时，还需要重新编制可行性研究报告。经论证评审可行审批后，才能调整概算。建设单位自行扩大建设规模、提高建设标准等而增加费用不予调整。

需要调整概算的工程项目以及影响工程概算的主要因素已经清楚，工程量完成了一定量后方可进行调整，一个工程只允许调整一次概算。

调整概算编制深度与要求、文件组成及表格形式同原设计概算，调整概算还应对工程概算调整的原因做详尽分析说明，所调整的内容在调整概算总说明中要逐项与原批准概算对比，并编制调整前后概算对比表（表5-12、表5-13），分析主要变更原因；当调整变化内容较多时，调整前后概算对比表，以及主要变更原因分析应单独成册，也可以与设计文件调整原因分析一起编制成册。在上报调整概算时，应同时提供原设计的批准文件、重大设计变更的批准文件、工程已发生的主要影响工程投资的设备和大宗材料采购合同等依据，作为调整概算的附件。

总概算对比表   表 5-12

总概算编号：　　　　　　　工程名称：　　　　　　　单位：万元　共　　页　第　　页

序号	工程项目或费用名称	原批准概算（1）					调整概算（2）					差额(2)−(1)	备注
		建筑工程费	设备购置费	安装工程费	其他费用	合计	建筑工程费	设备购置费	安装工程费	其他费用	合计		
一	工程费用												
1	主要工程												
	×××												
2	辅助工程												
	×××												
3	配套工程												
	×××												
二	其他费用												
1	×××												
三	预备费												
四	专项费用												
1	×××												
	建设工程概算总投资												

编制人：　　　　　　　　　　审核人：

综合概算对比表　　　　　　　　　　　　　　表 5-13

总概算编号：　　　　　　　　工程名称：　　　　　　　　单位：万元　共　　页　第　　页

序号	工程项目或费用名称	原批准概算（1）				调整概算（2）				差额（2）－（1）	调整的主要原因
		建筑工程费	设备购置费	安装工程费	合计	建筑工程费	设备购置费	安装工程费	合计		
一	主要工程										
1	×××										
2	×××										
二	辅助工程										
1	×××										
2	×××										
三	配套工程										
1	×××										
2	×××										
	单项工程费用概算合计										

编制人：　　　　　　　　审核人：

第 4 节　施工图预算的编制

5.4.1　施工图预算的概念与作用

1. 施工图预算的概念

施工图预算是以施工图设计文件为依据，按照规定的程序和方法，在工程施工前对工程项目的工程费用进行的预测与计算。施工图预算的成果文件称为施工图预算书，简称施工图预算。

2. 施工图预算的作用

建筑安装工程是以施工图预算确定工程造价的，并以此为基础进行施工招标投标、签约施工合同和结算工程价款。它对参与建设工程各方有不同的作用。

1）施工图预算对设计方的作用

设计单位是通过施工图预算来检验设计方案的经济合理性。其作用有：

（1）根据施工图预算进行控制投资。根据工程造价的控制要求，施工图预算不得超过设计概算，设计单位完成施工图设计后一般要将施工图预算与设计概算对比，突破概算时要决定该设计方案是否实施或需要修正。

（2）根据施工图预算调整、优化设计方案。设计方案确定后一般以施工图预算作为其经济指标，通过对设计方案进行技术经济分析与评价，寻求进一步调整、优化设计方案。

2）施工图预算对投资方的作用

投资单位是通过施工图预算控制工程投资。其作用有：

（1）是在设计阶段为建设全过程控制工程造价的依据，是控制工程投资不突破设计概算的重要环节。

（2）是建设工程资金合理安排计划的依据。投资方按施工图预算进行筹集建设资金，合理安排建设资金计划，确保建设资金的有效使用，保证项目建设顺利进行。

（3）是确定工程招标限价（或标底）的依据。建筑安装工程的招标限价（或标底）可按照施工图预算进行调整后确定。招标限价（或标底）通常是在施工图预算的基础上考虑工程的特殊施工措施、工程质量要求、目标工期、招标工程范围以及自然条件等因素进行编制的。

（4）是作为确定施工合同价，支付工程进度款和办理工程结算的基础。

3）施工图预算对施工方的作用

施工方将施工图预算作为工程投标和控制分包工程合同价的基础。其作用有：

（1）是投标报价的基础。在激烈的建筑市场竞争中，建筑施工企业需要根据施工图预算，并结合企业的投标策略，确定投标报价。

（2）是签订总包合同和分包施工合同的依据。总承包施工方与建设方签订施工合同时，对合同中的关于工程价款的相关条款的确认，是以施工图预算作为依据。同样，总包施工方与各专业分包方在施工图预算基础上，考虑工程变更可能发生的费用与各种风险因素，采取增加系数后的工程造价进行分包。

（3）施工图预算是安排调配施工力量、组织材料设备供应的依据。施工方在施工前，可以通过对施工图预算的工、料、机分析，编制资源计划；组织材料进场计划；机具、设备和劳动力安排计划；编制进度计划；进行经济核算并考核经营成果。

（4）施工图预算是控制工程成本的依据。根据施工图预算确定的中标价格是施工方收取工程款的依据，企业只有合理利用各项资源，采取先进技术和管理方法，将成本控制在施工图预算价格以内，才能获得良好的经济效益。

（5）施工图预算是进行"两算"对比的依据。可以通过施工预算与施工图预算对比分析，找出施工成本偏差过大的分部分项工程，调整施工方案，降低施工成本。

4）施工图预算对其他有关方的作用

（1）对于造价咨询方，能够客观、准确地编制施工图预算，不仅体现企业的技术和管理能力，而且能够保证企业信誉和提高市场竞争力。

（2）对于工程项目管理和监理等中介服务方，是为业主方提供投资控制咨询服务的依据。

（3）对于工程造价管理部门，施工图预算是监督、检查合同执行情况、测算造价指数以及审定工程招标限价（或标底）的重要依据。

（4）对于仲裁、司法机关，施工合同执行过程中发生经济纠纷，施工图预算是调解、处理和解决问题的依据。

5.4.2　施工图预算编制内容及依据

1. 施工图预算编制内容

施工图预算分为单位工程施工图预算、单项工程施工图预算和建设项目总预算。单位工程施工图预算，简称单位工程预算，是根据施工图设计文件、现行预算定额、单位估价表、费用定额以及人工、材料、设备、机械台班等预算价格资料，以单位工程为对象编制的建筑安装工程费用施工图预算；然后以单项工程为对象，汇总所包含的各个单位工程施工图预算，成为单项工程施工图预算（简称单项工程预算）；再以建设项目为对象，汇总所包含的各个单项工程施工图预算和工程建设其他费用估算，形成最终的建设项目总预算。

单位工程预算包括建筑工程预算和设备安装工程预算。建筑工程预算按其工程性质分为土建工程预算、装饰装修工程预算、给水排水工程预算、供暖通风工程预算、煤气工程预算、电气照明工程预算、弱电工程预算、特殊构筑物（如炉窑等工程预算和工业管道工程预算）等。设备安装工程预算可分为机械设备安装工程预算、电气设备安装工程预算和热力设备安装工程预算等。

2. 施工图预算编制依据

（1）国家、行业和地方政府主管部门颁布的有关工程建设和造价管理的法律法规和规定。

（2）经过批准和会审的施工图设计文件，包括设计说明书、设计图纸及采用的标准图、图纸会审纪要、设计变更通知单及经建设主管部门批准的设计概算文件。

（3）工程地质、水文、地貌、交通、环境及标高测量等勘察、勘测资料。

（4）《建设工程工程量清单计价标准》GB/T 50500—2024 和专业工程工程量计算规范或预算定额（单位估价表）、地区材料市场与预算价格等相关信息以及颁布的人、材、机预算价格，工程造价信息，取费标准，政策性调价文件等。

（5）新结构、新材料、新工艺、新设备在定额中缺项时，按规定编制的补充预算定额，也是编制施工图预算的依据。

（6）合理的施工组织设计文件和施工方案等文件。

（7）招标文件、工程合同或协议书。它明确了施工单位承包的工程范围，应承担的责任、权利和义务。

（8）项目有关的设备、材料供应合同、价格及相关说明书。

（9）项目的技术复杂程度，以及新技术、专利使用情况等。

（10）项目所在地区有关的全年季节性气候分布和最高最低气温、最大降雨降雪和最大风力等气象条件。

（11）项目所在地区有关的经济、人文等社会条件。

（12）预算工作手册、常用的各种数据、计算公式、材料换算表、常用标准图集及各种必备的工具书。

5.4.3 施工图预算的编制方法

1. 施工图预算的编制方法综述

施工图预算是按照单位工程→单项工程→建设项目，逐级编制和汇总的。施工图预算编制的关键是在于单位工程施工图预算。

施工图预算的编制可以采用工料单价法和综合单价法。工料单价法是指分部分项工程的工料机单价，以分部分项工程量乘以对应工料单价汇总后另加企业管理费、利润、税金生成单位工程施工图预算造价。按照分部分项工程单价产生的方法不同，工料单价法又可以分为预算单价法和实物量法。而综合单价法是适应市场经济条件的工程量清单计价模式下的施工图预算编制方法。

本章仅介绍施工图预算编制的实物量法。

2. 实物量法

用实物量法编制单位工程施工图预算，就是根据施工图计算出各分部分项工程量，分别乘以地区定额中人工、材料、施工机械台班的定额消耗量，分类汇总得出该单位工程所需的全部人工、材料、施工机械台班消耗数量，然后再乘以当时当地人工工日单价、各种材料单价、施工机械台班单价，求出相应的人工费、材料费、施工机具使用费。企业管理费、利润及增值税等费用计取方法与预算单价法相同。

$$人工费 = 综合工日消耗量 \times 综合工日单价 \tag{5-17}$$

$$材料费 = \sum(各种材料消耗量 \times 相应材料单价) \tag{5-18}$$

$$施工机具使用费 = \sum(各种机械消耗量 \times 相应机具台班单价) \tag{5-19}$$

实物量法的优点是能比较及时地将反映各种人工、材料、机械的当时当地市场单价计入预算价格，不需调价，反映当时当地的工程价格水平。

实物量法编制施工图预算的基本步骤如下：

（1）编制前的准备工作。全面收集各种人工、材料、机械台班的当时当地的市场价格。包括不同品种、规格的材料预算单价，不同工种、等级的人工工日单价，不同种类、型号的施工机械台班单价等。要求获得的各种价格应全面、真实和可靠。

（2）熟悉图纸等设计文件和预算定额。

（3）了解施工组织设计和施工现场情况。

（4）划分工程项目和计算工程量。

（5）套用定额消耗量，计算人工、材料、机械台班消耗量。根据地区定额中人工、材料、施工机械台班的定额消耗量，乘以各分项工程的工程量，分别计算出各分项工程所需的各类人工工日数量、各类材料消耗数量和各类施工机械台班数量。

（6）计算并汇总单位工程的人工费、材料费和施工机具使用费。在计算出各分部分项工程的各类人工工日数量、材料消耗数量和施工机械台班数量后，先按类别相加汇总求出该单位工程所需的各种人工、材料、施工机械台班的消耗数量，再分别乘以当时当地相应人工、材料、施工机械台班的实际市场单价，即可求出单位工程的人工费、材料费、施工机具使用费。

（7）计算其他费用，汇总工程造价。有关费率根据建设市场的供求情况确定。将人工费、材料费、施工机具使用费、企业管理费、利润和增值税等汇总即为单位工程预算造价。

5.4.4　施工图预算的文件组成

施工图预算文件应由封面、签署页及目录、编制说明、建设项目总预算表、其他费用计算表、单项工程综合预算表、单位工程预算表等组成。其中编制说明的内容包括：

（1）编制依据。包括设计文件全称、设计单位、定额名称、在计算中所依据的其他文件名称和文号、施工方案主要内容等。

（2）图纸变更情况。合同内施工图变更的部位和名称，合同外变更处理的构部件名称，图纸会审或施工现场需要说明的有关问题。

（3）执行定额的有关问题。按定额要求预算中已考虑和未考虑的有关问题；因定额缺项预算中补充或借用定额情况说明；甲乙双方协商的有关新增单价问题。

总预算表、其他费用计算表、单项工程综合预算表、单位工程预算表等组成格式，可参见设计概算部分相关内容介绍。

5.4.5　施工图预算的审查

1. 审查施工图预算的意义

施工图预算编制完成后，需要认真进行全面、系统的审查。施工图预算审查的意义如下：

（1）有利于合理确定和有效控制工程造价，克服和防止预算超概算现象发生。

（2）有利于加强固定资产投资管理，合理使用建设资金。

（3）有利于施工承包合同价的合理确定和控制。因为施工图预算对于招标工程，它是编制招标限价、投标报价、签订工程承包合同价、结算合同价款的基础。

（4）有利于积累和分析各项技术经济指标，不断提高设计水平。通过审查工程预算，核实了预算价值，为积累和分析技术经济指标提供了准确数据，进而通过有关指标的比较，找出设计中的薄弱环节，以便及时改进，不断提高设计水平。

2. 施工图预算审查的内容

施工图预算的审查工作应从工程量计算、预算定额套用、设备材料预算价格确定等是否正确，各项费用标准是否符合现行规定，采用的标准规范是否合理，施工组织设计及施工方案是否合理等几方面进行。

1）工程量的审查

工程量计算是施工图预算的基础，也是施工图预算审查起点。按照施工图预算编制依据的工程量计算规则，逐项审查各分部分项工程、单价措施项目工程量计算的准确性。

2）审查设备、材料的预算价格

设备、材料费用是施工图预算造价中所占比重最大的，一般占 50%～70%，市场上同种类设备或材料价格差别往往较大，应当重点审查。

（1）审查设备、材料的预算价格是否符合工程所在地的真实价格及价格水平。若是采用市场价，要核实其真实性、可靠性；若是采用有关部门公布的信息价，要注意信息价的时间、地点是否符合要求，是否要按规定调整等。

（2）设备、材料的原价确定方法是否正确。定做加工的设备或材料在市场上往往没有价格参考，要通过计算确定其价格，因此要审查价格确定方法是否正确。如对于非标准设备，要对其原价的计价依据、方法是否正确、合理进行审查。

（3）设备、材料的运杂费率及其运杂费的计算是否正确。预算价格的各项费用的计算方法是否符合规定，计算结果是否正确，引进设备、材料的从属费用计算是否合理、正确。

3）审查预算单价的套用

审查预算单价套用是否正确，应注意以下几个方面：

（1）各分部分项工程采用的预算单价是否与现行预算定额的预算单价相符，其名称、规格、计量单位和所包括的工程内容是否与设计的分部分项工程要求一致。

（2）审查换算的单价，首先要审查换算的预算单价是否属于定额中允许换算的，其次要审查换算方法和结果是否正确。

（3）审查补充定额和单位估价表的编制是否符合编制原则，单位估价表计算是否正确。补充定额和单位估价表是预算定额的重要补充，同时最容易产生偏差，因此要加强其审查工作。

4）审查有关费用项目及其取值

（1）措施费的计算是否符合有关的规定标准，企业管理费和利润的计取基础是否符合现行规定，有无不能作为计费基础的费用列入计费的基础。

（2）预算外调增的材料差价是否计取了企业管理费。人工费增减后，有关费用是否相应做了调整。

（3）有无巧立名目，乱计费、乱摊费用现象。

3. 施工图预算审查方法

施工图预算审查方法主要有全面审查法、标准预算审查法、分组计算审查法、对比审查法、筛选审查法、重点抽查法、利用手册审查法和分解对比审查法等多种。

1）全面审查法

全面审查法又称逐项审查法。是按预算定额顺序或施工的先后顺序，逐项全部进行审查的方法。其具体计算方法和审查过程与编制施工图预算基本相同。此方法的优点是全面、细致，经审查的工程预算差错比较少，质量比较高；缺点是工作量大。因而，对工程量比较小、工艺比较简单的工程，编制工程预算的技术力量又比较薄弱的，采用全面审查的相对较多。

2）标准预算审查法

对于采用标准图纸或通用图纸施工的工程，先集中力量，编制标准预算，以此为标准审查施工图预算。按标准图纸设计或通用图纸施工的工程，预算编制和造价基本相同，可集中力量细审一份预算或编制一份预算，作为这种标准图纸的标准预算，或以这种标准图纸的工程量为标准对照审查。对局部不同部分作单独审查即可。这种方法的优点是时间短、效果好；缺点是只适用于按标准图纸设计的工程，适用范围小，具有局限性。

3）分组计算审查法

分组计算审查法是一种加快审查工程量速度的方法，把预算中的项目划分为若干组，并把相邻且有一定内在联系的项目编为一组，审查或计算同一组中某个分项工程量，利用工程量之间具有相同或相似计算基础的关系，判断同组中其他几个分项工程量计算的准确程度的方法。

4）对比审查法

对比审查法是用已建工程的预算或虽未建成但已通过审查的工程预算，对比审查拟建工程预算的一种方法。这种方法一般适用于以下几种情况：

（1）拟建工程和已建工程采用同一套设计施工图，但基础部分及现场条件不同。则拟建工程除基础外的上部工程部分可采用与已建工程上部工程部分对比审查的方法。基础部分和现场条件不同部分，可采用其他方法进行审查。

（2）拟建工程和已建工程采用形式和标准相同的设计施工图，仅建筑面积规模不同。根据两个工程建筑面积之比与两个工程分部分项工程量之比基本一致的特点，可审查拟建工程各分部分项工程的工程量。或者用两个工程每平方米建筑面积造价或每平方米建筑面积的各分部分项工程量进行对比审查，如果基本相同时，说明拟建工程预算是正确的，反之，说明拟建工程预算有问题，找出差错原因加以更正。

（3）拟建工程和已建工程的面积规模、建筑标准相同，但部分工程内容设计不同时，相同的部分（如厂房中的柱子、房架、屋面、砖墙等）进行工程量的对比审查。因设计不同而不能直接对比的部分工程按图纸计算。

5）筛选审查法

建筑工程虽然有建筑面积和高度的不同，但是它们的各个分部分项工程的工程量、造价、用工量在每个单位面积上的数值变化不大，把已建工程的这些数据加以分析汇集，归纳为工程量、造价（价值）、用工三个单位面积基本数值分析表，并注明其适用的建筑标准。这些基本数值犹如"筛子孔"，用来筛选各分部分项工程，筛下去的就不审查了，没有筛下去的就意味着此分部分项的单位建筑面积数值不在基本数值范围之内，应对该分部分项工程详细审查。

筛选法的优点是简单易懂，便于掌握，审查速度和发现问题快，但解决差错、分析其原因需继续审查。

6）重点抽查法

选择工程结构复杂、工程量大或造价高的工程，重点审查其工程量、单价构成、各项费用计费基础及标准等。该方法的优点是重点突出，审查时间短、效果好。

7）利用手册审查法

把工程中常用的构件、配件，事先整理成预算手册。如工程常用的标准预制构配件、梁板、检查井、化粪池等内容几乎每个工程都有。把这些内容按标准设计图纸或图集计算出工程量，套上单价，编制成预算手册。利用这些手册对新建工程进行对照审查，可大大简化预算的审查工作量。

8）分解对比审查法

将拟建工程按人工费、材料费、施工机具使用费与企业管理费等进行分解，然后再把人工费、材料费、施工机具使用费按工种和分部工程进行分解，分别与审定的标准预算进行对比分析。这种方法叫分解对比审查法。分解对比审查法一般有如下三个步骤：

第一步，全面审查某种建筑的定型标准施工图或复用施工图的工程预算，经审定后作为审查其他类似工程预算的对比基础。而且将审定预算按人工费、材料费、施工机具使用费与应取费用分解成两部分，再把人工费、材料费、施工机具使用费分解为各工种工程和分部工程预算。

第二步，把待审的工程预算与同类型预算单位面积造价进行对比，若出入不在允许范围以内。再按分部分项工程进行分解，边分解边对比，对出入较大者进一步深入审查。

第三步，对比审查。

（1）经分析对比，如发现应取费用相差较大，应考虑建设项目的投资来源和工程类别及其取费项目、取费标准是否符合现行规定；材料调价相差较大，则应进一步审查《材料调价统计表》，将各种调价材料的用量、单位差价及其调增数量等进行对比。

（2）经过分解对比，如发现某项工程预算价格出入较大，首先审查差异出现机会较大的项目。然后，再对比其余各个分部工程，发现某一分部工程预算价格相差较大时，再进一步对比各分项工程或工程细目。在对比时，先检查所列工程细目是否正确，预算价格是否一致。发现相差较大者，再进一步审查所套预算单价，最后审查该项工程细目的工程量。

4.施工预算审查的步骤

1）审查前的准备工作

（1）熟悉施工图纸等设计文件。熟读施工图纸和设计说明，全面核对各专业图纸，清点图纸数量及各大样图，核准施工方送审的预算与全套施工图是否一一对应，并登记入册。无误后进入审核。

（2）了解预算包括的范围和现场施工环境。根据预算编制说明，了解预算包括的工程内容，如配套设施、室外管线、道路、清除各类障碍以及图纸会审的设计变更等。

（3）查验预算采用的单位估价表。任何单位估价表或预算定额都有一定的适用范围，应根据工程性质，审核熟悉相应的单价和综合单价对应的资料。

2）选择合适的审查方法，按相应内容审查

由于工程规模不同、施工工艺繁简程度不同和施工企业情况不同，所编制的工程预算内容也不同。因此需选择相对应的审查方法进行审查。

3）预算调整

在整理审查资料基础上，与编制单位交换意见，需要进行增加或核减的沟通达成共识后，进行相应的修正。定案后编制调整后的预算。

5. 施工图预算的批准

经审查合格后的施工图预算提交审批部门复核，复核无误后以文件的形式正式下达审批预算。政府投资项目建设投资原则上不得超过经核定的投资概算，因此，施工图总预算应控制在已批准的设计总概算投资范围以内。因国家政策调整、价格上涨、地质条件发生重大变化等原因确需增加投资概算的，项目单位应当提出调整方案及资金来源，按照规定的程序报原初步设计审批部门或者投资概算核定部门核定；涉及预算调整或者调剂的，依照有关预算的法律、行政法规和国家有关规定办理。

<hr />

真题训练

1. 以下关于造价偏差控制的描述，正确的是（　　　）。【单选题】
   A. 项目建议书的投资估算在±20%以内
   B. 方案设计的投资估算在±20%以内
   C. 初步设计的设计概算在±5%以内
   D. 施工图设计的施工图预算在±5%以内

【答案】C

2. 某地 2023 年拟建一座年产 30 万吨的钢铁厂，该地区 2019 年建成的年产 10 万吨相同产品的类似项目实际建设投资为 5000 万元，生产能力指数为 0.8，拟建项目造价综合调整系数为 1.25。则该项目的静态投资为（　　　）万元。【单选题】

A. 15000　　　　　B. 18750　　　　　C. 15051.4　　　　D. 15792.89

【答案】C

【解析】$C_2 = C_1 \times \left(\frac{Q_2}{Q_1}\right)^* \times f = 5000 \times \left(\frac{30}{10}\right)^{0.8} \times 1.25 = 15051.4$（万元）

3. 利用概算定额法编制概算的具体步骤如下：①列出分部工程的项目名称，并计算工程量；②确定各分部工程项目的概算定额单价；③计算人工、材料、机械费用；④计算单位工程概算造价；⑤编写概算编制说明。正确顺序是（　　　）。【单选题】

A. ⑤①②③④　　　　　　　　　B. ①②③④⑤
C. ⑤④①②③　　　　　　　　　D. ④①②③⑤

【答案】B

4. 某地 2023 年拟建一座年产 40 万吨的绿色纤维厂。该地区 2020 年建成的年产 25 万吨相同产品的类似项目实际建设投资为 6000 万元，2020 年和 2023 年该地区工程造价指数（定基指数）分别为 115、110。则该项目的静态投资是（　　　）万元。【单选题】

A. 9807.30　　　　　B. 10063.63　　　　　C. 9182.61　　　　D. 10036.36

【答案】C

【解析】已建类似项目的生产规模与拟建项目生产规模相差不大，Q_1 与 Q_2 的比值为 1.6，在 0.5～2.0 之间，则生产能力指数按 1 计算，所以该项目静态投资为

$$C_2 = C_1 \times \left(\frac{Q_2}{Q_1}\right)^x \times f = 6000 \times \left(\frac{40}{25}\right) \times \frac{110}{115} = 9182.61（万元）$$

5. 某建设项目工程费用 26000 万元，静态投资额 30000 万元，已知基本预备费费率 3%，项目建设前期年限为 1 年，建设期为 2 年，计划每年完成投资 50%，年均投资价格上涨率为 5%，该项目建设期价差预备费是（　　　）万元。【单选题】

A. 2700　　　　　B. 2673.53　　　　　C. 1586.41　　　　D. 3084.84

【答案】D

【解析】建设期第一年价差预备费：

$$P_1 = 30000 \times 50\% \times \left[(1 + 5\%)(1 + 5\%)^{0.5} - 1\right] = 1138.95（万元）$$

建设期第二年价差预备费：

$$P_2 = 30000 \times 50\% \times \left[(1 + 5\%)(1 + 5\%)^{0.5}(1 + 5\%) - 1\right] = 1945.89（万元）$$

所以建设期的价差预备费为：1138.95 + 1945.89 = 3084.84 万元。

6. 施工图预算文件的组成内容包含（　　　）。【多选题】

　　A. 签署页　　　　　　　　　　B. 目录

　　C. 编制说明　　　　　　　　　D. 其他费用计算表

　　E. 单位工程综合预算表

【答案】ABCD

7. 以下属于施工图预算审查方法的是（　　　）。【多选题】

　　A. 全面审查法　　　　　　　　B. 分部分项审查法

　　C. 分组计算审查法　　　　　　D. 对比审查法

　　E. 重点抽查法

【答案】ACDE

8. 对设计概算说法正确的是（　　　）。【多选题】

　　A. 设计概算成果宜编制偏高，有利于工程造价的控制

　　B. 概算中的技术经济指标是概算的综合反映

　　C. 审查概算有利于核定建设项目的投资规模

　　D. 设计概算应打足投资，不留缺口，有助于提高建设项目的投资效益

　　E. 审查概算有利于促进概算编制单位严格执行国家有关概算的编制规定和费用标准

【答案】BCDE

9. 施工图预算审查方法主要有（　　　）等。【多选题】

　　A. 全面审查法　　　　　　　　B. 标准预算审查法

　　C. 分组计算审查法　　　　　　D. 对比审查法

　　E. 筛选审查法

【答案】ABCDE

10. 施工图预算的审查工作应从哪几方面进行（　　　）。【多选题】

　　A. 机械台班　　　　　　　　　B. 工程量计算

　　C. 预算定额套用　　　　　　　D. 设备材料预算价格确定

　　E. 施工方案是否合理

【答案】BCDE

第**6**章

工程施工招标投标阶段造价管理

本章提示

掌握 施工招标方式；招标投标文件的组成；工程量清单的编制；施工合同示范文本的构成。

熟悉 投标报价文件的编制；施工招标程序。

了解 最高投标限价的意义。

知识体系

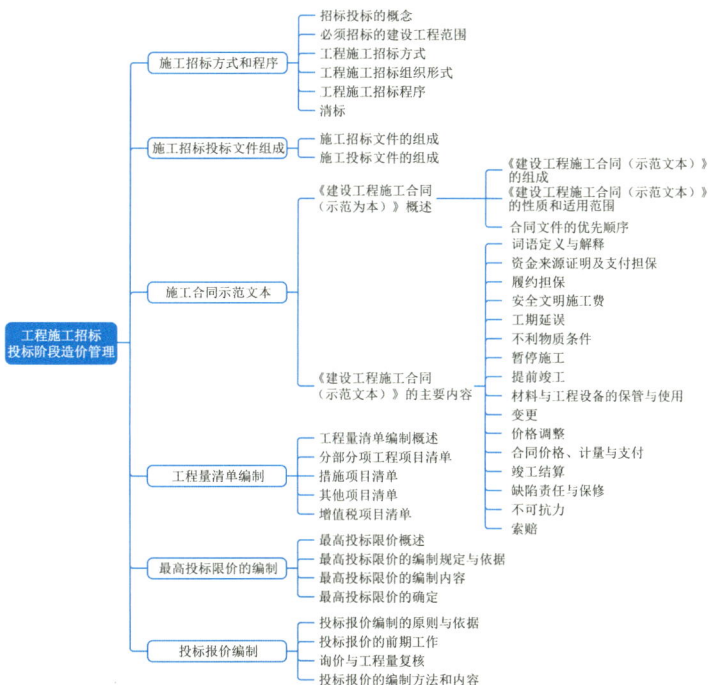

第1节 施工招标方式和程序

6.1.1 招标投标的概念

招标投标是商品经济中的一种竞争性市场交易方式，工程建设项目招标投标是国际上广泛采用的建设项目业主择优选择工程承包商或材料设备供应商的主要交易方式。

根据我国《民法典》相关规定，建设工程招标文件是要约邀请，投标文件是要约，中标通知书则是承诺。也就是说，招标文件（招标公告）实际上是邀请投标人对招标人提出要约（即报价），属于要约邀请。投标文件则是一种要约，它符合要约的所有条件，具有缔结合同的主观目的，一旦中标，投标人将受投标文件的约束，投标文件的内容具有足以使合同成立的主要条件。招标人向中标的投标人发出中标通知书，则代表招标人同意接受中标的投标人的投标条件，即同意接受该投标人的要约的意思表示，应属于承诺。

6.1.2 必须招标的建设工程范围

为了规范招标投标行为，我国相关法规对必须进行招标的项目进行了规定。根据《招标投标法》的规定，国家发展和改革委员会 2018 年 3 月发布了《必须招标的工程项目规定》（发改委第 16 号令），明确必须招标项目的具体范围和规模标准如下：

1）全部或者部分使用国有资金投资或者国家融资的项目包括：

（1）使用预算资金 200 万元人民币以上，并且该资金占投资额 10% 以上的项目。

（2）使用国有企业事业单位资金，并且该资金占控股或者主导地位的项目。

2）使用国际组织或者外国政府贷款、援助资金的项目包括：

（1）使用世界银行、亚洲开发银行等国际组织贷款、援助资金的项目。

（2）使用外国政府及其机构贷款、援助资金的项目。

（3）不属于以上（1）（2）规定情形的大型基础设施、公用事业等关系社会公共利益、公众安全的项目，必须招标的具体范围由国务院发展改革部门会同国务院有关部门按照确有必要、严格限定的原则制定，报国务院批准。

（4）以上规定范围内的项目，其勘察、设计、施工、监理以及与工程建设有关的重要设备、材料等的采购达到下列标准之一的，必须招标：

①施工单项合同估算价在 400 万元人民币以上。

②重要设备、材料等货物的采购，单项合同估算价在 200 万元人民币以上。

③勘察、设计、监理等服务的采购，单项合同估算价在 100 万元人民币以上。同一项目中可以合并进行的勘察、设计、施工、监理以及与工程建设有关的重要设备、材料等的采购，合同估算价合计达到前款规定标准的，必须招标。

涉及国家安全、国家秘密、抢险救灾或者属于利用扶贫资金实行以工代赈、需要使用农民工等特殊情况，不适宜进行招标的项目，按照国家有关规定可以不进行招标。此外，有下列情形之一的，也可以不进行招标：

①需要采用不可替代的专利或者专有技术。

②采购人依法能够自行建设、生产或者提供。

③已通过招标方式选定的特许经营项目投资人依法能够自行建设、生产或者提供。

④需要向原中标人采购工程、货物或者服务，否则将影响施工或者功能配套要求。

⑤国家规定的其他特殊情形。

6.1.3　工程施工招标方式

《招标投标法》明确规定，招标分为公开招标和邀请招标两种方式。公开招标又称无限竞争性招标，是指招标人以招标公告的方式邀请不特定的法人或者其他组织投标。邀请招标又称有限竞争性招标，是指招标人以投标邀请书的方式邀请特定的法人或者其他组织投标。

公开招标的优点：招标人可以在较广的范围内选择承包商，投标竞争激烈，择优率更高，易于获得有竞争性的商业报价，同时，也可以在较大程度上避免招标过程中的贿标行为。公开招标的缺点：准备招标、对投标申请者进行资格预审和评标的工作量大，招标时间长、费用高；若招标人对投标人资格条件的设置不当，常导致投标人之间的差异大，导致评标困难，甚至出现恶意报价行为；招标人和投标人之间可能缺乏互信，增大合同履约风险。

招标人采用公开招标方式的，应当发布招标公告。依法必须进行招标的项目的招标公告，应当通过国家指定的报刊、信息网络或者其他媒介发布。招标公告应当载明招标人的名称和地址，招标项目的性质、数量、实施地点和时间以及获取招标文件的办法等事项。招标人采用邀请招标方式的，应当向三个以上具备承担招标项目的能力、资信良好的特定法人或者其他组织发出投标邀请书。投标邀请书也应当载明招标人的名称和地址，招标项目的性质、数量、实施地点和时间以及获取招标文件的办法等事项。

6.1.4　工程施工招标组织形式

招标分为招标人自行组织招标和招标人委托招标代理机构代理招标两种组织形式。

具有编制招标文件和组织评标能力的招标人，可自行办理招标事宜，组织招标投标活动，任何单位和个人不得强制其委托招标代理机构办理招标事宜。依法必须进行招标的项目，招标人自行办理招标事宜的，应当向有关行政监督部门备案。

招标人有权自行选择招标代理机构，委托其办理招标事宜，开展招标活动，任何单位和个人不得以任何方式为招标人指定招标代理机构。招标代理机构是依法设立、从事招标代理业务并提供相关服务的中介组织。

6.1.5 工程施工招标程序

招标是招标人选择中标人并与其签订合同的过程，而投标则是投标人力争获得实施合同的竞争过程。招标人和投标人均需按照招标投标法律和法规的规定进行招标投标活动。招标程序是指招标单位或委托招标单位开展招标活动全过程的主要步骤、内容及其操作顺序。

公开招标与邀请招标在招标程序上的差异主要是使承包商获得招标信息的方式不同，对投标人资格审查的方式不同。公开招标与邀请招标均要经过招标准备、资格审查与投标、开标评标与授标三个阶段。典型的施工招标程序（主要工作步骤和工作内容）见表6-1。

施工招标主要工作步骤和工作内容   表 6-1

阶段	主要工作步骤	主要工作内容	
		招标人	投标人
招标准备	项目的招标条件准备	招标人需要完成项目前期研究与立项、图纸和技术要求等技术文件准备、项目相关建设手续办理等工作	组成投标小组 进行市场调查 投标机会研究与跟踪
	招标审批手续办理	按照国家有关规定需要履行项目审批、核准手续的依法必须进行招标的项目，其招标范围、招标方式、招标组织形式应当报项目审批、核准部门审批、核准	
	组建招标组织	自行建立招标组织或招标代理机构	
	招标方案	施工标段划分，合同计价方式，合同类型选择，潜在竞争程度评价，投标人资格要求，评标方法设置要求等	
	发布招标公告（资格预审公告）或发出投标邀请	明确招标公告（资格预审公告）内容，发布招标公告（资格预审公告）或者选择确定受邀单位，发出投标邀请函	组成投标小组 进行市场调查 投标机会研究与跟踪
	编制标底或确定最高投标限价	自行或委托专业机构编制标底或最高投标限价，完成相关评审并最终确定	
	准备招标文件	编制资格预审文件和招标文件，并完成相关评审或备案手续	

阶段	主要工作步骤	主要工作内容	
		招标人	投标人
资格审查与投标	发售资格预审文件（实行资格预审）	发售资格预审文件	购买资格预审文件填报资格预审材料
	进行资格预审（实行资格预审）	分析评价资格预审材料 确定资格预审合格者 通知资格预审结果	回函收到资格预审结果
	发售招标文件	发售招标文件	购买招标文件
	现场踏勘、标前会议（必要时）	组织现场踏勘和标前会议（必要时）进行招标文件的澄清和补遗	参加现场踏勘和标前会议或者自主开展现场踏勘对招标文件提出质疑
	投标文件的编制、递交和接收	接收投标文件（包括投标保证金或投标保函）	编制投标文件、递交投标文件（包括投标保证金或投标保函）
开标评标与授标	开标	组织开标会议	参加开标会议
	评标	组建评标委员会 投标文件初评（符合性鉴定） 投标文件详评（技术标、商务标评审） 要求投标人提交澄清资料（必要时） 资格后审（实行资格后审） 编写评标报告	提交澄清资料（必要时）
	授标	确定中标候选人 公示中标候选人 发出中标通知书 签订施工合同 退还投标保证金	提交履约保函 签订施工合同 收回投标保证金

6.1.6　清标

1. 清标的含义

清标是指在招标过程中，对投标文件进行的一种基础性的数据分析和整理工作。它包括对投标文件的全面审查，以确保投标文件的符合性、响应性，并对投标报价进行校核，列出可能存在的算术计算错误，以及审查投标价格是否过高或过低。清标的目的是找出投标文件中可能存在疑义或者显著异常的数据，为初步评审以及详细评审中的质疑工作提供基础，确保评标结果的公正、客观和科学。

1）清标工作的主要内容，通常包括：

（1）对投标总价进行排序。

（2）对投标文件进行全面审查，列出所有偏差。

（3）对投标报价进行换算。

（4）校核投标报价，列出算术计算错误。

（5）审查并列出过高或过低的投标价格。

（6）形成书面的清标情况报告。

2）清标报告的组成，一般包括：

（1）招标工程项目的范围、内容、规模、标准、特点等具体情况。

（2）招标文件规定的质量、工期及其他主要技术要求、技术标准。

（3）招标文件规定的评标标准和评标方法及在评标过程中需要考虑的相关因素。

（4）投标文件在符合性、响应性和技术方法、技术措施、技术标准等方面存在的所有偏差。

（5）对投标价格进行换算的依据和换算结果。

（6）投标文件中存在的含义不明确、对同类问题表述不一致或者有明显文字错误的情形。

（7）投标文件算术计算错误的修正方法、修正标准和建议的修正结果。

（8）列出投标价格过高或者过低的清单项目的序号、项目编码、项目名称、项目特征、工程内容、与招标文件规定的标准之间存在的偏差幅度和产生偏差的技术、经济等方面原因的摘录。

2. 清标过程中常见的错误

（1）算术性错误。投标文件中可能出现的计算错误，如总价与分项报价之和不一致。

（2）不平衡报价。投标人可能会对某些项目的报价过高或过低以期望在后期获得更多的利润。

（3）错项、漏项、多项。投标文件中可能存在对招标文件的实质性响应问题，工程量清单可能存在漏项、错项或多项。

（4）综合单价和取费标准。投标报价中可能存在不合理的综合单价或取费标准。

（5）投标报价的合理性和全面性。投标报价可能不符合市场水平或者不全面。

（6）措施项目报价。措施费用报价可能不完整或与市场价差异较大。

（7）暂列金额和暂估价。投标文件中可能对暂列金额和暂估价的填报存在问题。

（8）技术标格式错误。在技术标书中可能存在格式错误，如文档中图片格式问题等。

（9）雷同性检查问题。不同投标人的标书内容雷同，可能存在串标嫌疑。

（10）报价规律性问题。不同投标人的报价相同或有规律可循，可能存在不正当竞争。

为了预防这些问题，清标工作应当客观、准确、全面，并且不得营私舞弊、歪曲事实。同时，清标人员应该具备相应的专业知识和经验，以便能够准确地识别和处理这些问题。

第 2 节　施工招标投标文件组成

6.2.1　施工招标文件的组成

1. 概述

招标文件是指导整个招标投标工作全过程的纲领性文件，是招标人向投标单位提供参加投标所需信息和要求的完整汇编。招标文件由招标人（或者其委托的咨询机构）根据招标项目的特点和需要编制，由招标人发布，它既是投标单位编制投标文件的依据，也是招标人组织评标的依据，又是招标人与将来中标人签订合同的基础。

根据《招标投标法》的规定，招标文件应当包括招标项目的技术要求，对招标人资格审查的标准、投标报价要求和评标标准等所有实质性要求和条件以及拟签订合同的主要条款。就建设项目相关招标而言，招标文件的繁简程度，要视招标工程项目的性质和规模而定。建设项目复杂、规模庞大的，招标文件要力求精练、准确、清楚；建设项目简单、规模小的，文件可以从简，但也要把主要问题交代清楚。

我国《招标投标法》和《招标投标法实施条例》对招标文件的编制还有以下主要规定：

（1）招标文件不得要求或者标明特定的生产供应者以及含有倾向或者排斥潜在投标人的其他内容。

（2）招标人可以对已发出的资格预审文件或者招标文件进行必要的澄清或者修改，该澄清或者修改的内容为招标文件的组成部分。澄清或者修改的内容可能影响资格预审申请文件或者投标文件编制的，招标人应当在提交资格预审申请文件截止时间至少 3 日前，或者投标截止时间至少 15 日前，以书面形式通知所有获取资格预审文件或者招标文件的潜在投标人；不足 3 日或者 15 日的，招标人应当顺延提交资格预审申请文件或者投标文件的截止时间。

（3）潜在投标人或者其他利害关系人对资格预审文件有异议的，应当在提交资格预审申请文件截止时间 2 日前提出；对招标文件有异议的，应当在投标截止时间 10 日前提出。招标人应当自收到异议之日起 3 日内做出答复；做出答复前，应当暂停招标投标活动。

（4）招标人编制的资格预审文件、招标文件的内容违反法律、行政法规的强制性规定，违反公开、公平、公正和诚实信用原则，影响资格预审结果或者潜在投标人投标的，依法必须进行招标的项目的招标人应当在修改资格预审文件或者招标文件后重新招标。

2. 施工招标文件的内容

施工招标文件的内容主要包括三类：一是告知投标人相关时间规定、资格条件、投标要求、投标注意事项、如何评标等信息的投标须知类内容，如投标人须知、评标办法、投标文件格式等；二是合同条款和格式；三是投标所需要的技术文件，如图纸、工程量清单、技术标准和要求等。

施工招标文件的主要内容如下：

（1）招标公告（或投标邀请书）。当未进行资格预审时，招标文件中应包括招标公告。当采用邀请招标，或者采用进行资格预审的公开招标时，招标文件中应包括投标邀请书。投标邀请书可代替资格预审通过通知书，以明确投标人已具备了在某具体项目具体标段的投标资格，其他内容包括招标文件的获取、投标文件的递交等。

（2）投标人须知。主要包括对于项目概况的介绍和招标过程的各种具体要求，在正文中的未尽事宜可以通过"投标人须知前附表"进行进一步明确，由招标人根据招标项目具体特点和实际需要编制和填写，但务必与招标文件的其他章节相衔接，并不得与投标人须知正文的内容相抵触，否则抵触内容无效。投标人须知包括如下10个方面的内容：

①总则。主要包括项目概况（项目名称、建设地点以及招标人和招标代理机构的情况等）、资金来源和落实情况、招标范围、计划工期和质量要求的描述，对投标人资格要求的规定，对费用承担、保密、语言文字、计量单位等内容的约定，对踏勘现场、投标预备会的要求，对分包的规定，对投标文件偏离招标文件的范围和幅度的规定等。

②招标文件。主要包括招标文件的构成以及澄清和修改的规定。

③投标文件。主要包括投标文件的组成，投标报价编制的要求，投标有效期和投标保证金的规定，需要提交的资格预审资料，是否允许提交备选投标方案，以及投标文件编制所应遵循的标准格式要求等。

招标文件应当规定一个适当的投标有效期，以保证招标人有足够的时间完成评标和与中标人签订合同。投标有效期从投标人提交投标文件截止之日起计算。在投标有效期内，投标人不得要求撤销或修改其投标文件。出现特殊情况需要延长投标有效期的，招标人以书面形式通知所有投标人延长投标有效期。投标人同意延长的，应相应延长其投标保证金的有效期，但不得要求或被允许修改或撤销其投标文件；投标人拒绝延长的，其投标失效，但投标人有权收回其投标保证金。

招标人要求递交投标保证金的，应在招标文件中明确。投标保证金不得超过招标项目估算价的2%。投标保证金有效期应当与投标有效期一致。依法必须进行招标的项目的境内投标单位，以现金或者支票形式提交的投标保证金应当从其基本账户转出。招标人不得挪用投标保证金。投标人不按要求提交投标保证金的，其投标文件作废标处理。

④投标。主要规定投标文件的密封与标识、递交、修改及撤回的各项要求。

在此部分中应当确定投标人编制投标文件所需要的合理时间。依法必须进行招标的项目，自招标文件开始发出之日起至投标人提交投标文件截止之日止，最短不得少于 20 日。投标人在招标文件要求提交投标文件的截止时间前，可以补充、修改、替代或者撤回已提交的投标文件，并书面通知招标人。补充、修改的内容为投标文件的组成部分。

⑤开标。规定开标的时间、地点和程序。

⑥评标。说明评标委员会的组建方法，评标原则和采取的评标办法。

⑦合同授予。说明拟采用的定标方式，中标通知书的发出时间，要求承包人提交的履约担保和合同的签订时限。

⑧重新招标和不再招标。规定重新招标和不再招标的条件。

⑨纪律和监督。主要包括对招标过程各参与方的纪律要求。

⑩需要补充的其他内容。

（3）评标办法。评标办法可选择经评审的最低投标价法和综合评估法。评标办法需要对评价指标、所占分值（权重）、评价标准、评价方法等进行明确的规定。评标委员会必须按照招标文件中的"评标办法"规定的方法、评审因素、标准和程序对投标文件进行评审。招标文件中没有规定的方法、评审因素和标准，不作为评标依据。

（4）合同条款及格式。包括本工程拟采用的通用合同条款、专用合同条款以及各种合同附件的格式。施工合同明确了承发包双方在履约过程中的权利和义务，对承包商的投入和面临的风险有显著的影响，是投标人投标报价时必须要有的依据。因此招标文件应该包括中标人需要和招标人签订的本工程拟采用的完整施工合同,包括通用合同条款、专用合同条款以及各种合同附件的格式。

（5）工程量清单。采用工程量清单招标的，招标文件应当提供工程量清单。工程量清单是表现拟建工程分部分项工程、措施项目和其他项目名称与相应数量的明细清单，以满足工程项目具体量化和计量支付的需要；是招标人编制最高投标限价（招标控制价）和投标人编制投标报价的重要依据。如按照规定应编制最高投标限价的项目，其最高投标限价也应在招标时一并公布。

（6）图纸。图纸是指应由招标人提供的用于计算最高投标限价和投标人计算投标报价所必需的各种详细程度的图纸。

（7）技术标准与要求。招标文件规定的各项技术标准应符合国家强制性规定。招标文件中规定的各项技术标准均不得要求或标明某一特定的专利、商标、名称、设计、原产地或生产供应者，不得含有倾向或者排斥潜在投标人的其他内容。如果必须引用某一生产供应商的技术标准才能准确或清楚地说明拟招标项目的技术标准时，则应当在参照后面加上"或相当于"的字样。

（8）投标文件格式。提供各种投标文件编制所应依据的参考格式。

（9）规定的其他材料。如需要其他材料，应在"投标人须知前附表"中予以规定。

6.2.2　施工投标文件的组成

1. 概述

建设工程投标是工程招标的对称概念，指具有合法资格和能力的投标人，根据招标条件，在指定期限内填写标书，提出报价，参加开标，接受评审，等候能否中标的经济活动。投标文件是指投标人根据招标文件要求编制的响应性文件。投标文件反映了投标人对招标人各项要求的响应，反映了投标人的完成招标项目的能力水平，是投标人希望和招标人订立合同的意思表示。投标文件是招标人判定投标人能力、意愿、完成项目所需条件的最直接、最有效的依据，是招标人在不同投标人间进行比选的唯一法定依据。

经过评标，招标人向中标的投标人发出中标通知书后，也就是招标人在投标人"要约"后做出"承诺"，投标人将受投标文件的约束。

招标文件除了对价格、质量、安全、环保、工期、人员等招标文件的实质性内容提出要求外，为了规范投标、防止串通，招标文件也会对投标文件的格式、装订要求等进行规定，投标人编制投标文件均需要严格遵循这些要求。

除了按照招标文件的要求编制投标文件外，我国《招标投标法》和《招标投标法实施条例》对投标文件的编制、修改、撤回、递交、评审等还有以下主要规定：

（1）投标人应当按照招标文件的要求编制投标文件，投标文件应当对招标文件提出的实质性要求和条件作出响应。投标文件没有对招标文件的实质性要求和条件作出响应的，评标委员会应当否决其投标。

（2）招标项目属于建设施工的，投标文件的内容应当包括拟派出的项目负责人与主要技术人员的简历、业绩和拟用于完成招标项目的机械设备等。

（3）投标人应当在招标文件要求提交投标文件的截止时间前，将投标文件送达投标地点。招标人收到投标文件后，应当如实记载投标文件的送达时间和密封情况，并存档备查，开标前不得开启。

（4）未通过资格预审的申请人提交的投标文件，以及逾期送达或者不按照招标文件要求密封的投标文件，招标人应当拒收。投标文件未经投标单位盖章和单位负责人签字的，投标人不符合国家或者招标文件规定的资格条件的，评标委员会应当否决其投标。

（5）投标人在招标文件要求提交投标文件的截止时间前，可以补充、修改或者撤回已提交的投标文件，并书面通知招标人。补充、修改的内容为投标文件组成部分。投标截止后投标人撤销投标文件的，招标人可以不退还投标保证金。

（6）投标文件中有含义不明确的内容、明显文字或者计算错误，评标委员会认为需要投标人作出必要澄清、说明的，应当书面通知该投标人。投标人的澄清、说明应当采用书面形式，并不得超出投标文件的范围或者改变投标文件的实质性内容。

（7）投标报价低于成本或者高于招标文件设定的最高投标限价的，投标联合体没有提交联合体协议书的，同一投标人提交两个以上不同的投标文件或者投标报价的（招标文件要求提交备选投标的除外），评标委员会应当否决其投标。

（8）投标人不得以他人名义投标或者以其他方式弄虚作假，骗取中标。投标人不得相互串通投标报价，不得排挤其他投标人的公平竞争，损害招标人或者其他投标人的合法权益。投标人不得与招标人串通投标，损害国家利益、社会公共利益或者他人的合法权益。禁止投标人以向招标人或者评标委员会成员行贿的手段谋取中标。投标人有串通投标、弄虚作假、行贿等违法行为的，评标委员会应当否决其投标。

2. 投标文件的组成

投标文件应包括下列内容：

（1）投标函及投标函附录。投标函是指由投标人填写的名为投标函的文件，包括其签署的向招标人提交的工程报价、工期目标、质量标准及相关承诺。投标函及其他与其一起提交的文件构成了投标文件。投标函附录是对投标函相关重要内容做出的进一步信息补充和确认。投标函及其附录需要由投标人盖章并由投标人法定代表人或其委托代理人签字。投标函未经投标单位盖章和法定代表人或其委托代理人签字的，评标委员会应当否决其投标。投标函范例如图 6-1 所示。

（2）法定代表人身份证明或附有法定代表人身份证明的授权委托书。投标文件必须包括企业法定代表人身份证明或附有法定代表人身份证明的授权委托书，以确保投标系企业行为，企业愿意承担由此产生的收益和风险。

（3）联合体协议书。招标文件载明接受联合体投标的，两个以上法人或者其他组织可以组成一个联合体，以一个投标人的身份共同投标。联合体各方均应当具备承担招标项目的相应能力；国家有关规定或者招标文件对投标人资格条件有规定的，联合体各方均应当具备规定的相应资格条件。由同一专业的单位组成的联合体，按照资质等级较低的单位确定资质等级。联合体各方应当签订联合体协议书（共同投标协议），明确约定联合体指定牵头人以及各方拟承担的工作和责任，授权指定牵头人代表所有联合体成员负责投标和合同实施阶段的主办、协调工作，并将由所有联合体成员法定代表人签署的联合体协议书连同投标文件一并提交招标人。联合体中标的，联合体各方应当共同与招标人签订合同，就中标项目向招标人承担连带责任。联合体各方签订共同投标协议后，不得再以自己名义单独投标，也不得组成新的联合体或参加其他联合体在同一项目中投标。投标联合体没有提交联合体协议书的，评标委员会应当否决其投标。联合体协议书范本如图 6-2 所示。

投标函

（招标人名称）：

1. 我方已仔细研究了（项目名称）标段施工招标文件的全部内容，愿意以人民币（大写）＿＿＿＿元（￥）的投标总报价，工期＿＿＿＿日历天，按合同约定实施和完成承包工程，修补工程中的任何缺陷，工程质量达到＿＿＿＿。

2. 我方承诺在投标有效期内不修改，撤销投标文件。

3. 随同本投标函提交投标保证金一份，金额为人民币＿＿＿＿（大写）元（￥）。

4. 如我方中标：

（1）我方承诺在收到中标通知书后，在中标通知书规定的期限内与你方签订合同。

（2）随同本投标函递交的投标函附录属于合同文件的组成部分。

（3）我方承诺按照招标文件规定向你方递交履约担保。

（4）我方承诺在合同约定的期限内完成并移交全部合同工程。

5. 我方在此声明，所递交的投标文件及有关资料内容完整、真实和准确，且不存在第二章"投标人须知"第 1.4.3 项规定的任何一种情形。

6.（其他补充说明）。

投标人：（盖单位章）
法定代表人或其委托代理人：（签字）
地址：
网址：
电话：
传真：
邮政编码：
　　年　　月　　日

图 6-1　投标函

招标文件规定不接受联合体投标的，或投标人没有组成联合体的，投标文件不包括联合体协议书。

（4）投标保证金。投标人需要按照招标文件的要求在投标截止日前向招标人递交投标保证金或投标保函。

（5）已标价工程量清单。由投标人按照招标文件规定的格式和要求，在招标人提供的工程量清单上填写并标明价格的工程量清单。已标价工程量清单是由投标人填写并签署的用于投标的文件，属于双方施工合同文件的组成。

（6）施工组织设计。施工组织设计是体现投标人技术能力的重要技术文件，也是呈现施工方案（包括施工方法、施工顺序、施工机械设备的选择等）、施工进度计划、施工总平面图的技术文件，而项目的施工方案、施工进度计划、施工总平面图都会显著影响项目的施工成本，成为评价投标人投标报价合理性的重要依据，所有投标人的投标文件应当包括施工组织设计。

联合体协议书

（所有成员单位名称）自愿组成（联合体名称）联合体，共同参加（项目名称）标段施工投标。现就联合体投标事宜订立如下协议。

1.（某成员单位名称）为（联合体名称）牵头人。

2. 联合体牵头人合法代表联合体各成员负责本招标项目投标文件编制和合同谈判活动，并代表联合体提交和接收相关的资料、信息及指示，并处理与之有关的一切事务，负责合同实施阶段的主办、组织和协调工作。

3. 联合体将严格按照招标文件的各项要求，递交投标文件，履行合同，并对外承担连带责任。

4. 联合体各成员单位内部的职责分工如下：

5. 本协议书自签署之日起生效，合同履行完毕后自动失效。

6. 本协议书一式　份，联合体成员和招标人各执一份。

注：本协议书由委托代理人签字的，应附法定代表人签字的授权委托书

牵头人名称：（盖单位章）

法定代表人或其委托代理人：（签字）

成员一名称：（盖单位章）

法定代表人或其委托代理人：（签字）

成员二名称：（盖单位章）

法定代表人或其委托代理人：（签字）

　　年　　月　　日

图 6-2　联合体协议书

鉴于投标人是在尚未中标的情况下编制施工组织设计，此阶段的施工组织设计应该包括的主要内容为：施工方法说明；计划开工、竣工日期和施工进度网络图；施工总平面图；拟投入本标段的主要施工设备情况、拟配备本标段的试验和检测仪器设备情况、劳动力计划等；结合工程特点提出切实可行的工程质量、安全生产、文明施工、工程进度、技术组织措施，同时应对关键工序、复杂环节重点提出相应技术措施，如冬雨季施工技术、减少噪声、降低环境污染、地下管线及其他地上地下设施的保护加固措施；临时用地表等。

（7）项目管理机构。项目管理机构的水平和能力是决定项目管理成败的关键，在建设项目的评标指标和评价方法中，一般都有对项目管理机构进行评价的内容。所有投标人的投标文件中需要有介绍项目管理机构的内容。

（8）拟分包项目情况表。投标人根据招标文件载明的项目实际情况，拟在中标后将中标项目的部分非主体、非关键性工作进行分包的，应当在投标文件中载明。

（9）资格审查资料。确保投标人，尤其是中标的投标人，符合招标文件明确的投标人资格是招标成果的关键。无论是资格后审，还是资格预审，资格审查资料都是投标文件应包含的资料。

（10）投标人须知前附表规定的其他材料。投标人需要向招标人递交投标人须知前

附表规定的其他材料，确保投标全面响应招标人的各项要求。

第 3 节　施工合同示范文本

施工合同示范文本是国家有关部门或行业颁布的，在全国或行业范围内推荐使用的规范性、指导性的合同文件。施工合同示范文本在避免施工合同双方遗漏某些重要条款，平衡合同各方的风险责任，提升合同履行效率，规范化程式化处理纠纷事件等方面具有积极的作用。

鉴于建设项目的承发包模式众多，施工合同涉及面宽、内容复杂，我国建设领域相关部门发布了多种施工合同示范文本，如《建设工程施工合同（示范文本）》（GF-2017-0201）、《建设工程施工专业分包合同（示范文本）》（GF-2003-0213）、《建设项目工程总承包合同示范文本（试行）》（GF-2011-0216）、《建设项目工程总承包合同（示范文本）》（GF-2020-0216）、《标准施工招标文件》（2007 年版）中的施工合同文本、《简明标准施工招标文件》（2011 年版）中的施工合同文本等。本书仅介绍行业使用最广泛的《建设工程施工合同（示范文本）》（GF-2017-0201）。

6.3.1　《建设工程施工合同（示范文本）》概述

为了指导建设工程施工合同当事人的签约行为，维护合同当事人的合法权益，住房和城乡建设部、国家工商行政管理总局联合，最早于 1991 年发布了《建设工程施工合同（示范文本）》（GF-91-0201），之后又更新发布了《建设工程施工合同（示范文本）》（GF-1999-0201）和《建设工程施工合同（示范文本）》（GF-2013-0201），最新的《建设工程施工合同（示范文本）》（GF-2017-0201）于 2017 年发布。

1.《建设工程施工合同（示范文本）》的组成

《建设工程施工合同（示范文本）》（GF-2017-0201）由合同协议书、通用合同条款和专用合同条款三部分组成，其中包括 11 个附件。

合同协议书共计 13 条，主要包括工程概况、合同工期、质量标准、签约合同价和合同价格形式、项目经理、合同文件构成、承诺以及合同生效条件等重要内容，集中约定了合同当事人基本的合同权利义务。

通用合同条款是合同当事人根据《中华人民共和国建筑法》《中华人民共和国民法典》等法律法规的规定，就工程建设的实施及相关事项，对合同当事人的权利义务作出的原则性约定。通用合同条款共计 20 条，具体条款分别为：一般约定；发包人；承包人；监理人；工程质量；安全文明施工与环境保护；工期和进度；材料与设备；试验与检验；变更；价格调整；合同价格、计量与支付；验收和工程试车；竣工结算；缺陷责任与保修；违约；不可抗力；保险；索赔和争议解决。

专用合同条款是对通用合同条款原则性约定的细化、完善、补充、修改或另行约定的条款。合同当事人可以根据不同建设工程的特点及具体情况，通过双方的谈判、协商对相应的专用合同条款进行修改补充。专用合同条款的编号应与相应的通用合同条款的编号一致。

2.《建设工程施工合同（示范文本）》的性质和适用范围

《建设工程施工合同（示范文本）》为非强制性使用文本。《建设工程施工合同（示范文本）》适用于房屋建筑工程、土木工程、线路管道和设备安装工程、装修工程等建设工程的施工发承包活动，合同当事人可结合建设工程具体情况，根据《建设工程施工合同（示范文本）》订立合同，并按照法律法规规定和合同约定承担相应的法律责任及合同权利义务。

3. 合同文件的优先顺序

通用合同条款规定，组成合同的各项文件应互相解释，互为说明。除专用合同条款另有约定外，解释合同文件的优先顺序如下：

（1）合同协议书。

（2）中标通知书（如果有）。

（3）投标函及其附录（如果有）。

（4）专用合同条款及其附件。

（5）通用合同条款。

（6）技术标准和要求。

（7）图纸。

（8）已标价工程量清单或预算书。

（9）其他合同文件。

6.3.2 《建设工程施工合同（示范文本）》的主要内容

《建设工程施工合同（示范文本）》（GF-2017-0201）的条款众多、内容丰富，需要行业从业人员，尤其是管理人员予以认真研读。本书仅选择了通用条款中一些和造价工程师工作关联度高的部分内容进行了介绍，如部分词语定义与介绍、双向担保、安全文明施工费用、工期延误、暂停施工、提前竣工、变更、价款调整、合同价格、计量与支付、竣工结算、缺陷责任和保修、不可抗力、索赔等。

1. 词语定义与解释

（1）签约合同价：是指发包人和承包人在合同协议书中确定的总金额，包括安全文明施工费、暂估价及暂列金额等。

（2）合同价格：是指发包人用于支付承包人按照合同约定完成承包范围内全部工作的金额，包括合同履行过程中按合同约定发生的价格变化。

（3）费用：是指为履行合同所发生的或将要发生的所有必需的开支，包括管理费和应分摊的其他费用，但不包括利润。

（4）暂估价：是指发包人在工程量清单或预算书中提供的用于支付必然发生但暂时不能确定价格的材料、工程设备的单价、专业工程以及服务工作的金额。

（5）暂列金额：是指发包人在工程量清单或预算书中暂定并包括在合同价格中的一笔款项，用于工程合同签订时尚未确定或者不可预见的所需材料、工程设备、服务的采购，施工中可能发生的工程变更、合同约定调整因素出现时的合同价格调整以及发生的索赔、现场签证确认等的费用。

（6）计日工：是指合同履行过程中，承包人完成发包人提出的零星工作或需要采用计日工计价的变更工作时，按合同中约定的单价计价的一种方式。

（7）质量保证金：是指按照合同约定承包人用于保证其在缺陷责任期内履行缺陷修补义务的担保。

2. 资金来源证明及支付担保

除专用合同条款另有约定外，发包人应在收到承包人要求提供资金来源证明的书面通知后 28 天内，向承包人提供能够按照合同约定支付合同价款的相应资金来源证明。

除专用合同条款另有约定外，发包人要求承包人提供履约担保的，发包人应当向承包人提供支付担保。支付担保可以采用银行保函或担保公司担保等形式，具体由合同当事人在专用合同条款中约定。

3. 履约担保

发包人需要承包人提供履约担保的，由合同当事人在专用合同条款中约定履约担保的方式、金额及期限等。履约担保可以采用银行保函或担保公司担保等形式，具体由合同当事人在专用合同条款中约定。

因承包人原因导致工期延长的，继续提供履约担保所增加的费用由承包人承担；非因承包人原因导致工期延长的，继续提供履约担保所增加的费用由发包人承担。

4. 安全文明施工费

安全文明施工费由发包人承担，发包人不得以任何形式扣减该部分费用。因基准日期后合同所适用的法律或政府有关规定发生变化，增加的安全文明施工费由发包人承担。承包人经发包人同意采取合同约定以外的安全措施所产生的费用，由发包人承担。未经发包人同意的，如果该措施避免了发包人的损失，则发包人在避免损失的额度内承担该措施费。如果该措施避免了承包人的损失，承包人承担该措施费。

5. 工期延误

（1）因发包人原因导致工期延误。

在合同履行过程中，因下列情况导致工期延误和（或）费用增加的，由发包人承担由此延误的工期和（或）增加的费用，且发包人应支付承包人合理的利润。

因发包人原因未按计划开工日期开工的，发包人应按实际开工日期顺延竣工日期，确保实际工期不低于合同约定的工期总日历天数。

（2）承包人原因导致工期延误。

因承包人原因造成工期延误的，可以在专用合同条款中约定逾期竣工违约金的计算方法和逾期竣工违约金的上限。承包人支付逾期竣工违约金后，不免除承包人继续完成工程及修补缺陷的义务。

6. 不利物质条件

不利物质条件是指有经验的承包人在施工现场遇到的不可预见的自然物质条件、非自然的物质障碍和污染物，包括地表以下物质条件和水文条件以及专用合同条款约定的其他情形，但不包括气候条件。

承包人遇到不利物质条件时，应采取克服不利物质条件的合理措施继续施工，并及时通知发包人和监理人。通知应载明不利物质条件的内容以及承包人认为不可预见的理由。监理人经发包人同意后应当及时发出指示，指示构成变更的，按合同中"变更"的约定执行。承包人因采取合理措施而增加的费用和（或）延误的工期由发包人承担。

7. 暂停施工

暂停施工包括发包人和承包人原因引起的暂停施工、指示暂停施工及紧急情况下的暂停施工。监理人发出暂停施工指示后 56 天内未向承包人发出复工通知，除该项停工属于承包人原因引起的暂停施工及不可抗力约定的情形外，承包人可向发包人提交书面通知，要求发包人在收到书面通知后 28 天内准许已暂停施工的部分或全部工程继续施工。发包人逾期不予批准的，则承包人可以通知发包人，将工程受影响的部分视为合同约定的变更范围内的可取消工作。暂停施工持续 84 天以上不复工的，且不属于承包人原因引起的暂停施工及不可抗力约定的情形，并影响到整个工程以及合同目的实现的，承包人有权提出价格调整要求，或者解除合同。解除合同的，按照因发包人违约解除合同执行。暂停施工期间，承包人应负责妥善照管工程并提供安全保障，由此增加的费用由责任方承担。

8. 提前竣工

发包人要求承包人提前竣工的，发包人应通过监理人向承包人下达提前竣工指示，承包人应向发包人和监理人提交提前竣工建议书，提前竣工建议书应包括实施的方案、缩短的时间、增加的合同价格等内容。发包人接受该提前竣工建议书的，监理人应与发包人和承包人协商采取加快工程进度的措施，并修订施工进度计划，由此增加的费用由发包人承担。承包人认为提前竣工指示无法执行的，应向监理人和发包人提出书面异议，发包人和监理人应在收到异议后 7 天内予以答复。任何情况下，发包人不得压缩合理工期。

9. 材料与工程设备的保管与使用

发包人供应的材料和工程设备，承包人清点后由承包人妥善保管，保管费用由发包人承担，但已标价工程量清单或预算书已经列支或专用合同条款另有约定除外。因承包人原因发生丢失毁损的，由承包人负责赔偿；监理人未通知承包人清点的，承包人不负责材料和工程设备的保管，由此导致丢失毁损的由发包人负责。发包人供应的材料和工程设备使用前，由承包人负责检验，检验费用由发包人承担，不合格的不得使用。

承包人采购的材料和工程设备由承包人妥善保管，保管费用由承包人承担。法律规定材料和工程设备使用前必须进行检验或试验的，承包人应按监理人的要求进行检验或试验，检验或试验费用由承包人承担，不合格的不得使用。发包人或监理人发现承包人使用不符合设计或有关标准要求的材料和工程设备时，有权要求承包人进行修复、拆除或重新采购，由此增加的费用和（或）延误的工期，由承包人承担。

10. 变更

1）变更程序。

变更程序包括发包人提出变更，监理人提出变更建议和变更执行。发包人提出变更的，应通过监理人向承包人发出变更指示，变更指示应说明计划变更的工程范围和变更的内容。监理人提出变更建议的，需要向发包人以书面形式提出变更计划，承包人收到监理人下达的变更指示后，认为不能执行，应立即提出不能执行该变更指示的理由。承包人认为可以执行变更的，应当书面说明实施该变更指示对合同价格和工期的影响，且合同当事人应当按照合同约定确定变更估价。

2）变更估价的原则。

除专用合同条款另有约定外，变更估价按照本款约定处理：

（1）已标价工程量清单或预算书有相同项目的，按照相同项目单价认定。

（2）已标价工程量清单或预算书中无相同项目，但有类似项目的，参照类似项目的单价认定。

（3）变更导致实际完成的变更工程量与已标价工程量清单或预算书中列明的该项目工程量的变化幅度超过 15%的，或已标价工程量清单或预算书中无相同项目及类似项目单价的，按照合理的成本与利润构成的原则，由合同当事人按照合同约定的商定和确定制度确定变更工作的单价。

3）承包人的合理化建议。

承包人提出合理化建议的，应向监理人提交合理化建议说明，说明建议的内容和理由，以及实施该建议对合同价格和工期的影响。除专用合同条款另有约定外，监理人应在收到承包人提交的合理化建议后 7 天内审查完毕并报送发包人，发现其中存在技术上的缺陷，应通知承包人修改。发包人应在收到监理人报送的合理化建议后 7 天内审批完毕。合理化建议经发包人批准的，监理人应及时发出变更指示，由此引起的合同价格调整按照合同的"变更估价"约定执行。发包人不同意变更的，监理人应书面通知承包人。

11. 价格调整

1）市场价格波动引起的调整。

除专用合同条款另有约定外，市场价格波动超过合同当事人约定的范围，合同价格应当调整。合同当事人可以在专用合同条款中约定选择以下一种方式对合同价格进行调整：

第 1 种方式：采用价格指数进行价格调整。

（1）价格调整公式。

因人工、材料和设备等价格波动影响合同价格时，根据专用合同条款中约定的数据，按以下公式计算差额并调整合同价格：

$$\Delta P = P_0 \left[A + \left(B_1 \times \frac{F_{t1}}{F_{01}} + B_2 \times \frac{F_{t2}}{F_{02}} + B_3 \times \frac{F_{t3}}{F_{03}} + \cdots + B_n \times \frac{F_{tn}}{F_{0n}} \right) - 1 \right] \quad (6\text{-}1)$$

式中：　　　　　ΔP——需调整的价格差额；

P_0——约定的付款证书中承包人应得到的已完成工程量的金额，此项金额应不包括价格调整、不计质量保证金的扣留和支付、预付款的支付和扣回。约定的变更及其他金额已按现行价格计价的，也不计在内；

A——定值权重（即不调部分的权重）；

$B_1, B_2, B_3, \cdots, B_n$——各可调因子的变值权重（即可调部分的权重），为各可调因子在签约合同价中所占的比例；

$F_{t1}, F_{t2}, F_{t3}, \cdots, F_{tn}$——各可调因子的现行价格指数，指约定的付款证书相关周期最后一天的前 42 天的各可调因子的价格指数；

$F_{01}, F_{02}, F_{03}, \cdots, F_{0n}$——各可调因子的基本价格指数，指基准日期的各可调因子的价格指数。

以上价格调整公式中的各可调因子、定值和变值权重，以及基本价格指数及其来源在投标函附录价格指数和权重表中约定，非招标订立的合同，由合同当事人在专用合同条款中约定。价格指数应首先采用工程造价管理机构发布的价格指数，无前述价格指数时，可采用工程造价管理机构发布的价格代替。

（2）暂时确定调整差额。

在计算调整差额时无现行价格指数的，合同当事人同意暂用前次价格指数计算。实际价格指数有调整的，合同当事人进行相应调整。

（3）权重的调整。

因变更导致合同约定的权重不合理时，按照合同中"商定或确定"执行。

（4）因承包人原因工期延误后的价格调整。

因承包人原因未按期竣工的，对合同约定的竣工日期后继续施工的工程，在使用价格调整公式时，应采用计划竣工日期与实际竣工日期的两个价格指数中较低的一个作为现行价格指数。

第 2 种方式：采用造价信息进行价格调整。

合同履行期间，因人工、材料、工程设备和机械台班价格波动影响合同价格时，人工、机械使用费按照国家或省、自治区、直辖市建设行政管理部门、行业建设管理部门或其授权的工程造价管理机构发布的人工、机械使用费系数进行调整；需要进行价格调整的材料，其单价和采购数量应由发包人审批，发包人确认需调整的材料单价及数量，作为调整合同价格的依据。

（1）人工单价发生变化且符合省级或行业建设主管部门发布的人工费调整规定，合同当事人应按省级或行业建设主管部门或其授权的工程造价管理机构发布的人工费等文件调整合同价格，但承包人对人工费或人工单价的报价高于发布价格的除外。

（2）材料、工程设备价格变化的价款调整按照发包人提供的基准价格，按以下风险范围规定执行：

①承包人在已标价工程量清单或预算书中载明材料单价低于基准价格的：除专用合同条款另有约定外，合同履行期间材料单价涨幅以基准价格为基础超过 5%时，或材料单价跌幅以在已标价工程量清单或预算书中载明材料单价为基础超过 5%时，其超过部分据实调整。

②承包人在已标价工程量清单或预算书中载明材料单价高于基准价格的：除专用合同条款另有约定外，合同履行期间材料单价跌幅以基准价格为基础超过 5%时，材料单价涨幅以在已标价工程量清单或预算书中载明材料单价为基础超过 5%时，其超过部分据实调整。

③承包人在已标价工程量清单或预算书中载明材料单价等于基准价格的：除专用合同条款另有约定外，合同履行期间材料单价涨跌幅以基准价格为基础超过±5%时，其超过部分据实调整。

④承包人应在采购材料前将采购数量和新的材料单价报发包人核对，发包人确认用于工程时，发包人应确认采购材料的数量和单价。发包人在收到承包人报送的确认资料后 5 天内不予答复的视为认可，作为调整合同价格的依据。未经发包人事先核对，承包人自行采购材料的，发包人有权不予调整合同价格。发包人同意的，可以调整合同价格。

前述基准价格是指由发包人在招标文件或专用合同条款中给定的材料、工程设备的价格，该价格原则上应当按照省级或行业建设主管部门或其授权的工程造价管理机构发布的信息价编制。

（3）施工机械台班单价或施工机械使用费发生变化超过省级或行业建设主管部门或其授权的工程造价管理机构规定的范围时，按规定调整合同价格。

第 3 种方式：专用合同条款约定的其他方式。

2）法律变化引起的调整。

基准日期后，法律变化导致承包人在合同履行过程中所需要的费用发生除按照市场价格波动引起的调整约定以外的增加时，由发包人承担由此增加的费用；减少时，应从合同价格中予以扣减。基准日期后，因法律变化造成工期延误时，工期应予以顺延。因法律变化引起的合同价格和工期调整，合同当事人无法达成一致的，由总监理工程师按商定或确定的约定处理。因承包人原因造成工期延误，在工期延误期间出现法律变化的，由此增加的费用和（或）延误的工期由承包人承担。

12. 合同价格、计量与支付

1）合同价格形式。

发包人和承包人应在合同协议书中选择下列一种合同价格形式：

（1）单价合同。

单价合同是指合同当事人约定以工程量清单及其综合单价进行合同价格计算、调整和确认的建设工程施工合同，在约定的范围内合同单价不作调整。合同当事人应在专用合同条款中约定综合单价包含的风险范围和风险费用的计算方法，并约定风险范围以外的合同价格的调整方法，其中因市场价格波动引起的调整按合同中"市场价格波动引起的调整"约定执行。

（2）总价合同。

总价合同是指合同当事人约定以施工图、已标价工程量清单或预算书及有关条件进行合同价格计算、调整和确认的建设工程施工合同，在约定的范围内合同总价不作调整。合同当事人应在专用合同条款中约定总价包含的风险范围和风险费用的计算方法，约定风险范围以外的合同价格的调整方法，其中因市场价格波动引起的调整按合同中"市场价格波动引起的调整"、因法律变化引起的调整按合同中"法律变化引起的调整"约定执行。

（3）其他价格形式。

合同当事人可在专用合同条款中约定其他合同价格形式。

2）预付款。

预付款的支付按照专用合同条款约定执行，但最迟应在开工通知载明的开工日期 7 天前支付。预付款应当用于材料、工程设备、施工设备的采购及修建临时工程、组织施工队伍进场等。除专用合同条款另有约定外，预付款在进度付款中同比例扣回。在颁发工程接收证书前，提前解除合同的，尚未扣完的预付款应与合同价款一并结算。发包人逾期支付预付款超过 7 天的，承包人有权向发包人发出要求预付的催告通知，发包人收到通知后 7 天内仍未支付的，承包人有权暂停施工，并按合同中"发包人违约的情形"执行。

发包人要求承包人提供预付款担保的，承包人应在发包人支付预付款 7 天前提供预付款担保，专用合同条款另有约定除外。预付款担保可采用银行保函、担保公司担保等形式，具体由合同当事人在专用合同条款中约定。在预付款完全扣回之前，承包人应保证预付款担保持续有效。发包人在工程款中逐期扣回预付款后，预付款担保额度应相应减少，但剩余的预付款担保金额不得低于未被扣回的预付款金额。

3）计量。

（1）计量原则。

工程量计量按照合同约定的工程量计算规则、图纸及变更指示等进行计算。工程量计算规则应以相关的国家标准、行业标准等为依据，由合同当事人在专用合同条款中约定。

（2）计量周期。

除专用合同条款另有约定外，工程量的计量按月进行。

（3）单价合同的计量。

除专用合同条款另有约定外，单价合同的计量按照本项约定执行：

①承包人应于每月 25 日向监理人报送上月 20 日至当月 19 日已完成的工程量报告，并附具进度付款申请单、已完成工程量报表和有关资料。

②监理人应在收到承包人提交的工程量报告后 7 天内完成对承包人提交的工程量报表的审核并报送发包人，以确定当月实际完成的工程量。监理人对工程量有异议的，有权要求承包人进行共同复核或抽样复测。承包人应协助监理人进行复核或抽样复测，并按监理人要求提供补充计量资料。承包人未按监理人要求参加复核或抽样复测的，监理人复核或修正的工程量视为承包人实际完成的工程量。

③监理人未在收到承包人提交的工程量报表后的 7 天内完成审核的，承包人报送的工程量报告中的工程量视为承包人实际完成的工程量，据此计算工程价款。

（4）总价合同的计量。

除专用合同条款另有约定外，按月计量支付的总价合同，按照本项约定执行：

①承包人应于每月 25 日向监理人报送上月 20 日至当月 19 日已完成的工程量报告，并附具进度付款申请单、已完成工程量报表和有关资料。

②监理人应在收到承包人提交的工程量报告后 7 天内完成对承包人提交的工程量报表的审核并报送发包人，以确定当月实际完成的工程量。监理人对工程量有异议的，有权要求承包人进行共同复核或抽样复测。承包人应协助监理人进行复核或抽样复测并按监理人要求提供补充计量资料。承包人未按监理人要求参加复核或抽样复测的，监理人审核或修正的工程量视为承包人实际完成的工程量。

③监理人未在收到承包人提交的工程量报表后的 7 天内完成复核的，承包人提交的工程量报告中的工程量视为承包人实际完成的工程量。

总价合同采用支付分解表计量支付的，可以按照合同中"总价合同的计量"约定进行计量，但合同价款按照支付分解表进行支付。

（5）其他价格形式合同的计量。

合同当事人可在专用合同条款中约定其他价格形式合同的计量方式和程序。

4）工程进度款支付。

（1）付款周期。

除专用合同条款另有约定外，付款周期应按照合同中"计量周期"的约定与计量周期保持一致。

（2）进度付款申请单的编制。

除专用合同条款另有约定外，进度付款申请单应包括下列内容：

①截至本次付款周期已完成工作对应的金额。

②根据合同中的"变更"应增加和扣减的变更金额。

③根据合同中的"预付款"约定应支付的预付款和扣减的返还预付款。

④根据合同中的"质量保证金"约定应扣减的质量保证金。

⑤根据合同中的"索赔"应增加和扣减的索赔金额。

⑥对已签发的进度款支付证书中出现错误的修正，应在本次进度付款中支付或扣除的金额。

⑦根据合同约定应增加和扣减的其他金额。

（3）进度款审核和支付。

除专用合同条款另有约定外，监理人应在收到承包人进度付款申请单以及相关资料后7天内完成审查并报送发包人，发包人应在收到后7天内完成审批并签发进度款支付证书。发包人逾期未完成审批且未提出异议的，视为已签发进度款支付证书。发包人和监理人对承包人的进度付款申请单有异议的，有权要求承包人修正和提供补充资料，承包人应提交修正后的进度付款申请单。监理人应在收到承包人修正后的进度付款申请单及相关资料后7天内完成审查并报送发包人，发包人应在收到监理人报送的进度付款申请单及相关资料后7天内，向承包人签发无异议部分的临时进度款支付证书。存在争议的部分，按照合同中"争议解决"的约定处理。

除专用合同条款另有约定外，发包人应在进度款支付证书或临时进度款支付证书签发后14天内完成支付，发包人逾期支付进度款的，应按照中国人民银行发布的同期同类贷款基准利率支付违约金。发包人签发进度款支付证书或临时进度款支付证书，不表明发包人已同意、批准或接受了承包人完成的相应部分的工作。

13. 竣工结算

1）竣工结算申请。

除专用合同条款另有约定外，承包人应在工程竣工验收合格后28天内向发包人和监理人提交竣工结算申请单，并提交完整的结算资料，有关竣工结算申请单的资料清单和份数等要求由合同当事人在专用合同条款中约定。

除专用合同条款另有约定外，竣工结算申请单应包括以下内容：

（1）竣工结算合同价格。

（2）发包人已支付承包人的款项。

（3）应扣留的质量保证金。已缴纳履约保证金的或提供其他工程质量担保方式的除外。

（4）发包人应支付承包人的合同价款。

2）竣工结算审核。

除专用合同条款另有约定外，监理人应在收到竣工结算申请单后 14 天内完成核查并报送发包人。发包人应在收到监理人提交的经审核的竣工结算申请单后 14 天内完成审批，并由监理人向承包人签发经发包人签认的竣工付款证书。监理人或发包人对竣工结算申请单有异议的，有权要求承包人进行修正和提供补充资料，承包人应提交修正后的竣工结算申请单。

发包人在收到承包人提交竣工结算申请书后 28 天内未完成审批且未提出异议的，视为发包人认可承包人提交的竣工结算申请单，并自发包人收到承包人提交的竣工结算申请单后第 29 天起视为已签发竣工付款证书。

除专用合同条款另有约定外，发包人应在签发竣工付款证书后的 14 天内，完成对承包人的竣工付款。发包人逾期支付的，按照中国人民银行发布的同期同类贷款基准利率支付违约金；逾期支付超过 56 天的，按照中国人民银行发布的同期同类贷款基准利率的两倍支付违约金。

承包人对发包人签认的竣工付款证书有异议的，对于有异议部分应在收到发包人签认的竣工付款证书后 7 天内提出异议，并由合同当事人按照专用合同条款约定的方式和程序进行复核，或按照合同中"争议解决"约定处理。对于无异议部分，发包人应签发临时竣工付款证书，并按约定完成付款。承包人逾期未提出异议的，视为认可发包人的审批结果。

14. 缺陷责任与保修

（1）缺陷责任期。

缺陷责任从工程通过竣工验收之日起计算，合同当事人应在专用合同条款约定缺陷责任期的具体期限，但该期限最长不超过 24 个月。单位工程先于全部工程进行验收，经验收合格并交付使用的，该单位工程缺陷责任期自单位工程验收合格之日起算。因承包人原因导致工程无法按合同约定期限进行竣工验收的，缺陷责任期从实际通过竣工验收之日起计算。因发包人原因导致工程无法按合同约定期限进行竣工验收的，在承包人提交竣工验收报告 90 天后，工程自动进入缺陷责任期；发包人未经竣工验收擅自使用工程的，缺陷责任期自工程转移占有之日起开始计算。

缺陷责任期内，由承包人原因造成的缺陷，承包人应负责维修，并承担鉴定及维修费用。如承包人不维修也不承担费用，发包人可按合同约定从保证金或银行保函中扣除，费用超出保证金额的，发包人可按合同约定向承包人进行索赔。承包人维修并承担相应费用后，不免除对工程的损失赔偿责任。发包人有权要求承包人延长缺陷责任期，并应在原缺陷责任期届满前发出延长通知。但缺陷责任期（含延长部分）最长不能超过 24 个月。由他人原因造成的缺陷，发包人负责组织维修，承包人不承担费用，且发包人不得从保证金中扣除费用。

任何一项缺陷或损坏修复后，经检查证明其影响了工程或工程设备的使用性能，承包人应重新进行合同约定的试验和试运行，试验和试运行的全部费用应由责任方承担。

除专用合同条款另有约定外，承包人应于缺陷责任期届满后 7 天内向发包人发出缺陷责任期届满通知，发包人应在收到缺陷责任期满通知后 14 天内核实承包人是否履行缺陷修复义务，承包人未能履行缺陷修复义务的，发包人有权扣除相应金额的维修费用。发包人应在收到缺陷责任期届满通知后 14 天内，向承包人颁发缺陷责任期终止证书。

（2）质量保证金。

在工程项目竣工前，承包人已经提供履约担保的，发包人不得同时预留工程质量保证金。

承包人提供质量保证金有以下三种方式：①质量保证金保函；②相应比例的工程款；③双方约定的其他方式。除专用合同条款另有约定外，质量保证金原则上采用上述第①种方式。

质量保证金的扣留有以下三种方式：①在支付工程进度款时逐次扣留，在此情形下，质量保证金的计算基数不包括预付款的支付、扣回以及价格调整的金额；②工程竣工结算时一次性扣留质量保证金；③双方约定的其他扣留方式。除专用合同条款另有约定外，质量保证金的扣留原则上采用上述第①种方式。

发包人累计扣留的质量保证金不得超过工程价款结算总额的 3%。如承包人在发包人签发竣工付款证书后 28 天内提交质量保证金保函，发包人应同时退还扣留的作为质量保证金的工程价款；保函金额不得超过工程价款结算总额的 3%。发包人在退还质量保证金的同时按照中国人民银行发布的同期同类贷款基准利率支付利息。

缺陷责任期内，承包人认真履行合同约定的责任，到期后，承包人可向发包人申请返还保证金。发包人在接到承包人返还保证金申请后，应于 14 天内会同承包人按照合同约定的内容进行核实。如无异议，发包人应当按照约定将保证金返还给承包人。对返还期限没有约定或者约定不明确的，发包人应当在核实后 14 天内将保证金返还承包人，逾期未返还的，依法承担违约责任。发包人在接到承包人返还保证金申请后 14 天内不予答复，经催告后 14 天内仍不予答复，视同认可承包人的返还保证金申请。发包人和承包人对保证金预留、返还以及工程维修质量、费用有争议的，按合同约定的争议和纠纷解决程序处理。

15. 不可抗力

不可抗力是指合同当事人在签订合同时不可预见，在合同履行过程中不可避免且不能克服的自然灾害和社会性突发事件，如地震、海啸、瘟疫、骚乱、戒严、暴动、战争和专用合同条款中约定的其他情形。

合同一方当事人遇到不可抗力事件，使其履行合同义务受到阻碍时，应立即通知合同另一方当事人和监理人，书面说明不可抗力和受阻碍的详细情况，并提供必要的证明。不可抗力持续发生的，合同一方当事人应及时向合同另一方当事人和监理人提交中间报告，说明不可抗力和履行合同受阻的情况，并于不可抗力事件结束后 28 天内提交最终报告及有关资料。

不可抗力引起的后果及造成的损失由合同当事人按照法律规定及合同约定各自承担。不可抗力发生前已完成的工程应当按照合同约定进行计量支付。不可抗力导致的人员伤亡、财产损失、费用增加和（或）工期延误等后果，由合同当事人按以下原则承担：

（1）永久工程、已运至施工现场的材料和工程设备的损坏，以及因工程损坏造成的第三人人员伤亡和财产损失由发包人承担。

（2）承包人施工设备的损坏由承包人承担。

（3）发包人和承包人承担各自人员伤亡和财产的损失。

（4）因不可抗力影响承包人履行合同约定的义务，已经引起或将引起工期延误的，应当顺延工期，由此导致承包人停工的费用损失由发包人和承包人合理分担，停工期间必须支付的工人工资由发包人承担。

（5）因不可抗力引起或将引起工期延误，发包人要求赶工的，由此增加的赶工费用由发包人承担。

（6）承包人在停工期间按照发包人要求照管、清理和修复工程的费用由发包人承担。

不可抗力发生后，合同当事人均应采取措施尽量避免和减少损失的扩大，任何一方当事人没有采取有效措施导致损失扩大的，应对扩大的损失承担责任。因合同一方延迟履行合同义务，在延迟履行期间遭遇不可抗力的，不免除其违约责任。

因不可抗力导致合同无法履行连续超过 84 天或累计超过 140 天的，发包人和承包人均有权解除合同。

16. 索赔

1）承包人的索赔及对承包人索赔的处理。

根据合同约定，承包人认为有权得到追加付款和（或）延长工期的，应按以下程序向发包人提出索赔：

（1）承包人应在知道或应当知道索赔事件发生后 28 天内，向监理人递交索赔意向通知书，并说明发生索赔事件的事由；承包人未在前述 28 天内发出索赔意向通知书的，丧失要求追加付款和（或）延长工期的权利。

（2）承包人应在发出索赔意向通知书后 28 天内，向监理人正式递交索赔报告；索赔报告应详细说明索赔理由以及要求追加的付款金额和（或）延长的工期，并附必要的记录和证明材料。

（3）索赔事件具有持续影响的，承包人应按合理时间间隔继续递交延续索赔通知，说明持续影响的实际情况和记录，列出累计的追加付款金额和（或）工期延长天数。

（4）在索赔事件影响结束后 28 天内，承包人应向监理人递交最终索赔报告，说明最终要求索赔的追加付款金额和（或）延长的工期，并附必要的记录和证明材料。

2）发包人的索赔及对发包人索赔的处理。

根据合同约定，发包人认为有权得到赔付金额和（或）延长缺陷责任期的，监理人应向承包人发出通知并附有详细的证明。发包人应在知道或应当知道索赔事件发生后 28 天内通过监理人向承包人提出索赔意向通知书，发包人未在前述 28 天内发出索赔意向通知书的，丧失要求赔付金额和（或）延长缺陷责任期的权利。发包人应在发出索赔意向通知书后 28 天内，通过监理人向承包人正式递交索赔报告。

对发包人索赔的处理如下：

（1）承包人收到发包人提交的索赔报告后，应及时审查索赔报告的内容、查验发包人证明材料。

（2）承包人应在收到索赔报告或有关索赔的进一步证明材料后 8 天内，将索赔处理结果答复发包人。如果承包人未在上述期限内作出答复，则视为对发包人索赔要求的认可。

（3）承包人接受索赔处理结果的，发包人可从应支付给承包人的合同价款中扣除赔付的金额或延长缺陷责任期；发包人不接受索赔处理结果的，按合同中的"争议解决"

约定处理。

3）提出索赔的期限。

承包人按合同中的"竣工结算审核"约定接收竣工付款证书后，应被视为已无权再提出在工程接收证书颁发前所发生的任何索赔。承包人按合同中的"最终结清"提交的最终结清申请单中，只限于提出工程接收证书颁发后发生的索赔。提出索赔的期限自接受最终结清证书时终止。

第 4 节　工程量清单编制

6.4.1　工程量清单编制概述

工程量清单是载明项目编码、项目名称、项目特征、计量单位、工程数量等的明细清单，由招标人根据标准规范、项目要求、设计文件和施工现场实际情况编制，是招标文件的组成部分。工程量清单主要包含招标工程量清单、投标工程量清单和合同工程量清单，其中随招标文件发布供投标人投标报价的工程量清单称为招标工程量清单；投标文件中已标明价格，并经承包人确认的工程量清单称为投标工程量清单；构成合同文件组成部分的工程量清单称为合同工程量清单。

招标工程量清单是编制工程最高投标限价、投标报价、计算或调整工程量、索赔等的依据。投标人根据招标工程量清单进行报价，形成的已标价工程量清单是支付工程款、调整合同价款、办理竣工结算等的关键依据。

1. 工程量清单的构成

工程量清单作为招标文件的组成部分，主要由分部分项工程量清单、措施项目清单、其他项目清单、规费和增值税项目清单组成。工程量清单编制的成果文件应包括工程量清单封面、签署页、编制说明、工程量计算规则说明、工程清单及计价表格等。其中计价表格包括工程项目汇总表、单项工程汇总表、单位工程汇总表、分部分项工程汇总表、措施项目清单表、其他项目清单表、规费和增值税项目清单表等。

2. 工程量清单计价的适用范围

工程量清单计价规范适用于建设工程发承包及其实施阶段的计价活动。根据《建设工程工程量清单计价标准》GB/T 50500—2024，使用财政投资资金或国有资金投资的建设工程，应按国家及行业工程量计算标准编制工程量清单，采用工程量清单计价。国有资金投资的项目包括全部使用国有资金（含国家融资资金）投资或国有资金投资为主的工程建设项目。

1）国有资金投资的工程建设项目包括：

（1）使用各级财政预算资金的项目。

（2）使用纳入财政管理的各种政府性专项建设基金的项目。

（3）使用国有企事业单位自有资金，并且国有资产投资者实际拥有控制权的项目。

2）国家融资资金投资的工程建设项目包括：

（1）使用国家发行债券所筹资金的项目。

（2）使用国家对外借款或者担保所筹资金的项目。

（3）使用国家政策性贷款的项目。

（4）国家授权投资主体融资的项目。

（5）国家特许的融资项目。

3）国有资金（含国家融资资金）为主的工程建设项目：

是指国有资金占投资总额50%以上，或虽不足50%但国有投资者实质上拥有控股权的工程建设项目。

非国有资金投资的建设工程，宜采用工程量清单计价；不采用工程量清单计价的建设工程，应执行《建设工程工程量清单计价标准》GB/T 50500—2024中除工程量清单等专门性规定外的其他规定。目前，工程量清单计价模式已广泛应用于各类工程建设项目的计价与管理活动，其投资效益和社会效益日益明显。

3. 工程量清单的编制依据

编制招标工程量清单应依据：

（1）《建设工程工程量清单计价标准》GB/T 50500—2024以及各专业工程工程量计算规范。

（2）国家或省级、行业建设主管部门颁发的计价依据和办法。

（3）建设工程设计文件及相关资料。

（4）与建设工程有关的标准、规范、技术资料。

（5）拟定的招标文件。

（6）施工现场情况、地勘水文资料、工程特点及常规施工方案。

（7）其他相关资料。

2024年版清单计价规范与各专业工程工程量计算规范于2025年9月1日正式实施，《建设工程工程量清单计价标准》GB/T 50500—2024、《房屋建筑与装饰工程工程量计算标准》GB/T 50854—2024、《仿古建筑工程工程量计算标准》GB/T 50855—2024、《通用安装工程工程量计算标准》GB/T 50856—2024、《市政工程工程量计算标准》GB/T 50857—2024、《园林绿化工程工程量计算标准》GB/T 50858—2024、《矿山工程工程量计算标准》GB/T 50859—2024、《构筑物工程工程量计算标准》GB/T 50860—2024、《城市轨道交通工程工程量计算标准》GB/T 50861—2024、《爆破工程工程量计算标准》GB/T 50862—2024 等组成。

4. 工程量清单的编制要求

根据《建设工程工程量清单计价标准》GB/T 50500—2024,工程量清单的编制应符合以下要求:

(1)招标人应负责编制招标工程量清单,若招标人不具有编制招标工程量清单的能力,可委托具有工程造价咨询资质的工程造价咨询企业编制。

(2)招标工程量清单是招标文件的重要组成部分,招标人对编制的招标工程量清单的准确性和完整性负责,投标人依据招标工程量清单进行投标报价。

(3)招标工程量清单是招标文件组成部分,招标人在编制工程量清单时必须做到五个统一,即统一项目编码、统一项目名称、统一计量单位、统一工程量计算规则以及统一的基本格式。

(4)招标工程量清单与计价表中列明的所有需要填写单价和合价的项目,投标人均应填写且只允许有一个报价。未填写单价和合价的项目,视为此项费用已包含在已标价工程量清单中其他项目的单价和合价之中,招标人可要求投标人按《建设工程工程量清单计价标准》GB/T 50500—2024 约定方式澄清或补正。

6.4.2　分部分项工程项目清单

分部分项工程是“分部工程”和“分项工程”的总称。分部工程是单项或单位工程的组成部分,是按结构部位、路段长度及施工特点或施工任务将单项或单位工程划分为若干分部的工程。分项工程是分部工程的组成部分,是按不同施工方法、材料、工序及路段长度将分部工程划分为若干个分项或项目的工程。

分部分项工程项目清单为闭口清单,未经允许投标人对清单内容不允许做任何更改。分部分项工程项目清单必须载明项目编码、项目名称、项目特征、计量单位和工程量。分部分项工程项目清单必须根据各专业工程计算规范规定的项目编码、项目名称、项目特征、计量单位和工程量计算规则进行编制。其格式如表 6-2 所示,在分部分项工程量清单的编制过程中,由招标人负责前六项内容填列,金额部分在编制最高投标限价或投标报价时分别由招标人或投标人填列。

分部分项工程和单价措施项目清单与计价表

表 6-2

工程名称：　　　　　　　　　标段：　　　　　　　　　　　　第　页 共　页

序号	项目编码	项目名称	项目特征	计量单位	工程量	金额/元		
						综合单价	合价	其中：暂估价
			0101 土石方工程					
1	010101003001	挖沟槽土方	三类土，垫层底宽 2m，挖土深度＜4m，弃土运距＜10km	m³				
			…					
			分部小计					

注：为计取规费等的使用，可在表中增设其中："定额人工费"。

1. 项目编码

项目编码是分部分项工程项目和措施项目清单名称的阿拉伯数字标识。分部分项工程量清单项目编码以五级编码设置，用十二位阿拉伯数字表示。一、二、三、四级编码为全国统一，即一至九位按计算规范附录的规定设置；第五级即十至十二位应根据拟建工程的工程量清单项目名称设置不得有重码，这三位清单项目编码由招标人针对招标工程项目具体编制，并应自 001 其顺序编制。

各级编码代表的含义如下：

项目编码结构如图 6-3 所示（以房屋建筑与装饰工程为例）：

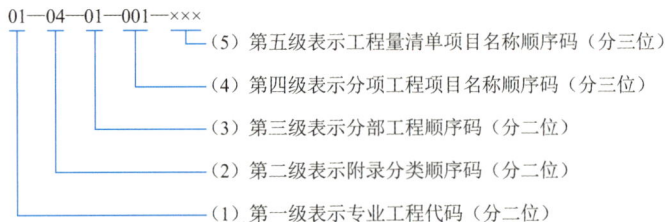

```
01—04—01—001—×××
                └─(5) 第五级表示工程量清单项目名称顺序码（分三位）
            └─(4) 第四级表示分项工程项目名称顺序码（分三位）
        └─(3) 第三级表示分部工程顺序码（分二位）
    └─(2) 第二级表示附录分类顺序码（分二位）
└─(1) 第一级表示专业工程代码（分二位）
```

图 6-3　工程量清单项目编码结构图

第五级为工程量清单项目名称顺序码由工程量清单编制人编制，从 001 开始

第四级为分项工程项目名称顺序码，001 表示砖基础

第三级为分部工程顺序码，01 表示砖砌体

第二级为附录分类顺序码，04 表示砌筑工程

第一级为专业工程代码，01 表示房屋建筑与装饰工程

当同一标段（或合同段）的一份工程量清单中含有多个单位工程且工程量清单是以单位工程为编制对象时，在编制工程量清单时应特别注意对项目编码十至十二位的设置不得有重码的规定。例如，一个标段（或合同段）的工程量清单中含有三个单位工程，每一单位工程中都有项目特征相同的实心砖墙砌体，在工程量清单中又需反映三个不同单位工程的实心砖墙砌体工程量时，则第一个单位工程的实心砖墙的项目编码应为010401003001，第二个单位工程的实心砖墙的项目编码应为 010401003002，第三个单位工程的实心砖墙的项目编码应为 010401003003，并分别列出各单位工程实心砖墙的工程量。

2. 项目名称

分部分项工程量清单的项目名称应按各专业工程工程量计算规范附录的项目名称结合拟建工程的实际确定。附录表中的"项目名称"为分项工程项目名称，是形成分部分项工程量清单项目名称的基础。即在编制分部分项工程量清单时，以附录中的分项工程项目名称为基础，考虑该项目的规格、型号、材质等特征要求，结合拟建工程的实际情况，使其工程量清单项目名称具体化、细化，以反映影响工程造价的主要因素。如"门窗工程"中"特殊门"应区分"冷藏门""冷冻闸门""保温门""变电室门""隔声门""人防门""金库门"等。清单项目名称应表述详细、准确。随着工程建设中新材料、新技术、新工艺等的不断涌现，各专业工程工程量计算规范附录中所列的工程量清单项目不可能包含所有项目。编制工程量清单出现附录中未包括的项目，编制人应做补充。在编制补充项目时应注意以下三个方面：

（1）补充项目的编码由专业工程计算规范的代码前二位（第一级）与 B 和三位阿拉伯数字组成，并应从 B001 起顺序开始编制。例如，房屋建筑与装饰工程如需补充项目，则补充项目编码应从 01B001 开始。

（2）在工程量清单中应附补充项目的项目名称、项目特征、计量单位、工程量计算规则和工作内容。

（3）将编制的补充项目报省级或行业工程造价管理机构备案。

3. 项目特征

项目特征是构成分部分项工程项目、措施项目自身价值的本质特征。项目特征是对项目的准确描述，是确定一个清单项目综合单价不可缺少的重要依据，是区分清单项目的依据，是履行合同义务的基础。分部分项工程量清单项目特征的描述应按各专业工程工程量计算规范附录中规定的项目特征内容，结合技术规范、标准图集、施工图纸，按

照工程结构、使用材质及规格或安装位置等，予以准确和全面地表述和说明。涉及正确计量、结构要求、材质要求、安装方式的内容必须描述。

4. 计量单位

计量单位应采用基本单位，除各专业另有特殊规定外均按以下单位计量：

（1）以重量计算的项目——吨或千克（t 或 kg）。

（2）以体积计算的项目——立方米（m³）。

（3）以面积计算的项目——平方米（m²）。

（4）以长度计算的项目——米（m）。

（5）以自然计量单位计算的项目一个、套、块、樘、组、台……

（6）没有具体数量的项目一宗、项……

当计量单位有两个或两个以上时，应根据所编工程量清单项目的特征要求，选择最适宜表现该项目特征并方便计量的一个单位。在一个建设项目（或标段、合同段）中，有多个单位工程的相同项目计量单位必须保持一致。

计量单位的有效位数应遵守下列规定：

（1）以"t"为单位，应保留三位小数，第四位小数四舍五入。

（2）以"m³""m²""m""kg"为单位，应保留两位小数，第三位小数四舍五入。

（3）以"个""件""组""系统"等为单位，应取整数。

5. 工程量计算

工程量计算指建设工程项目以工程设计图纸、施工组织设计或施工方案及有关技术经济文件为依据，按照各专业工程工程量计算规范的计算规则、计量单位等规定，进行工程数量的计算活动。根据《建设工程工程量清单计价标准》GB/T 50500—2024 与各专业工程工程量计算规范的规定，工程量计算规则可以分为房屋建筑与装饰工程、仿古建筑工程、通用安装工程、市政工程、园林绿化工程、构筑物工程、矿山工程、城市轨道交通工程、爆破工程九大类。

以房屋建筑与装饰工程为例，《房屋建筑与装饰工程工程量计算标准》GB/T 50854—2024 中规定的分类项目包括土石方工程，地基处理与边坡支护工程，桩基工程，砌筑工程，混凝土及钢筋混凝土工程，金属结构工程，木结构工程，门窗工程，屋面及防水工程，保温、隔热、防腐工程，楼地面装饰工程，墙、柱面装饰与隔断、幕墙工程，天棚工程，油漆、涂料、裱糊工程，其他装饰工程，措施项目等，分别制定了它们的项目设置和工程量计算规则。

除另有说明外，所有清单项目的工程量应以实体工程量为准，并以完成后的净值计算；投标人投标报价时，应在单价中考虑施工中的各种损耗和需要增加的工程量。如《通用安装工程工程量计算标准》GB/T 50856—2024 中，电缆、电线工程量中要包括预留或附加长度。

6.4.3 措施项目清单

1.措施项目列项

措施项目是指为完成工程项目施工，发生在该工程施工准备和施工过程中的技术、生活、安全、环境保护等方面的项目。

措施项目清单应根据相关工程现行国家计算规范的规定编制，并应根据拟建工程的实际情况列项。例如，《房屋建筑与装饰工程工程量计算标准》GB/T 50854—2024 中规定的措施项目，包括脚手架工程、混凝土模板及支架（撑）、垂直运输、超高施工增加、大型机械设备进出场及安拆、施工排水、施工降水、安全文明施工及其他措施项目。

2.措施项目清单的标准格式

1）措施项目清单的类别。

措施项目费用的发生与使用时间、施工方法或者两个以上的工序相关，如安全文明施工费，夜间施工，非夜间施工照明，二次搬运，冬雨季施工，地上、地下设施和建筑物的临时保护设施，已完工程及设备保护等。但是有些措施项目是可以计算工程量的，如脚手架工程，混凝土模板及支架（撑），垂直运输、超高施工增加，大型机械设备进出场及安拆，施工排水、降水等，这类措施项目按照分部分项工程量清单的方式采用综合单价计价，更有利于措施费的确定和调整。措施项目中可以计算工程量的项目（单价措施项目）宜采用分部分项工程项目清单的方式编制，列出项目编码、项目名称、项目特征、计量单位和工程量（表 6-3）；不能计算工程量的项目（总价措施项目），以"项"为计量单位进行编制。

总价措施项目清单与计价表　　　　　　　表 6-3

工程名称：　　　　　　　标段：　　　　　　　　　　第　页　共　页

序号	项目编码	项目名称	计算基础	费率/%	金额/元	调整费率/%	调整后金额/元	备注
1	LSSGCSF00001	绿色施工安全防护措施费	分部分项人工费 + 分部分项机具费	19				以分部分项人工费与分部分项机具费之和为计算基础，费率19%
2	WMGDZJF00001	文明工地增加费	分部分项人工费 + 分部分项机具费					

序号	项目编码	项目名称	计算基础	费率/%	金额/元	调整费率/%	调整后金额/元	备注
		...						
合计								

编制人（造价人员）：　　　　　　　　　　　　　　　　　　复核人（造价工程师）：

2）措施项目清单的编制。

措施项目清单的编制需考虑多种因素，除工程本身的因素外，还涉及水文、气象、环境、安全等因素。鉴于工程建设施工特点和承包人组织施工生产的施工装备水平、施工方案及其管理水平的差异，同一工程、不同承包人组织施工采用的施工措施有时是不一致的，所以措施项目清单应根据拟建工程的实际情况列项。若出现清单计算规范中未列的项目，可根据工程实际情况补充。

措施项目清单的编制依据主要有：

（1）施工现场情况、地勘水文资料、工程特点。

（2）常规施工方案。

（3）与建设工程有关的标准、规范、技术资料。

（4）拟定的招标文件。

（5）建设工程设计文件及相关资料。

6.4.4　其他项目清单

其他项目清单是指分部分项工程量清单、措施项目清单所包含的内容以外，因招标人的特殊要求而发生的与拟建工程有关的其他费用项目和相应数量的清单。工程建设标准的高低、工程的复杂程度、施工工期的长短、工程的组成内容、发包人对工程管理要求等都直接影响其他项目清单的具体内容。其他项目清单包括暂列金额，暂估价（包括材料暂估单价、工程设备暂估单价、专业工程暂估价），计日工，总承包服务费。其他项目清单宜按照表6-4的格式编制，出现未包含在表格中内容的项目，可根据工程实际情况补充。

其他项目清单与计价汇总表　　　　　　　　　　表6-4

工程名称：　　　　　　　　标段：　　　　　　　　　　　第　　页　共　　页

序号	项目名称	金额/元	结算金额/元	备注
1	暂列金额			
2	暂估价			

序号	项目名称	金额/元	结算金额/元	备注
2.1	材料（工程设备）暂估价	—		
2.2	专业工程暂估价			
3	计日工			
4	总承包服务费			
	…			
	合计			

注：材料（工程设备）暂估单价进入清单项目综合单价，此处不汇总。

1. 暂列金额

暂列金额是招标人在工程量清单中暂定并包括在合同价款中的一笔款项。用于工程合同签订时尚未确定或者不可预见的所需材料、工程设备、服务的采购，施工中可能发生的工程变更、合同约定调整因素出现时的合同价款调整以及发生的索赔、现场签证确认等的费用。

不管采用何种合同形式，其理想的标准是，一份合同的价格就是其最终的竣工结算价格，或者至少两者应尽可能接近。我国规定对国有资金投资工程实行设计概算控制管理，经项目审批部门批复的设计概算是工程投资控制的刚性指标，否则无法相对准确预测投资的收益和科学合理地进行投资控制。但工程建设自身的特性决定了工程的设计需要根据工程进展不断地进行优化和调整，业主需求可能会随工程建设进展出现变化，工程建设过程还会存在一些不能预见、不能确定的因素。消化这些因素必然会影响合同价格的调整，暂列金额正是因这类不可避免的价格调整而设立，以便达到合理确定和有效控制工程造价的目标。

暂列金额应根据工程特点，要求招标人能将暂列金额与拟用项目列出明细，如确实不能详列也可只列暂列金额总额，投标人应将上述金额计入投标总价中。暂列金额可按照表 6-5 的格式列式。

暂列金额明细表　　　　　　　　　　　　　　　　　表 6-5

工程名称：　　　　　　　　标段：　　　　　　　　　　　第　页　共　页

序号	项目名称	计量单位	暂定金额/元	备注
1	暂列金额	元		
	合计			—

注：本表由招标人填写，如不能详列，也可只列暂定金额总额，投标人应将上述暂列金额计入投标总价中。

2. 暂估价

暂估价是指招标人在招标文件中提供的用于支付必然发生但暂时不能确定价格的材料、工程设备的单价以及专业工程的金额，包括材料暂估单价、工程设备暂估单价和专业工程暂估价。暂估价数量和拟用项目应当结合工程量清单中的"暂估价表"予以补充说明。为方便合同管理，需要纳入分部分项工程量清单综合单价中的暂估价应只是材料、工程设备暂估单价，以方便投标人组价。专业工程的暂估价一般应是综合暂估价，包括人工费、材料费、施工机具使用费、企业管理费和利润，不包括规费和增值税。

材料、工程设备暂估价应根据工程造价信息或参照市场价格估算，列出明细表；专业工程暂估价应按专业划分，给出工程范围及包括内容，按有关计价规定估算，列出明细表。暂估价可按照表 6-6、表 6-7 的格式列示。

材料（工程设备）暂估单价及调整表工程　　　　　　　　　　　　　　表 6-6

工程名称：　　　　　　　　　标段：　　　　　　　　　　　　　第　　页　共　　页

序号	工程名称	工程内容	暂估金额/元	结算金额/元	差额±/元	备注
	合计					

注：本表由招标人填写"暂估单价"，并在备注栏说明暂估价的材料、工程设备拟用在哪些清单项目上，投标人应将上述材料、工程设备暂估单价计入工程量清单综合单价报价中。

专业工程暂估价及结算价表　　　　　　　　　　　　　　　　表 6-7

工程名称：　　　　　　　　　标段：　　　　　　　　　　　　　第　　页　共　　页

序号	工程名称	工程内容	暂估金额/元	结算金额/元	差额±/元	备注
1	**专业工程					
	合计					

注：此表由招标人填写，投标人应将上述专业工程暂估价计入投标总价中。

3. 计日工

在施工过程中，承包人完成发包人提出的工程合同范围以外的零星项目或工作，按合同中约定的单价计价的一种方式。计日工是为了解决现场发生的零星工作的计价而设立的。国际上常见的标准合同条款中，大多数都设立了计日工计价机制。计日工对完成零星工作所消耗的人工工日、材料数量、施工机械台班进行计量，并按照计日工表中填报的适用项目的单价进行计价支付。计日工适用的所谓零星项目或工作一般是指合同约定之外的或者因变更而产生的、工程量清单中没有相应项目的额外工作，尤其是那些难以事先商定价格的额外工作。

计日工应列出项目名称、计量单位和暂估数量。招标工程量清单中的计日工可按照表 6-8 的格式列示。

计日工表　　　　　　　　表 6-8

工程名称：　　　　　　　　标段：　　　　　　　　　　　　第　页　共　页

编号	项目名称	单位	暂定数量	实际数量	综合单价/元	合价/元	
						暂定	实际
一	人工						
1							
2							
	人工小计						
二	材料						
1							
2							
	材料小计						
三	施工机械						
1							
2							
	施工机械小计						
四	企业管理费和利润						
	总计						

注：项目名称、暂定数量由招标人填写，编制招标控制价时，单价由招标人按有关计价规定确定；投标时，单价由投标人自主报价，按暂定数量计算合价计入投标总价中。结算时，按发承包双方确认的实际数量计算合价。

4. 总承包服务费

总承包服务费是指总承包人为配合协调发包人进行的专业工程发包，对发包人自行采购的材料、工程设备等进行保管以及施工现场管理、竣工资料汇总整理等服务所需的费用。

总承包服务费的用途包括三部分，一是当招标人在法律法规允许的范围内对专业工程进行发包，要求总承包人协调服务；二是发包人自行采购供应部分材料、工程设备时，要求总承包人提供保管等相关服务；三是总承包人对施工现场进行协调和统一管理、对竣工资料进行统一汇总整理等所需的费用。

编制最高投标限价时，总承包服务费应按照省级或行业建设主管部门的规定计算。

编制投标报价时,总承包服务费应根据招标工程量清单中列出的内容和提出的要求,由投标人自主确定。

招标工程量清单中的总承包服务费计价表,按照表 6-9 的格式列示。

总承包服务费计价表　　　　　　　　表 6-9

工程名称:　　　　　　　　标段:　　　　　　　　第　页　共　页

序号	项目名称	项目价值/元	服务内容	计算基础	费率/%	金额/元
	合计					

注:此表项目名称、服务内容由招标人填写,编制招标控制价时,费率及金额由招标人按有关计价规定确定;投标时,费率及金额由投标人自主报价,计入投标总价中。

6.4.5　增值税项目清单

按照住房城乡建设部、财政部公布的《建筑安装工程费用项目组成》(建标〔2013〕44 号)规定,规费包括社会保险费、住房公积金和工程排污费等,《广东省房屋建筑与装饰工程综合定额(2018)》规定,社会保险费、住房公积金已经包含在人工费中。增值税项目计价见表 6-10。

增值税项目清单与计价表　　　　　　　　表 6-10

工程名称:　　　　　　　　标段:　　　　　　　　第　页　共　页

序号	项目名称	计算基础	费率/%	金额/元
1	增值税销项税额	分部分项合计 + 措施合计 + 其他项目	相应费率	
	合计			

编制人(造价人员):　　　　　　　　　　　　　　复核人(造价工程师):

第 5 节　最高投标限价的编制

6.5.1　最高投标限价概述

1. 最高投标限价的概念

最高投标限价,又称招标控制价,是招标人根据国家或省级、行业建设主管部门公布的有关计价依据和办法，依据拟订的招标文件和招标工程量清单，结合工程具体情况发布的对投标人的投标报价进行控制的最高价格。

最高投标限价和标底是两个不同的概念。标底是招标人的预期价格，最高投标限价是招标人可接受的上限价格。招标人不得以投标报价超过标底上下浮动范围作为否决投标的条件，但是投标人报价超过最高投标限价时将被否决。标底需要保密，最高投标限价则需要在发布招标文件时公布。

2. 最高投标限价的作用

最高投标限价的编制可有效控制投资，防止通过围标、串标方式恶性哄抬报价，给招标人带来投资失控的风险。最高投标限价或其计算方法需要在招标文件中明确，因此，最高投标限价的编制提高了透明度，避免了暗箱操作等违法活动的产生。在最高投标限价的约束下，各投标人自主报价、公开公平竞争，有利于引导投标人进行理性竞争，符合市场规律。

3. 采用最高投标限价招标应该注意的问题

（1）若"最高限价"大大高于市场平均价时，就预示中标后利润很丰厚，只要投标不超过公布的限额都是有效投标，从而可能诱导投标人串标、围标。

（2）若招标文件公布的最高限价远远低于市场平均价，就会影响招标效率。即投标人按此限额投标将无利可图，超出此限额投标又成为无效投标，结果可能出现只有 1～2 人投标或出现无人投标情况，使招标人不得不修改最高投标限价进行二次招标。

（3）最高投标限价编制工作本身是一项较为系统的工程活动，编制人员除具备相关造价知识之外，还需对工程的实际作业有全面的了解。若将其编制的重点仅仅集中在计量与计价上，忽视了对工程本身系统的了解，则很容易造成最高限价与事实不符的情况发生，使得招标与投标单位都面临较大的风险。

6.5.2　最高投标限价的编制规定与依据

1. 编制最高投标限价的规定

（1）根据住房和城乡建设部颁布的《建筑工程施工发包与承包计价管理办法》（住房和城乡建设部令第 16 号）的规定，国有资金投资的建筑工程招标的，应当设有最高投标限价；非国有资金投资的建筑工程招标的，可以设有最高投标限价或者招标标底。《建设工程工程量清单计价标准》GB/T 50500—2024 规定，国有资金投资的工程建设项目应实行工程量清单招标，招标人应编制最高投标限价，并应当拒绝高于最高投标限价的投标报价。

（2）最高投标限价应当依据工程量清单、工程计价有关规定和市场价格信息等编制。《建设工程工程量清单计价标准》GB/T 50500—2024 中将招标工程量清单表与工程量清单计价表两表合一，编制最高投标限价时，其项目编码、项目名称、项目特征、计量单位、工程量各栏与招标工程量清单的一致，对"综合单价""合价"以及"其中：暂估价"按计价规范规定填写。最高投标限价编制的格式见表 6-2"分部分项工程和单价措施项目清单与计价表"。

（3）最高投标限价应由具有编制能力的招标人，或受其委托具有相应资质的工程造价咨询人编制。工程造价咨询人不得同时接受招标人和投标人对同一工程的最高投标限价和投标报价的编制。

（4）为防止招标人有意压低投标人的报价，最高投标限价应在招标文件中公布，对所编制的最高投标限价不得按照招标人的主观意志人为地进行上浮或下调。在公布最高投标限价时，除公布最高投标限价的总价外，还应公布各单位工程的分部分项工程费、措施项目费、其他项目费、规费和增值税。

（5）招标人应将最高投标限价及有关资料报送工程所在地工程造价管理机构备查。最高投标限价超过批准的概算时，招标人应将其报原概算审批部门审核。由于我国对国有资金投资项目的投资控制实行的是设计概算审批制度，国有资金投资的工程设计概算相当于工程招标的最高限额，原则上不能超过批准的设计概算。经过分析审查后确认必须超过已审批的设计概算的，由建设单位上报原设计概算批准机构重新核定。

（6）投标人经复核认为招标人公布的最高投标限价未按照《建设工程工程量清单计价标准》GB/T 50500—2024 的规定进行编制的，应在最高投标限价公布后 5 天内向招标投标监督机构和工程造价管理机构投诉。工程造价管理机构受理投诉后，应立即对最高投标限价进行复查，组织投诉人、被投诉人或其委托的最高投标限价编制人等单位人员对投诉问题逐一核对，有关当事人应当予以配合，并保证所提供资料的真实性。当最高投标限价复查结论与原公布的最高投标限价误差大于±3%时，应责成招标人改正。当重新公布最高投标限价时，若从重新公布之日起至原投标截止时间不足 15 天的，应延长投标截止期。

2. 最高投标限价的编制依据

最高投标限价的编制依据是指在编制最高投标限价时需要进行工程量计量、价格确认、工程计价的有关参数、率值的确定等工作时所需的基础性资料，主要包括：

（1）现行国家标准《建设工程工程量清单计价标准》GB/T 50500—2024 与各专业工程工程量计算规范。

（2）国家或省级、行业建设主管部门颁发的计价定额和计价办法。

（3）建设工程设计文件及相关资料。

（4）拟定的招标文件及招标工程量清单。

（5）与建设项目相关的标准、规范、技术资料。

（6）施工现场情况、工程特点及常规施工方案。

（7）工程造价管理机构发布的人工、材料、设备及机械单价等工程造价信息；工程造价信息没有发布的，参照市场价。

（8）其他相关资料。

6.5.3　最高投标限价的编制内容

最高投标限价应当编制完善的编制说明。编制说明应包括工程规模、涵盖的范围、采用的预算定额和依据、基础单价来源、税费确定标准等内容，以方便对最高投标限价进行理解和审查。

最高投标限价的编制内容包括分部分项工程费、措施项目费、其他项目费、规费和增值税，各个部分有不同的计价要求。

1. 分部分项工程费的编制要求

（1）分部分项工程费应根据拟定的招标文件中的分部分项工程量清单及有关要求，按《建设工程工程量清单计价标准》GB/T 50500—2024 有关规定确定综合单价计价。

（2）工程量依据招标文件中提供的分部分项工程量清单确定。

（3）招标文件提供了暂估单价的材料，应按暂估单价计入综合单价。

（4）为使最高投标限价与投标报价所包含的内容一致，综合单价中应包括招标文件中要求投标人所承担的风险内容及其范围（幅度）产生的风险费用，文件没有明确的，应提请招标人明确。

2. 措施项目费的编制要求

（1）措施项目费中的安全文明施工费应当按照国家或省级、行业建设主管部门的规定标准计价，该部分不得作为竞争性费用。

（2）不同工程项目、不同施工单位会有不同的施工组织方法，所发生的措施费也会有所不同。因此，对于竞争性措施项目费的确定，招标人应依据工程特点，结合施工条件和施工方案，考虑其经济性、实用性、先进性、合理性和高效性。

（3）措施项目应按招标文件中提供的措施项目清单确定，措施项目分为以"量"计算和以"项"计算两种。对于可精确计量的措施项目，以"量"计算，按其工程量用与分部分项工程量清单单价相同的方式确定综合单价；对于不可精确计量的措施项目，则以"项"为单位，采用费率法按有关规定综合确定，采用费率法时需确定某项费用的计费基数及其费率，结果应是包括除规费、增值税以外的全部费用。计算公式为：

$$以"项"计算的措施项目清单费 = 措施项目计费基数 \times 费率 \tag{6-2}$$

3. 其他项目费的编制要求

（1）暂列金额。暂列金额可根据工程的复杂程度、设计深度、工程环境条件（包括地质、水文、气候条件等）进行估算。

（2）暂估价。暂估价中的材料和工程设备单价应按照工程造价管理机构发布的工程造价信息中的材料和工程设备单价计算，如果发布的部分材料和工程设备单价为一个范围，宜遵循就高原则编制最高投标限价；工程造价信息未发布的材料和工程设备单价，其单价参考市场价格估算；暂估价中的专业工程暂估价应分不同专业，按有关计价规定估算。

（3）计日工。计日工包括人工、材料和施工机械。在编制最高投标限价时，对计日工中的人工单价和施工机械台班单价应按省级、行业建设主管部门或其授权的工程造价管理机构公布的单价计算。如果人工单价、费率标准等有浮动范围可供选择时，应在合理范围内选择偏低的人工单价和费率值，以缩小最高投标限价与合理成本价的差距。材料应按工程造价管理机构发布的工程造价信息中的材料单价计算，如果发布的部分材料单价为一个范围，宜遵循就高原则编制最高投标限价；工程造价信息未发布单价的材料，其价格应在确保信息来源可靠的前提下，按市场调查、分析确定的单价计算，并计取一定的企业管理费和利润。未采用工程造价管理机构发布的工程造价信息时，需在招标文件或答疑补充文件中对最高投标限价采用的与造价信息不一致的市场价格予以说明。

（4）总承包服务费。编制最高投标限价时，总承包服务费应按照省级或行业建设主管部门的规定计算，或者根据行业经验标准计算。针对一般情况，可参考的常用标准如下：

①招标人仅要求对分包的专业工程进行总承包管理和协调时，按分包的专业工程估算造价的 1.5%计算。

②招标人要求对分包的专业工程进行总承包管理和协调，并同时要求提供配合服务时，根据招标文件中列出的配合服务内容和提出的要求，按分包的专业工程估算造价的 3%～5%计算。

③招标人自行供应材料、工程设备的，按招标人供应材料、工程设备价值的 1%计算。

4. 规费和增值税的编制要求

规费和增值税应按国家或省级、行业建设主管部门的规定计算，不得作为竞争性费用。增值税计算式如下：

$$增值税 = (分部分项工程量清单费 + 措施项目清单费 + 其他项目清单费) \times$$
$$增值税税率 \qquad\qquad (6-3)$$

6.5.4　最高投标限价的确定

1.最高投标限价计价程序

建设工程的最高投标限价反映的是单位工程费用，各单位工程费用是由分部分项工程费、措施项目费、其他项目费、规费和增值税组成。单位工程量高投标限价计价程序见表 6-11。

单位工程最高投标限价计价程序表　　　　　　　　表 6-11

工程名称：　　　　　　　　标段：　　　　　　　　　　　　　第　　页 共　　页

序号	汇总内容	计算方法	金额/元
1	分部分项工程	按计价规定计算	
1.1	土石方工程	按计价规定计算	
1.2	…	按计价规定计算	
2	措施项目	按计价规定计算	
2.1	绿色施工安全防护措施费	按规定标准估算	
2.2	其他措施费	按规定标准估算	
3	其他项目		
3.1	其中：暂列金额	按计价规定估算	
3.2	其中：专业工程暂估价	按计价规定估算	
3.3	其中：计日工	按计价规定估算	
3.4	其中：总承包服务费	按计价规定估算	
4	增值税	$(1+2+3) \times$ 增值税税率	
	最高投标限价合计 $= 1+2+3+4$		

注：本表适用于单位工程最高投标限价计算或投标报价计算，如无单位工程划分，单项工程也使用本表。

2.综合单价的确定

最高投标限价的分部分项工程费应由各单位工程的招标工程量清单乘以其相应综合单价汇总而成。综合单价的确定应按照招标文件中的分部分项工程量清单的项目名称、工程量、项目特征描述，依据工程所在地区颁布的计价定额和人工、材料、机械台班价格信息等进行编制，并应编制工程量清单综合单价分析表。编制最高投标限价在确定其综合单价时，应根据招标文件中关于风险的约定考虑一定范围内的风险因素，以百分比的形式预留一定的风险费用。招标文件中应说明双方各自承担风险所包括的范围及超出该范围的价格调整方法。对于招标文件中未作要求或要求不清晰的可按以下原则确定：

（1）对于技术难度较大、施工工艺复杂和管理复杂的项目，可考虑一定的风险费用，或适当调高风险预期和费用，并纳入综合单价中。

（2）对于工程设备、材料价格因市场价格波动造成的市场风险，应依据招标文件的规定，工程所在地或行业工程造价管理机构的有关规定，以及市场价格趋势，收集工程所在地近一段时间以来的价格信息，对比分析找出其波动规律，适当考虑一定波动风险率值后的风险费用，纳入综合单价中。

（3）增值税、规费等法律、法规、规章和政策变化的风险和人工单价等风险费用不应纳入综合单价。

第 6 节　投标报价编制

6.6.1　投标报价编制的原则与依据

投标报价是投标人投标时响应招标文件要求所报出的，对已标价工程量清单汇总后标明的总价。投标报价是投标人希望达成工程承包交易的期望价格，它不能高于招标人设定的最高投标限价，也不能低于工程成本价。为使得投标报价更加合理并具有竞争性，投标报价的编制应遵循一定的原则与依据。

1.投标报价的编制原则

报价是投标的关键性工作，报价是否合理不仅直接关系到投标的成败，还关系到中标后企业的盈亏。投标报价编制原则如下：

（1）投标报价是实现市场调节价的一项内容，应由投标人自主确定，但必须执行《建设工程工程量清单计价标准》GB/T 50500—2024 和各专业工程工程量计算规范的强制性规定。投标价应由投标人或受其委托的工程造价咨询人编制。

（2）投标人的投标报价不得低于工程成本。根据《招标投标法》第四十一条，中标人的投标应能满足招标文件的实质性需求，并且经评审的投标价格最低，但是投标价格低于成本的除外。根据《评标委员会和评标方法暂行规定》（七部委令第 12 号）第二十一条，在评标过程中，评标委员会发现投标人的报价明显低于其他投标报价或者在设有标底时明显低于标底，使得其投标报价可能低于其个别成本的，应当要求该投标人作出书面说明并提供相关证明材料。投标人不能合理说明或者不能提供相关证明材料的，由评标委员会认定该投标人以低于成本报价竞标，其投标应作废标处理。

（3）投标人应对影响工程施工的现场条件进行全面考察，依据招标人介绍情况作出的判断和决策，由投标人自行负责。投标人在踏勘现场中如有疑问，应在招标人答疑前以书面形式向招标人提出，以便于得到招标人的解答。

（4）招标文件中设定的发承包双方责任划分，是投标报价费用计算必须考虑的因素。投标人根据其所承担的责任考虑要分摊的风险范围和相应费用而选择不同的报价，根据工程发承包模式考虑投标报价的费用内容和计算深度。

（5）以施工方案、技术措施等作为投标报价计算的基本条件；以反映企业自身技术水平和管理能力的企业定额作为计算人工、材料和机械台班消耗量的基本依据；充分利用现场考察、调研成果、市场价格信息和行情资料，编制基础报价。

（6）投标人在投标报价中填写的工程量清单的项目编码、项目名称、项目特征、计量单位、工程数量必须与招标人招标文件中提供的一致。报价计算方法要科学严谨，简明适用。

2. 投标报价的编制依据

根据《建设工程工程量清单计价标准》GB/T 50500—2024 的规定，投标报价应根据下列依据编制：

（1）《建设工程工程量清单计价标准》GB/T 50500—2024 与各专业工程工程量计算规范。

（2）国家或省级、行业建设主管部门颁布的计价办法。

（3）企业定额，国家或省级、行业建设主管部门颁布的计价定额。

（4）招标文件、工程量清单及其补充通知、答疑纪要。

（5）建设工程设计文件及相关资料。

（6）施工现场情况、工程特点及拟定的投标施工组织设计或施工方案。

（7）与建设项目相关的标准、规范等技术资料。

（8）市场价格信息或工程造价管理机构发布的工程造价信息。

（9）其他相关资料。

6.6.2　投标报价的前期工作

任何一个施工项目的投标报价都是一项复杂的系统工程，需要周密思考，统筹安排。在取得招标信息后，投标人首先要决定是否参加投标，如果参加投标，即进行一系列前期工作，然后进入询价与编制阶段。整个投标过程需遵循一定的程序，如图 6-4 所示。

```
前期工作
    取得招标信息
    确定参加投标，准备资料
    通过资格预审，获取招标文件
    组建投标报价班子
    研究招标文件 | 准备与投标有关的所有资料 | 工程现场调查

调查询价
    搜集投标信息 | 复核工程量 | 各种询价
    制订项目管理规划

报价编制
    分部分项工程项目 | 措施项目 | 其他项目 | 规费增值税项目
    计算分部分项综合单价及措施费
    确定基础标价
    选择报价策略调整标价
    最终确定投标报价
    编制投标文件
```

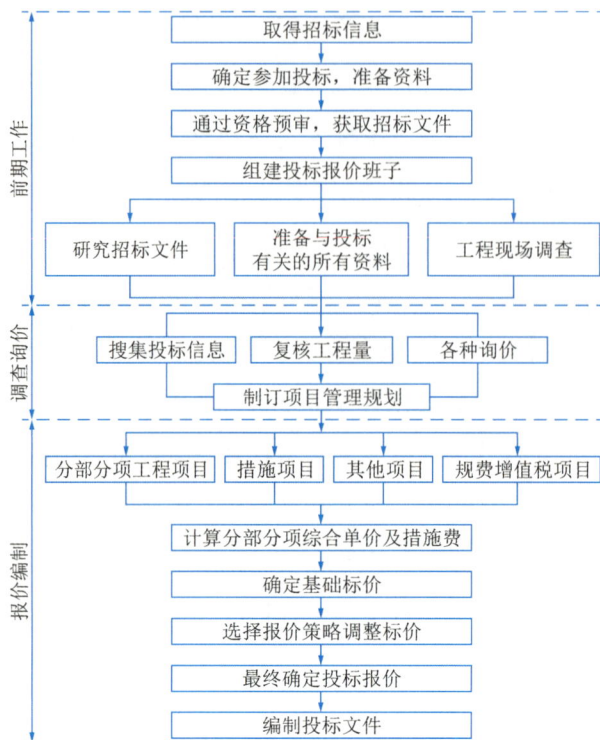

图 6-4　投标报价编制流程图

1. 研究招标文件

投标人取得招标文件后，为保证工程量清单报价的合理性，应对投标人须知、合同条件、技术规范、图纸和工程量清单等重点内容进行分析，以满足《招标投标法》中"能够最大限度地满足招标文件中规定的各项综合评价标准"或"能够满足招标文件的实质性要求"的规定。

1）投标人须知

投标人须知反映了招标人对投标的要求，特别要注意项目的资金来源、投标书的编制和递交、投标保证金、更改或备选方案、评标方法等，重点在于防止投标被否决。

2）合同分析

（1）合同背景分析。投标人有必要了解与自己承包的工程内容有关的合同背景，了解监理方式，了解合同的法律依据，为报价和合同实施及索赔提供依据。

（2）合同形式分析。主要分析承包方式（如分项承包、施工承包、设计与施工总承包和管理承包等），计价方式（如单价方式、总价方式、成本加酬金方式等）。

（3）合同条款分析。主要包括：

①承包商的任务、工作范围和责任。

②工程变更及相应的合同价款调整。

③付款方式、时间。应注意合同条款中关于工程预付款、材料预付款的规定。根据这些规定和预计的施工进度计划，计算出占用资金的数额和时间，从而计算出需要支付的利息数额并计入投标报价。

④施工工期。合同条款中关于合同工期、竣工日期、部分工程分期交付工期等规定，这是投标人制定施工进度计划的依据，也是报价的重要依据。要注意合同条款中有无工期奖罚的规定，尽可能做到在工期符合要求的前提下报价有竞争力，或在报价合理的前提下工期有竞争力。

⑤业主责任。投标人所制定的施工进度计划和做出的报价，都是以业主履行责任为前提的。所以，应注意合同条款中关于业主责任措辞的严密性，以及关于索赔的有关规定。

3）技术标准和要求分析

工程技术标准是按工程类型来描述工程技术和工艺内容特点，对设备、材料、施工和安装方法等所规定的技术要求，有的是对工程质量进行检验、试验和验收所规定的方法和要求。它们与工程量清单中各子项工作密不可分，报价人员应在准确理解招标人要求的基础上对有关工程内容进行报价。任何忽视技术标准的报价都是不完整、不可靠的，有时可能导致工程承包重大失误和亏损。

4）图纸分析

图纸是确定工程范围、内容和技术要求的重要文件，也是投标者确定施工方法等施工计划的主要依据。图纸的详细程度取决于招标人提供的施工图设计所达到的深度和所采用的合同形式。详细的设计图纸可使投标人比较准确地估价，而不够详细的图纸则需要估价人员采用综合估价方法，其结果一般不很精确。

2. 调查工程现场

招标人在招标文件中一般会明确进行工程现场踏勘的时间和地点。投标人对一般区域调查重点注意以下几个方面：

（1）自然条件调查

自然条件调查主要包括对气象资料，水文资料，地震、洪水及其他自然灾害情况，地质情况等的调查。

（2）施工条件调查

施工条件调查内容主要包括：工程现场的用地范围、地形、地貌、地物、高程，地上或地下障碍物，现场的"三通一平"情况；工程现场周围的道路、进出场条件、有无特殊交通限制；工程现场施工临时设施、大型施工机具、材料堆放场地安排的可能性，是否需要二次搬运；工程现场邻近建筑物与招标工程的间距、结构形式、基础埋深、新旧程度、高度；市政给水及污水、雨水排放管线位置、高程、管径、压力、废水、污水处理方式，市政、消防供水管道管径、压力、位置等；当地供电方式、方位、距离、电压等；当地燃气供应能力，管线位置、高程等；工程现场通信线路的连接和铺设；当地政府有关部门对施工现场管理的一般要求、特殊要求及规定，是否允许节假日和夜间施工等。

（3）其他条件调查

其他条件调查内容主要包括各种构件、半成品及商品混凝土的供应能力和价格，以及现场附近的生活设施、治安等情况的调查。

6.6.3　询价与工程量复核

1. 询价

询价是投标报价的基础，它为投标报价提供可靠的依据。投标人在投标报价之前，必须通过各种渠道，采用多种方式获得准确的价格信息，以便在报价过程中对工程材料、施工机具等要素进行及时、正确的定价，从而保证准确控制投资额、节省投资、降低成本。询价时要特别注意两个问题，一是产品质量必须可靠，并满足招标文件的有关规定；二是供货方式、时间、地点，有无附加条件和费用。

1）询价的渠道

（1）直接与生产厂商联系。

（2）了解生产厂商的代理人或从事该项业务的经纪人。

（3）了解经营该项产品的销售商。

（4）向咨询公司进行询价，通过咨询公司所得到的询价资料比较可靠，但需要支付一定的咨询费用，也可向同行了解。

（5）通过互联网查询。

（6）自行进行市场调查或信函询价。

2）生产要素询价

（1）材料询价。材料询价的内容包括调查对比材料价格、供应数量、运输方式、保险和有效期、不同买卖条件下的支付方式等。询价人员在施工方案初步确定后，立即发出材料询价单，并催促材料供应商及时报价。收到询价单后，询价人员应将从各种渠道所询得的材料报价及其他有关资料汇总整理。对同种材料从不同经销部门所得到的所有资料进行比较分析，选择合适、可靠的材料供应商的报价，提供给工程报价人员使用。

（2）施工机械询价。在外地施工需用的机具，有时在当地租赁或采购可能更为有利，因此，事前有必要进行施工机具的询价。必须采购的机械机具，可向供应厂商询价。对于租赁的机械机具，可向专门从事租赁业务的机构询价，并应详细了解其计价方法。

（3）劳务询价。劳务询价主要有两种情况：一种是成建制的劳务公司，相当于劳务分包，一般费用较高，但素质较可靠，工效较高，承包商的管理工作较轻；另一种是劳务市场招募零散劳动力，根据需要进行选择，这种方式虽然劳务价格低廉，但有时素质达不到要求或工效较低，且承包商的管理工作较繁重。投标人应在对劳务市场充分了解的基础上决定采用哪种方式，并以此为依据进行投标报价。

3）分包询价

总承包商在确定了分包工作内容后，就将分包专业的工程施工图纸和技术说明送交预先选定的分包单位，请他们在约定的时间内报价，以便进行比较选择，最终选择合适的分包人。对分包人询价应注意以下几点：分包标函是否完整，分包工程单价所包含的内容，分包人的工程质量、信誉及可信赖程度，质量保证措施，分包报价。

2. 复核工程量

工程量的大小是投标报价编制的直接依据。在投标时间允许的情况下可以对主要项目的工程量进行复核，对比与招标文件提供的工程量差距，从而考虑相应的投标策略，决定报价尺度。

投标人复核工程量，要与招标文件所给的工程量进行对比，应注意以下几方面：

（1）投标人应认真根据招标说明、图纸、地质资料等招标文件资料，计算主要清单工程量，复核工程量清单。

（2）为响应招标文件，投标人复核工程量的目的不是修改工程量清单，即使有误，投标人也不能修改工程量清单中的工程量。对于工程量清单中存在的错误，投标人可以向招标人提出，由招标人统一修改并把修改情况通知所有投标人。

（3）针对工程量清单中工程量的遗漏或错误，是否向招标人提出修改意见取决于投标策略。投标人可以运用一些报价技巧提高报价质量，以此获得更大的收益。

（4）通过工程量计算复核能准确地确定订货及采购物资的数量，防止由于超量或少购带来的浪费、积压和停工待料。同时，形成对整个工程施工规模的整体概念，并据此投入相应的劳动力数量，采用合适的施工方法，选择适用的施工设备等。

3. 制定项目管理规划

项目管理规划是工程投标报价的重要依据，项目管理规划应分为项目管理规划大纲和项目管理实施规划。当承包商以编制施工组织设计代替项目管理规划时，施工组织设计应满足项目管理规划的要求，具体细则见《建设工程项目管理规范》GB/T 50326—2017。

6.6.4 投标报价的编制方法和内容

投标报价的编制过程，应首先根据招标人提供的工程量清单编制分部分项工程和措施项目清单计价表，其他项目清单与计价汇总表，规费、增值税项目计价表，计算完毕之后，汇总得到单位工程投标报价汇总表，再逐层汇总，分别得出单项工程投标报价汇总表、建设工程项目投标总价汇总表和投标总价的组成，如图 6-5 所示。在编制过程中，投标人应按招标人提供的工程量清单填报价格。填写的项目编码、项目名称、项目特征、计量单位、工程数值必须与招标人提供的一致。

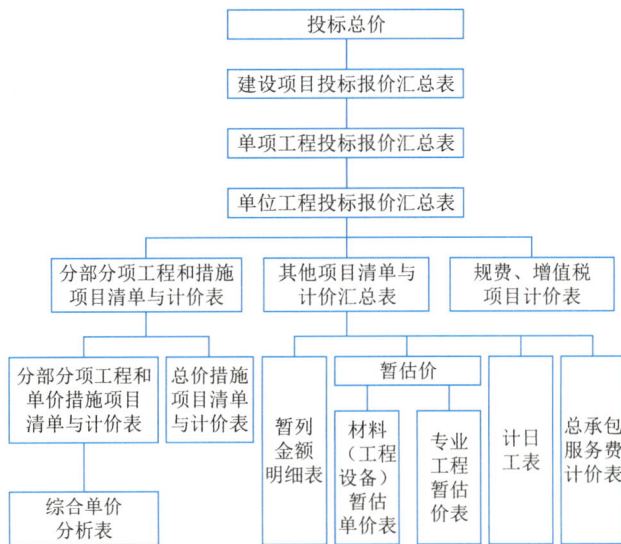

图 6-5　建设项目施工投标总价组成

1. 分部分项工程和措施项目清单与计价表的编制

1）分部分项工程和单价措施项目清单与计价表的编制

投标人投标报价中的分部分项工程费和以单价计算的措施项目费应按招标文件中分部分项工程和单价措施项目清单与计价表的特征描述确定综合单价计算。因此，确定综合单价是分部分项工程和单价措施项目清单与计价表编制过程中最主要的内容。综合单价包括完成一个规定工程量清单项目所需的人工费、材料和工程设备费、施工机具使用费、企业管理费、利润，以及一定范围内的风险费用的分摊。

综合单价 = 人工费 + 材料和工程设备费 + 施工机具使用费 + 管理费 + 利润　　(6-4)

（1）确定综合单价时的注意事项。

①以项目特征描述为依据。项目特征是确定综合单价的重要依据之一，投标人投标报价时应依据招标文件中清单项目的特征描述确定综合单价。在招标投标过程中，当出现招标工程量清单特征描述与设计图纸不符时，投标人应以招标工程量清单的项目特征描述为准，确定投标报价的综合单价。在工程实施阶段施工图纸或设计变更与招标工程量清单项目特征描述不一致时，发承包双方应按实际施工的项目特征，依据合同约定重新确定综合单价。

②材料、工程设备暂估价的处理。招标文件的其他项目清单中提供了暂估单价的材料和工程设备，应按其暂估的单价计入清单项目的综合单价。

③考虑合理的风险。招标文件中要求投标人承担的风险费用，投标人应考虑将其纳入综合单价。在施工过程中，当出现的风险内容及其范围（幅度）在招标文件规定的范围（幅度）内时，综合单价不得变动，合同价款不作调整。

（2）综合单价确定的步骤和方法。

当分部分项工程内容比较简单，由单一计价子项计价，且《建设工程工程量清单计价标准》GB/T 50500—2024 与所使用计价定额中的工程量计算规则相同时，综合单价的确定只需用相应计价定额子目中的人、材、机费做基数计算管理费、利润，再考虑相应的风险费用即可。当工程量清单给出的分部分项工程与所用计价定额的单位不同或工程量计算规则不同，则需要按计价定额的计算规则重新计算工程量，并按照下列步骤来确定综合单价。

①确定计算基础。计算基础主要包括消耗量指标和生产要素单价。应根据本企业的企业消耗量定额，并结合拟定的施工方案确定完成清单项目需要消耗的各种人工、材料、机械台班的数量。若没有企业定额或企业定额缺项时，可参照与本企业实际水平相近的国家、地区、行业定额，并通过调整来确定清单项目的人、材、机单位用量。各种人工、材料、机械台班的单价，则应根据询价的结果和市场行情综合确定。

②分析每一清单项目的工程内容。在招标工程量清单中，招标人已对项目特征进行了准确、详细的描述，投标人根据这一描述，再结合施工现场情况和拟定的施工方案确定完成各清单项目实际应发生的工程内容。必要时可参照《建设工程工程量清单计价标准》GB/T 50500—2024 中提供的工程内容，有些特殊的工程也可能出现规范列表之外的工程内容。

③计算工程内容的工程数量与清单单位的含量。每一项工程内容都应根据所选定额的工程量计算规则计算其工程数量，当定额的工程量计算规则与清单的工程量计算规则

相一致时，可直接以工程量清单中的工程量作为工程内容的工程数量。

当采用清单单位含量计算人工费、材料费、施工机具使用费时，还需要计算每一计量单位的清单项目所分摊的工程内容的工程数量，即清单单位含量。

$$清单单位含量 = \frac{某工程的定额工程量}{清单工程量} \tag{6-5}$$

④分部分项工程人工、材料、机械费用的计算。以完成每一计量单位的清单项目所需的人工、材料、机械用量为基础计算，即：

$$每一计量单位清单项目某种资源的使用 = 该种资源的定额单位用量 \times \\ 相应定额条目的清单单位含量 \tag{6-6}$$

再根据预先确定的各种生产要素的单位价格可计算出每一计量单位清单项目的分部分项工程的人工费、材料费与施工机具使用费。

$$人工费 = 完成单位清单的所需人工的工日数量 \times 人工工日单价 \tag{6-7}$$

$$材料费 = \sum 完成单位清单项目所需各种材料、半成品的数量 \times \\ 各种材料、半成品的单价 \tag{6-8}$$

$$施工机具使用费 = \sum 完成单位清单项目所需各种施工机具的台班数量 \times \\ 各种机具的台班单价 \tag{6-9}$$

当招标人提供的其他项目清单中列示了材料暂估价时，应根据招标人提供的价格计算材料费，并在分部分项工程量清单与计价表中表现出来。

⑤计算综合单价。企业管理费和利润的计算可按照人工费、材料费、机具费之和按照一定的费率取费计算。

$$企业管理费 = (人工费 + 材料费 + 施工机具使用费) \times 企业管理费费率 \tag{6-10}$$

$$利润 = (人工费 + 材料费 + 施工机具使用费 + 企业管理费) \times 利润率 \tag{6-11}$$

（3）编制分部分项工程与单价措施项目清单与计价表。

将上述五项费用汇总并考虑合理的风险费用后，即可得到清单综合单价。根据计算出的综合单价，可编制分部分项工程和单价措施项目清单与计价表，见表6-12。

分部分项工程和单价措施项目清单与计价表（投标报价）　　　　表6-12

工程名称：　　　　　　　　标段：　　　　　　　　　　　　　第　页　共　页

序号	项目编码	项目名称	项目特征	计量单位	工程量	金额/元		
						综合单价	合价	其中：暂估价
			…					
		0105 混凝土及钢筋混凝土工程						

续表

序号	项目编码	项目名称	项目特征	计量单位	工程量	金额/元		
						综合单价	合价	其中：暂估价
18	010503001001	基础梁	1. 混凝土种类：普通商品混凝土 2. 混凝土强度等级：C25	m³	136.00	706.87	96134.32	
	…							
25	010515001002	现浇构件钢筋	1. 钢筋种类、规格：Ⅲ级、螺纹钢φ10 以内	t	22	5848.53	128667.66	100980.00
26	010515001003	现浇构件钢筋	1. 钢筋种类、规格：Ⅲ级、螺纹钢φ25 以内	t	198	5589.42	1106705.16	913275.00
	…							
			混凝土及钢筋混凝土工程合计				2541050.19	1014255.00
	…							
			分部分项合计				5007358.14	1014255.00
			0117 措施项目					
41	粤 011701008001	综合钢脚手架	1. 钢筋混凝土框架结构 2. 檐口高度：40.80m	m²	7764.5	31.76	246600.52	
	…							
			单价措施合计				1447886.84	
			合计				6455244.98	1014255.00

注：为计取规费等的使用，可在表中增设其中："定额人工费"。

（4）编制工程量清单综合单价分析表。

为表明综合单价的合理性，投标人应对其进行单价分析，以作为评标时的判断依据。综合单价分析表的编制应反映上述综合单价的编制过程，并按照规定的格式进行，见表 6-13。

工程量清单综合单价分析表（投标报价）　　　　表 6-13

工程名称：　　　　　　　　　　标段：　　　　　　　　　　　　　第　页 共　页

项目编码	010515001003		项目名称	现浇构件钢筋	计量单位	t	工程量	198

清单综合单价组成明细

定额编号	定额名称	定额单位	数量	单价				合价			
				人工费	材料费	机械费	管理费和利润	人工费	材料费	机械费	管理费和利润
A1-5-109 换	现浇构件带肋钢筋（Ⅲ级以上）φ25 以内	t	1	543.97	4696.5	56.31	292.64	543.97	4696.5	56.31	292.64

人工单价	小计		543.97	4696.50	56.31	292.64
	未计价材料费					
	清单项目综合单价			5589.42		
材料费明细	主要材料名称、规格、型号	单位	数量	单价/元	合价/元	暂估单价/元	暂估合价/元

材料费明细	主要材料名称、规格、型号	单位	数量	单价/元	合价/元	暂估单价/元	暂估合价/元
	低碳钢焊条综合	kg	9.65	6.01	58.00		
	其他材料费	元	11.83	1.00	11.83		
	螺纹钢筋φ25 以内	t	1.025			4500.00	4612.50
	其他材料费		—		14.16	—	
	材料费小计		—		83.99	—	4612.5

注：1. 如不使用省级或行业建设主管部门发布的计价依据，可不填定额编号、名称等。
　　2. 招标文件提供了暂估单价的材料，按暂估的单价填入表内"暂估单价"栏及"暂估合价"栏。

2）总价措施项目清单与计价表的编制

对于不能精确计量的措施项目，应编制总价措施项目清单与计价表。投标人对措施项目中的总价项目投标报价应遵循以下原则：

（1）措施项目的内容应依据招标人提供的措施项目清单和投标人投标时拟定的施工组织设计或施工方案确定。

（2）措施项目费由投标人自主确定，但其中安全文明施工费必须按照国家或省级、行业建设主管部门的规定计价，不得作为竞争性费用。招标人不得要求投标人对该项费用进行优惠，投标人也不得将该项费用参与市场竞争。

投标报价时总价措施项目清单与计价表的编制见表 6-14。

总价措施项目清单与计价表（投标报价）　　　　　　表 6-14

工程名称：　　　　　　　　标段：　　　　　　　　第　页　共　页

序号	项目编码	项目名称	计算基础	费率/%	金额/元	调整费率/%	调整后金额/元	备注
1	LSSGCSF00001	绿色施工安全防护措施费	分部分项人工费＋分部分项机具费	19	175471.47			
2	WMGDZJF00001	文明工地增加费	分部分项人工费＋分部分项机具费	0				
3	011707002001	夜间施工增加费		0				
4	GGCSF0000001	赶工措施费	分部分项人工费＋分部分项机具费	0				
5	QTFY00000001	其他费用						

续表

序号	项目编码	项目名称	计算基础	费率/%	金额/元	调整费率/%	调整后金额/元	备注
		...						
		合计			175471.47			

编制人（造价人员）：　　　　　　　　　　　　　复核人（造价工程师）：

注：1. 计算基础中绿色施工安全防护措施费可为"定额基价""定额人工费"或"定额人工费＋定额机械费"，其他项目可为"定额人工费"或"定额人工费＋定额施工机具使用费"。
　　2. 按施工方案计算的措施费，若无"计算基础"和"费率"的数值，也可只填"金额"数值，但应在备注栏说明施工方案出处或计算方法。

2. 其他项目清单与计价表的编制

其他项目费由暂列金额、暂估价、计日工与总承包服务费组成，见表 6-15。

其他项目清单与计价汇总表（投标报价）　　　　表 6-15

工程名称：　　　　　　　　标段：　　　　　　　　　　　第　页　共　页

序号	项目名称	金额/元	结算金额/元	备注
1	暂列金额	350000.00		明细详见暂列金额明细表
2	暂估价	1214255.00		明细详见材料（工程设备）暂估单价表
2.1	材料暂估价	—		
2.2	专业工程暂估价	200000.00		明细详见专业工程暂估价表
3	计日工	31760.00		明细详见计工表
4	总承包服务费	18142.55		明细详见总承包服务费计价表
5	预算包干费	64647.38		
6				
	合计	1878804.93		

注：材料（工程设备）暂估单价计入清单项目综合单价，此处不汇总。

投标人对其他项目费投标报价时应遵循以下原则：

（1）暂列金额应按照招标人提供的其他项目清单中列出的金额填写，不得变动，见表 6-16。

暂列金额明细表（投标报价）　　　　表 6-16

工程名称：　　　　　　　　标段：　　　　　　　　　　　第　页　共　页

序号	项目名称	计量单位	暂定金额/元	备注
1	自行车棚工程	项	100000.00	
2	工程量偏差与设计变更	项	100000.00	

续表

序号	项目名称	计量单位	暂定金额/元	备注
3	政策性调整和材料价格波动	项	100000.00	
4	其他	项	50000.00	
	合计		350000.00	

注：本表由招标人填写，如不能详列，也可只列暂定金额总额，投标人应将上述暂列金额计入投标总价中。

（2）暂估价不得变动和更改。招标文件暂估单价表中列出的材料、工程设备必须按招标人提供的暂估单价计入清单项目的综合单价，见表6-17；专业工程暂估价必须按照招标人提供的其他项目清单中列出的金额填写，见表6-18。

材料（工程设备）暂估单价及调整表（投标报价）　　　　表 6-17

工程名称：　　　　　　　　标段：　　　　　　　　　　第　页 共　页

序号	材料（工程设备）名称、规格、型号	计量单位	数量		暂估/元		确认/元		差额/元		备注
			暂估	确认	单价	合价	单价	合价	单价	合价	
1	螺纹钢筋φ10 以内	t	22.44		4500	100980.00					用于现浇钢筋混凝土项目
2	螺纹钢筋φ25 以内	t	202.95		4500	913275.00					
	合计					1014255.00					

注：本表中招标人填写"暂估单价"，并在备注栏说明暂估价的材料、工程设备拟用在哪些清单项目上，投标人应将上述材料、工程设备暂估单价计入工程量清单综合单价报价中。

专业工程暂估单价及结算价表（投标报价）　　　　表 6-18

工程名称：　　　　　　　　标段：　　　　　　　　　　第　页 共　页

序号	项目名称	工程内容	暂估金额/元	结算金额/元	差额±/元	备注
1	空调工程	合同图纸中标明的以及空调工程规范和技术说明中规定的各系统中的设备、管道、阀门、线缆等的供应、安装和调试工作	200000.00			
	合计		200000.00			

注：本表"暂估金额"由招标人填写，投标人应将"暂估金额"计入投标总价中。结算时按合同约定结算金额填写。

（3）计日工应按照其他项目清单列出的项目和估算的数量，自主确定各项综合单价并计算费用，计日工表见表6-19。

计日工表（投标报价）　　　　表 6-19

工程名称：　　　　　　　　标段：　　　　　　　　　　第　页 共　页

编号	项目名称	单位	暂定数量	实际数量	综合单价/元	合价/元	
						暂定	实际
一	人工						

续表

编号	项目名称	单位	暂定数量	实际数量	综合单价/元	合价/元 暂定	合价/元 实际
1	普工	工日	100.00		80.00	8000.00	
2	技工	工日	60.00		110.00	6600.00	
人工小计						14600.00	
二	材料						
1	钢筋（规格见施工图）	t	1.00		4500.00	4500.00	
2	水泥 42.5	t	2.00		600.00	1200.00	
3	中砂		10.00		80.00	800.00	
4	砾门（5mm～40mm）	m³	5.00		42.00	210.00	
5	页岩砖（240mm×115mm×53mm）	千块	1.00		300.00	300.00	
材料小计						7010.00	
三	施工机具						
1	自升式塔吊起重机	台班	5.00		1550.00	7750.00	
2	钢筋弯曲机	台班	2.00		1200.00	2400.00	
施工机具小计						10150.00	
合计						31760.00	

注：本表项目名称、暂定数量由招标人填写，编制最高投标限价时，单价由招标人按有关计价规定确定；投标时，单价由投标人自主报价，按暂定数量计算合价计入投标总价中。结算，按发承包双方确认的实际数量计算合价。

（4）总承包服务费应根据招标人在招标文件中列出的分包专业工程内容和供应材料、设备情况，按照招标人提出的协调、配合与服务要求和施工现场管理需要自主确定，总承包服务费计价表见表 6-20。

总承包服务费计价表（投标报价）　　　表 6-20

工程名称：　　　　　　标段：　　　　　　　　　第　　页 共　　页

序号	项目名称	项目价值/元	服务内容	计算基础	费率/%	金额/元
1	发包人发包专业工程	200000.00	要求对发包人发包的专业工程进行总承包管理和协调，并同时要求提供配合和服务	项目价值	4	8000.00
2	发包人提供材料	1014255.00	对发包人供应的材料进行验收及保管和使用发放	项目价值	1	10142.55
合计			—		—	18142.55

注：本表项目名称、服务内容由招标人填写，编制最高投标限价时，费率及金额由招标人按有关计价规定确定；投标时，费率及金额由投标人自主报价，计入投标总价中。

3. 规费、增值税项目清单与计价表的编制

规费和增值税应按国家或省级、行业建设主管部门的规定计算，不得作为竞争性费用。这是由于规费和增值税的计取标准是依据有关法律、法规和政策规定制定的，具有

强制性。因此，投标人在投标报价时必须按照上述有关规定计算规费和增值税。增值税项目清单与计价表的编制，见表 6-21（不考虑规费）。

增值税项目清单与计价表（投标报价）　　表 6-21

工程名称：　　　　　　标段：　　　　　　　　第　页 共　页

序号	项目名称	计算基础	费率/%	金额/元
1	增值税	分部分项工程费 + 措施项目费 + 其他项目费	9	656573.97
		合计		656573.97

编制人（造价人员）：　　　　　　　　　　　　复核人（造价工程师）：

4. 投标报价的汇总

投标人的投标总价应当与组成工程量清单的分部分项工程费、措施项目费、其他项目费和规费、增值税的合计金额相一致，即投标人在进行工程量清单招标的投标报价时，不能进行投标总价优惠（或降价、让利），投标人对投标报价的任何优惠（或降价、让利）均应反映在相应清单项目的综合单价中。

施工企业某单位工程投标报价汇总表见表 6-22。

投标报价计价汇总表　　表 6-22

工程名称：　　　　　　标段：　　　　　　　　第　页 共　页

序号	汇总内容	金额/元	其中：暂估价/元
1	分部分项工程	5007358.14	1014255.00
0105	混凝土及钢筋混凝土工程	2541050.19	1014255.00
…	门窗		
2	措施项目	1623358.31	
2.1	其中：绿色施工安全防护措施费	541288.93	
2.2	其他措施费	1082069.38	
3	其他项目	664549.93	
3.1	其中：暂列金额	350000.00	
3.2	其中：专业工程暂估价/结算价	200000.00	
3.3	其中：计日工	31760.00	
3.4	其中：总承包服务费	18142.55	
3.5	其中：预算包干费	64647.38	
4	税前工程造价	7295266.38	
5	增值税销项税额	656573.97	
	投标报价合计 = 1+2+3+4+5	15247106.73	1014255.00

5. 投标报价的策略

投标报价策略是指投标人在投标竞争中的系统工作部署及参与投标竞争的方式和手段。对投标人而言，投标报价策略是投标取胜的重要方式、手段和艺术。投标报价策略可分为基本策略和报价技巧两个层面。

（1）基本策略。

①可选择报高价的情形。

投标单位遇到下列情形时，其报价可高一些：施工条件差的工程（如条件艰苦、场地狭小或地处交通要道等）；专业要求高的技术密集型工程且投标单位在这方面有专长，声望也较高；总价低的小工程，以及投标单位不愿做而被邀请投标，又不便不投标的工程；特殊工程，如港口码头、地下开挖工程等；投标对手少的工程；工期要求紧的工程；支付条件不理想的工程。

②可选择报低价的情形。

投标单位遇到下列情形时，其报价可低一些：施工条件好的工程，工作简单、工作量大但其他投标人都可以做的工程（如大量土方工程、一般房屋建筑工程等）；投标单位急于打入某一市场、某一地区，或虽已在某一地区经营多年，但即将面临没有工程的情况，机械设备无工地转移时；附近有工程而本项目可利用该工程的设备、劳务或有条件短期内突击完成的工程；投标对手多，竞争激烈的工程；非急需工程；支付条件好的工程。

（2）报价技巧。

报价技巧是指投标中具体采用的对策和方法，常用的报价技巧有不平衡报价法、多方案报价法、无利润报价法和突然降价法等。

①不平衡报价法。指在不影响工程总报价的前提下，通过调整内部各个项目的报价，以达到既不提高总报价、不影响中标，又能在结算时得到更理想的经济效益的报价方法。

②多方案报价法。指在投标文件中报两个价：一个是按招标文件的条件报价，另一个是加注解的报价，即如果某条款做某些改动，报价可降低多少，以此降低总报价，吸引招标人。

③无利润报价法。对于缺乏竞争优势的承包单位，在不得已时可采用根本不考虑利润的报价方法，以获得中标机会。

④突然降价法。先按照一般情况报价或表现出自己对该工程兴趣不大，等到投标截止时，再突然降价。采用此本报价技巧，可以迷惑对手，提高中标概率。但对投标单位的分析判断和决策能力要求较高。

⑤增加建议方案法。招标文件中有时规定，可提一个建议方案，即可以修改原设计方案，提出投标单位的方案。这时投标单位应抓住机会，组织一批有经验的设计和施工工程师，仔细研究招标文件中的设计和施工方案，提出更为合理的方案以吸引建设单位，促进自己的方案中标。

⑥其他报价技巧。针对计日工、暂定金额、可供选择的项目使用不同的报价手段，以此获得更高收益。同时，投标报价中附带优惠条件也是一种行之有效的手段。此外，投标单位可采用分包商的报价，将分包商的利益与自己捆绑在一起，不但可以防止分包商事后反悔和涨价，还能迫使分包商报出较合理的价格，以便共同争取中标。

真题训练

1. 按照相关规定，招标人和中标人双方签订合同应在（   ）。【单选题】

   A. 评标后 5 日内

   B. 发出中标通知书 30 日内

   C. 无具体规定

   D. 发出中标通知书 30 个工作日内

【答案】B

2. 《工程建设项目招标范围和规模标准规定》中规定：勘察、设计、监理等服务的采购，单项合同必须进行招标的估算价在（   ）万元以上。【单选题】

   A. 20   B. 100   C. 150   D. 50

【答案】D

3. 缺陷责任期从工程通过竣工验收之日起计算，合同当事人应在专用合同条款约定缺陷责任期的具体期限最长不超过（   ）月。【单选题】

   A. 12   B. 24   C. 36   D. 48

【答案】B

4. 在投标人报价超过时将被否决，且需要在发布招标文件时公布的是（   ）。【单选题】

   A. 投标下限   B. 投标限价   C. 工程概算   D. 工程预算

【答案】B

5. 评标委员会成员应为（　　　）人以上的单数，评标委员会中技术、经济等方面的专家不得少于成员总数的（　　　）。【单选题】

A. 5，2/3
B. 7，4/5
C. 5，1/3
D. 3，2/3

【答案】A

6. 投标报价技巧是投标单位为了争取中标后多获利而采取的对策和方法。常用的报价技巧有（　　　）等。【多选题】

A. 不平衡报价法
B. 多方案报价法
C. 无利润报价法
D. 二次报价法
E. 突然降价法

【答案】ABCE

7. 投标报价时，投标人应按《招标文件》中招标人提供的工程量清单进行填报价格。填写的内容包括：（　　　）必须与《招标文件》中提供的一致。【多选题】

A. 项目编码
B. 项目名称
C. 项目特征
D. 计量单位
E. 工程数值

【答案】ABCDE

8. 变更估价的原则包括（　　　）。【多选题】

A. 已标价工程量清单或预算书有相同项目的，按照相同项目单价认定

B. 已标价工程量清单或预算书中无相同项目，按照市场价认定

C. 已标价工程量清单或预算书中无相同项目，但有类似项目的，参照类似项目的单价认定

D. 变更导致实际完成的变更工程量与已标价工程量清单或预算书中列明的该项目工程量的变化幅度超过15%的，由合同当事人按照合同约定的商定和确定制度确定变更工作的单价

E. 已标价工程量清单或预算书中无相同项目及类似项目单价的，按照合理的成本与利润构成的原则

【答案】ACDE

9. 某政府投资民用建筑工程项目拟进行施工招标,该项招标应当具备的条件有( )。【多选题】

    A. 资金或资金来源已经落实

    B. 按照国家有关规定需要履行项目审批手续的,已经履行审批手续

    C. 建筑施工许可证已经取得

    D. 有满足施工招标需要的设计文件及其他技术资料

    E. 施工组织设计已经完成

【答案】ABD

10. 分部分项工程量清单项目特征的描述,应按各专业工程的工程量计算规范附录中规定的项目特征内容,结合( )等,予以准确和全面地表述和说明。涉及正确计量、结构要求、材质要求、安装方式的内容必须描述。【多选题】

    A. 技术规范   B. 标准图集

    C. 施工图纸   D. 按照工程结构

    E. 使用材质及规格或安装位置

【答案】ABCDE

第**7**章

工程施工和竣工阶段造价管理

📑 本章提示

掌握 工程施工成本管理的流程及内容；工程变更的范围及工作内容；工程索赔产生的原因及结果；工程计量；工程竣工结算的编制和审核；竣工决算的概念及内容。

熟悉 工程变更权；工程索赔的分类、依据和前提条件；预付款及期中支付；合同解除的价款结算与支付；工程质量保证金的处理。

了解 工程索赔的计算；竣工结算款的支付及最终结清；竣工决算的编制与审核；新增资产价值的确定。

🔣 知识体系

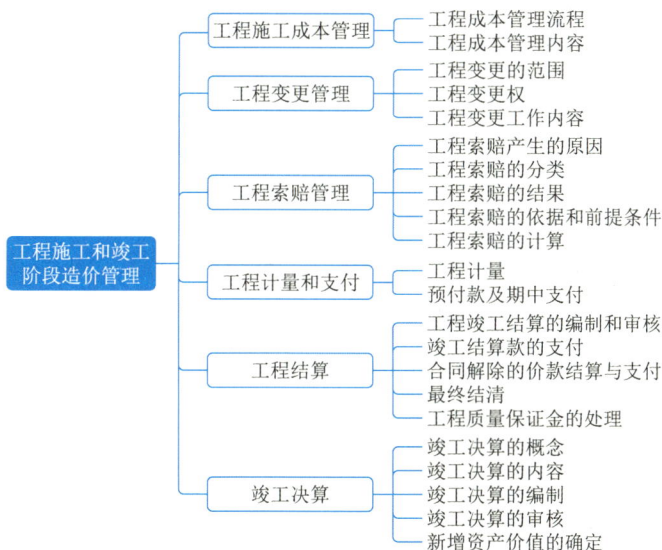

第 1 节   工程施工成本管理

施工阶段是实现建设工程价值的主要阶段，也是资金投入量较大的阶段。在施工阶段，由于施工组织设计、工程变更、工程签证、事项索赔、计量方式的差异以及工程实施中各种不可预见因素的影响，使得施工阶段的造价管理难度增大。

在施工阶段，建设单位应通过编制资金使用计划、及时安排工程计量与过程结算、测算并处理好工程变更与索赔等成本管理措施，达到有效控制工程造价的效果。施工承包单位也应做好进度计划、成本计划、成本动态监控等工作，结合建设项目的工期、质量、安全、环保等要求，达到有效控制施工成本的效果。

7.1.1   工程成本管理流程

工程成本管理是一个有机联系与相互制约的系统过程，应遵循下列程序：

（1）掌握成本测算数据（生产要素的价格信息及中标的施工合同价）。

（2）编制成本计划，确定成本实施目标。

（3）进行成本控制。

（4）进行施工过程成本核算。

（5）进行施工过程成本分析。

（6）进行施工过程成本考核。

（7）编制施工成本报告。

（8）工程成本管理资料归档。

7.1.2   工程成本管理内容

1. 成本测算

成本测算是指发承包单位凭借历史数据和工程经验，运用一定方法对工程项目未来的成本水平及其可能的发展趋势做出科学估计的管理方式。它是编制项目工程成本计划的依据，通常是对工程项目计划工期内影响成本的因素进行分析，比照近期已完工程项目的成本（单位成本），预测这些因素对工程成本的影响程度，估算出工程项目的单位成本或总成本。

工程成本的常用测算方法是成本法，通过企业定额来测算拟施工工程的成本，并考虑建设期物价等风险因素进行调整的方法。

2. 成本计划

成本计划是在成本测算的基础上，发承包单位及其项目经理部对计划期内工程项目成本水平所做的筹划，包含生产费用、成本水平及为降低成本采取的主要措施和规划的具体方案。成本计划是目标成本的一种表达形式，是建立项目成本管理责任制、开展成本控制和核算的基础，是进行成本费用控制的主要依据。

1）成本计划的内容

工程成本计划一般由直接成本计划和间接成本计划组成。

（1）直接成本计划。主要反映工程项目直接成本的预算成本、计划降低额及计划降低率。主要包括工程项目的成本目标及核算原则、降低成本计划表或总控制方案、对成本计划估算过程的说明及对降低成本途径的分析等。

（2）间接成本计划。主要反映工程项目间接成本的计划数及降低额，在编制计划时，成本项目应与会计核算中间接成本项目的内容一致。

2）成本计划的编制方法

（1）目标利润法。是指根据工程项目的合同价格扣除目标利润后得到目标总成本并进行分解的方法。

（2）技术进步法。是指根据工程项目计划采取的技术组织措施和节约措施所能取得的经济效果为项目成本降低额，求得项目目标成本的方法，即：

$$项目目标成本 = 项目成本估算值(投标时) - 项目成本降低额 \qquad (7-1)$$

（3）按实计算法。是指根据工程项目的实际资源消耗测算为基础，根据所需资源的实际价格，详细计算各项活动或各项成本组成的目标成本，即：

$$人工费 = \sum(各类人员计划用工量 \times 实际工资单价) \qquad (7-2)$$

$$材料费 = \sum(各类材料的计划用量 \times 实际材料单价) \qquad (7-3)$$

$$施工机具使用费 = \sum(各类机具的计划台班量 \times 实际台班单价) \qquad (7-4)$$

在此人工费、材料费、施工机具使用费计算的基础上，结合施工技术和管理方案等测算管理费、措施费等，最后构成项目的目标成本。

3. 成本控制

成本控制是指在工程项目实施过程中，对影响工程项目成本的各项要素（包括人工费、材料费、施工机具使用费、管理费等）加强管理，通过实施过程监控严格审核各项费用是否符合成本计划，对偏离计划的情况及时纠偏，保证工程项目成本目标的实现。工程成本控制就是实际成本与计划成本之间的差异对比，当实际成本超出计划成本时，须采取各种有效措施，将实际发生的各种消耗和支出严格控制在成本计划范围内。

1）成本控制环节

工程成本控制包括计划预控、过程控制和纠偏调整三个重要环节。

（1）计划预控。是指运用计划管理的手段事先做好各项施工活动的成本安排，使工程项目预期成本目标的实现建立在有充分技术和管理措施保障的基础上，为工程项目的技术与资源的合理配置和消耗控制提供依据。控制的重点是优化工程项目实施方案、合理配置资源和控制生产要素的采购价格。

（2）过程控制。是指控制实际成本的发生，包括实际采购费用发生过程的控制、劳动力和生产资料使用过程的消耗控制、质量成本及管理费用的支出控制。发承包单位应充分发挥工程项目成本责任体系的约束和激励机制，提高施工过程的成本控制能力。

（3）纠偏调整。是指在工程项目实施过程中，对各项成本进行动态跟踪核算，发现实际成本与目标成本产生偏差时，分析原因，采取有效措施予以纠偏调整。

2）成本控制的方法

（1）成本分析表法。成本分析表法是指利用表格进行成本分析和控制的方法，应用成本分析表法可以清晰地进行成本比较研究。

（2）工期–成本同步分析法。成本伴随着工程进展而发生，成本控制与进度控制之间有着必然的同步关系。如果成本与进度不对应，说明工程项目进展中出现虚盈或虚亏的不正常现象。

（3）赢得值法（挣值法）。赢得值法是一种能全面衡量工程进度、成本状况的整体方法，其基本要素是用货币量代替工程量来测量工程的进度，它不以投入资金的多少来反映工程的进展，而是以资金已经转化为工程成果的量来衡量，是一种完整和有效的工程项目监控指标和方法。

（4）价值工程方法。价值工程方法是对工程项目进行事前成本控制的重要方法，在工程项目施工阶段，研究施工技术和组织的合理性，探索有无改进的可能性，在提高功能的条件下，确定最佳施工方案，降低施工成本。

4. 成本核算

成本核算是发承包单位利用会计核算体系，对工程项目施工过程中所发生的各项费用进行归集，统计其实际发生额，并计算工程项目总成本和单位工程成本的管理工作。工程项目成本核算是发承包单位成本管理最基础的工作，成本核算所提供的各种信息，是成本分析和成本考核等的依据。

1）成本核算对象和范围

项目经理部应建立和健全以单位工程为对象的成本核算财务体系，严格区分企业经营成本和项目生产成本，在工程项目实施阶段不对企业经营成本进行分摊，以正确反映工程项目可控成本的收、支、结、转的状况和成本管理业绩。

成本核算应以项目经理责任成本目标为基本核算范围；以项目经理授权范围相对应的可控责任成本为核算对象，进行全过程按月跟踪核算。根据工程当月形象进度，对已完工程实际成本按照分部分项工程进行归集，并与相应范围的计划成本进行比较，分析各分部分项工程成本偏差的原因，并在后续工作中采取有效控制措施进一步寻找降本挖潜的途径。

2）成本核算方法

（1）表格核算法。表格核算法是建立在内部各项成本核算基础上，由各要素部门和核算单位定期采集信息并按有关规定填制一系列的表格，完成数据比较、考核和简单的核算而形成工程项目施工成本核算体系。其优点是比较简洁明了，直观易懂，易于操作，适时性较好。缺点是覆盖范围较窄，核算债权债务等比较困难；且较难实现科学严密的审核制度，有可能造成数据失实，精度较差。

（2）会计核算法。会计核算法是指建立在会计核算基础上，利用会计核算所独有的借贷记账法和收支全面核算的综合特点，按工程项目成本内容和收支范围，组织工程项目成本的核算。

（3）成本费用归集与分配法。进行成本核算时，能够直接计入有关成本核算对象的，直接计入；不能直接计入的，采用一定的分配方法计入各成本核算对象成本，然后计算出工程项目的实际成本。成本核算对象包括人工费、材料费、施工机具使用费、措施费，以及间接成本。

①人工费。人工费计入成本的方法，一般应根据企业实行的具体工资制度而定。一般采用实用工时（或定额工时）工资平均分摊价格进行计算。

②材料费。工程项目耗用的材料应根据限额领料单、退料单、报损报耗单，大件材料耗用计算单等计入工程项目成本。工程竣工后的剩余材料，应填写"退料单"据以办理材料退库手续，同时冲减相关成本核算对象的材料费。

③施工机具使用费。按自有机具和租赁机具分别加以核算。从外单位或本企业内部独立核算的机械列入施工机具支付的租赁费，直接计入成本核算对象的机具使用费。如租入的机具是为两个或两个以上的工程服务，应以租入机具所服务的各个工程受益对象提供的作业台班数量为基数进行分配，计算公式如下：

$$平均台班租赁费 = \frac{支付的租赁费总额}{租入机具作业总台班数} \tag{7-5}$$

自有机具费用应按各个成本核算对象实际使用的机具台班数计算所分摊的机具使用费，分别计入不同的成本核算对象成本中。

在施工机具使用费中，占比重最大的往往是施工机具折旧费。按现行财务制度规定，施工承包单位计提折旧一般采用平均年限法和工作量法。技术进步较快或使用寿命受工作环境影响较大的施工机具和运输设备，经国家财政主管部门批准，可采用双倍余额递减法或年数总和法计提折旧。

A. 平均年限法。也称使用年限法，是指按照固定资产的预计使用年限平均分摊固定资产折旧额的方法，计算公式为：

$$年折旧率 = \frac{1 - 预计净残值率}{折旧年限} \times 100\% \tag{7-6}$$

$$年折旧额 = 固定资产原值 \times 年折旧率 \tag{7-7}$$

净残值率按照固定资产原值的 3%～5%确定。

B. 工作量法。是指按照固定资产生产经营过程中所完成的工作量计提折旧的一种方法，适用于各种时期使用程度不同的专业机械或设备，计算公式为：

a. 按照行驶里程计算折旧额时：

$$单位里程折旧额 = \frac{原值 \times (1 - 预计净残值率)}{规定的总行驶里程} \tag{7-8}$$

$$年折旧额 = 年实际行驶里程 \times 单位里程折旧额 \tag{7-9}$$

b. 按照台班计算折旧额时：

$$每台班折旧额 = \frac{原值 \times (1 - 预计净残值率)}{规定的总工作台班} \tag{7-10}$$

$$年折旧额 = 年实际工作台班 \times 每台班折旧额 \tag{7-11}$$

C. 双倍余额递减法。是指按照固定资产账面净值和固定的折旧率计算折旧的方法，它属于一种加速折旧的方法。其年折旧率是平均年限法的两倍，并且在计算年折旧率时不考虑预计净残值率。采用这种方法时，折旧率是固定的，但计算基数逐年递减，因此计提的折旧额逐年递减。

双倍余额递减法的计算公式为：

$$年折旧率 = \frac{2}{折旧年限} \times 100\% \tag{7-12}$$

$$年折旧额 = 固定资产账面净值 \times 年折旧率 \tag{7-13}$$

实行双倍余额递减法的固定资产，应当在其固定资产折旧年限到期前两年内，将固定资产账面净值扣除预计净残值后的净额平均摊销。

④措施费。凡能分清受益对象的，应直接计入受益成本核算对象中。如与若干个成本核算对象有关的，可先归集到措施费总账中，月末再按适当的方法分配计入有关成本核算对象的措施费中。

⑤间接成本。分清受益对象的间接成本，直接计入受益成本核算对象中；也可在项目"间接成本"总账中进行归集，月末统一按一定的分配标准计入受益成本核算对象。

5. 成本分析

成本分析是揭示工程项目成本变化情况及其变化原因的过程。成本分析为成本考核提供依据，也为未来的成本预测与成本计划编制指明方向。

1）成本分析的方法。比较法、因素分析法、差额计算法、比率法等。

（1）比较法。是通过技术经济指标的对比检查目标的完成情况，分析产生差异的原因，进而挖掘内部潜力的方法。其特点是通俗易懂、简单易行、便于掌握。比较法的应用通常有下列形式：

①本期实际指标与目标指标对比。

②本期实际指标与上期实际指标对比。

③本期实际指标与本行业平均水平、先进水平对比。

（2）因素分析法。这种方法可用来分析各种因素对成本的影响程度。在进行分析时，首先要假定众多因素中的一个因素发生了变化，而其他因素则不变，再在前一个因素变动的基础上分析第二个因素的变动，然后逐个替换，分别比较其计算结果，以确定各个因素的变化对成本的影响程度，据此对企业的成本计划执行情况进行评价，并提出进一步的改进措施。

（3）差额计算法。差额计算法是因素分析法的一种简化形式，它利用各个因素的目标值与实际值的差额来计算其对成本的影响程度。

（4）比率法。比率法是指用两个以上的指标的比例进行分析的方法。其基本特点是，先把对比分析的数值变成相对数，再观察其相互之间的关系。

2）成本分析的类别。工程成本的类别有分部分项工程成本，月（季）度成本，年度成本，以及竣工成本的综合分析。这些成本都是随着工程项目施工的进展而逐步形成的，与生产经营有着密切的关系。因此，做好上述成本的分析工作，无疑将促进工程项目的生产经营管理，提高工程项目的经济效益。

（1）分部分项工程成本分析。分部分项工程成本分析是施工项目成本分析的基础。分部分项工程成本分析的对象为主要的已完分部分项工程。分析的方法是：进行预算成本、目标成本和实际成本的"三算"对比，分别计算实际成本与预算成本、实际成本与目标成本的偏差，分析偏差产生的原因，为今后的分部分项工程成本寻求节约途径。

（2）月（季）度成本分析。月（季）度成本分析是项目定期的、经常性的中间成本分析。通过月（季）度成本分析，可以及时发现问题，以便按照成本目标指定的方向进行监督和控制，保证工程项目成本目标的实现。

（3）年度成本分析。由于工程项目的施工周期一般较长，除进行月（季）度成本核算和分析外，还要进行年度成本的核算和分析。因为通过年度成本的综合分析，可以总结一年来成本管理的成绩和不足，为今后的成本管理提供经验和教训。

（4）竣工成本的综合分析。凡是有多个单位工程而且是单独进行成本核算的项目，其竣工成本分析应以各单位工程竣工成本分析资料为基础，再加上项目经理部的经营效益（如资金调度、对外分包等所产生的效益）进行综合分析。如果施工项目只有一个成本核算对象（单位工程），就以该成本核算对象的竣工成本资料作为成本分析的依据。单位工程竣工成本分析应包括：竣工成本分析，主要资源节约或超支对比分析，主要技术节约措施及经济效果分析。

6. 成本考核

成本考核是在工程项目建设过程中或项目完成后，定期对项目形成过程中的各单位成本管理的成绩或失误进行总结与评价。发承包单位应建立和健全工程项目成本考核制度，对考核目的、时间、范围、对象、方式、依据、指标、组织领导以及结论与奖惩原则等作出明确规定。

1）成本考核的内容。工程成本的考核，包括企业对项目成本的考核和企业对项目经理部可控责任成本的考核。企业对项目成本的考核包括对施工成本目标（降低额）完成情况的考核和成本管理工作业绩的考核。企业对项目经理部可控责任成本的考核包括：

（1）项目成本目标和阶段成本目标完成情况。

（2）建立以项目经理为核心的成本管理责任制的落实情况。

（3）成本计划的编制和落实情况。

（4）对各部门、各施工队和班组责任成本的检查和考核情况。

（5）在成本管理中贯彻责、权、利相结合原则的完成情况。

2）成本考核指标：

（1）企业的项目成本考核指标：

$$项目施工成本降低额 = 项目合同施工成本 - 项目实际施工成本 \qquad (7\text{-}14)$$

$$项目施工成本降低率 = \frac{项目施工成本降低额}{项目合同施工成本} \times 100\% \qquad (7\text{-}15)$$

（2）项目经理部可控责任成本考核指标：

①项目经理责任目标总成本降低额和降低率：

$$目标总成本降低额 = 项目经理责任目标总成本 - 项目经理责任实际总成本 \qquad (7\text{-}16)$$

$$目标总成本降低率 = \frac{目标总成本降低额}{项目经理责任目标总成本} \times 100\% \qquad (7\text{-}17)$$

②工程责任目标成本实际降低额和降低率：

$$工程责任目标成本实际降低额 = 施工责任目标总成本 - 施工责任实际总成本 \qquad (7\text{-}18)$$

$$工程责任目标成本降低率 = \frac{施工责任目标成本降低额}{施工责任目标总成本} \times 100\% \qquad (7\text{-}19)$$

③工程计划成本实际降低额和降低率：

$$工程计划成本实际降低额 = 施工计划总成本 - 施工实际总成本 \qquad (7\text{-}20)$$

$$工程计划成本实际降低率 = \frac{施工计划成本实际降低额}{施工计划总成本} \times 100\% \qquad (7\text{-}21)$$

发承包单位应充分利用工程项目成本核算资料和报表，由企业运营管理部门对项目经理部的成本和效益进行全面考核，在此基础上做好工程项目成本效益的考核与评价，并按照项目经理部的绩效，落实成本管理责任制的激励措施。

第 2 节　工程变更管理

工程变更是指合同实施过程中由发包人批准的对合同工程的工作内容、工程数量、质量要求、施工顺序与时间、施工条件、施工工艺或其他特征及合同条件等的改变。工程变更的管理要严格依据合同变更条款的规定，合同变更条款是工程变更的行动指南。

根据《建设工程施工合同（示范文本）》（GF-2017-0201）通用合同条款，变更管理主要有以下内容。

7.2.1　工程变更的范围

工程变更包括以下五个方面：

1.增加或减少合同中任何工作，或追加额外的工作。

2. 取消合同中任何工作，但转由他人实施的工作除外。

3. 改变合同中任何工作的质量标准或其他特性。

4. 改变工程的基线、标高、位置和尺寸。

5. 改变工程的时间安排或实施顺序。

7.2.2　工程变更权

发包人和工程师（指监理人、咨询人等业主授权的第三方，下同）均可以提出变更。变更指示均通过工程师发出，工程师发出变更指示前应征得发包人同意。承包人收到经发包人签认的变更指示后，方可实施变更。未经许可，承包人不得擅自对工程的任何部分进行变更。

涉及设计变更的，应由设计人提供变更后的图纸和说明。如变更超过原设计标准或批准的建设规模时，发包人应及时办理规划、设计变更等审批手续。

7.2.3　工程变更工作内容

1. 发包人提出变更

发包人提出变更的，应通过工程师向承包人发出变更指示，变更指示应说明计划变更的工程范围和变更的内容。

2. 工程师提出变更建议

工程师提出变更建议的，需要向发包人以书面形式提出变更计划，说明计划变更工程范围和变更的内容、理由，以及实施该变更对合同价格和工期的影响。发包人同意变更的，由工程师向承包人发出变更指示。发包人不同意变更的，工程师无权擅自发出变更指示。

3. 变更执行

承包人收到工程师下达的变更指示后，认为不能执行，应立即提出不能执行该变更指示的理由。承包人认为可以执行变更的，应当书面说明实施该变更指示对合同价格和工期的影响，且合同当事人应当按照合同变更估价条款约定确定变更估价。

4. 变更估价

1）变更估价原则

除专用合同条款另有约定外，变更估价按照下述约定处理：

（1）已标价工程量清单或预算书有相同项目的，按照相同项目单价认定。

（2）已标价工程量清单或预算书中无相同项目，但有类似项目的，参照类似项目的单价认定。

（3）变更导致实际完成的变更工程量与已标价工程量清单或预算书中列明的该项目工程量的变化幅度超过 15%的，或已标价工程量清单或预算书中无相同项目及类似项目单价的，按照合理的成本与利润构成的原则，由合同当事人按照合同约定方法确定变更工作的单价。

2）变更估价程序

承包人应在收到变更指示后约定期限内，向工程师提交变更估价申请。工程师应在收到承包人提交的变更估价申请后约定期限内审查完毕并报送发包人，工程师对变更估价申请有异议，通知承包人修改后重新提交。发包人应在承包人提交变更估价申请后约定期限内审批完毕。发包人逾期未完成审批或未提出异议的，视为认可承包人提交的变更估价申请。由变更引起的价格调整，应计入最近一期的进度款中支付。

5. 承包人的合理化建议

承包人提出合理化建议的，应向工程师提交合理化建议说明，说明建议的内容和理由，以及实施该建议对合同价格和工期的影响。

除专用合同条款另有约定外，工程师应在收到承包人提交的合理化建议后在约定期限内审查完毕并报送发包人，发现其中存在技术上的缺陷，应通知承包人修改。发包人应在收到工程师报送的合理化建议后在约定期限内审批完毕。合理化建议经发包人批准的，工程师应及时发出变更指示，由此引起的合同价格调整按照变更估价约定条款执行。发包人不同意变更的，工程师应书面通知承包人。

合理化建议降低了合同价格或者提高了工程经济效益的，发包人可对承包人给予奖励，奖励的方法和金额可在专用合同条款中约定。

6. 变更引起的工期调整

因变更引起工期变化的，合同当事人均可要求调整合同工期，由合同当事人按照合同约定办法并参考工程所在地的工期定额标准确定增减工期天数。

7. 暂估价

暂估价是发包人提供的用于支付必然发生但暂时不能确定价格的材料单价或专业工程的金额，其专业分包工程、服务、材料和工程设备等明细由合同当事人在专用合同条款中约定。

1）依法必须招标的暂估价项目

对于依法必须招标的暂估价项目，由承包人招标，对该暂估价项目的确认和批准按照以下约定执行：

（1）承包人应当根据施工进度计划，在招标工作启动前的约定期限内将招标方案通过工程师报送发包人审查，发包人应当在收到承包人报送的招标方案后在约定期限内批准或提出修改意见。承包人应当按照经过发包人批准的招标方案开展招标工作。

（2）承包人应当根据施工进度计划，在约定期限内将招标文件通过工程师报送发包人审批，发包人应当在收到承包人报送的相关文件后的约定期限内完成审批或提出修改意见；发包人有权确定招标控制价并按照法律规定参加评标。

（3）承包人与供应商、分包人在签订暂估价合同前，应当在约定期限内将确定的中标候选供应商或中标候选分包人的资料报送发包人，发包人应在收到资料后的约定期限内与承包人共同确定中标人；承包人应当在签订合同后的约定期限内，将暂估价合同副本报送发包人留存。

2）不属于依法必须招标的暂估价项目

除专用合同条款另有约定外，对于不属于依法必须招标的暂估价项目，一般采取以下方式确定：

（1）承包人应根据施工进度计划，在签订暂估价项目的采购合同、分包合同前的约定期限内向工程师提出书面申请。工程师应当在收到申请后在约定期限内报送发包人，发包人应当在收到申请后在约定期限内给予批准或提出修改意见，发包人逾期未予批准或未提出修改意见的，视为该书面申请已获得同意。

（2）发包人认为承包人确定的供应商、分包人无法满足工程质量或合同要求的，发包人可以要求承包人重新确定暂估价项目的供应商、分包人。

（3）承包人应在签订暂估价合同后在约定期限内，将暂估价合同副本报送发包人留存。

8. 暂列金额

暂列金额是发包人用于施工合同签订时尚未确定或者不可预见的所需费用，应按照发包人的要求使用，发包人的要求应通过工程师发出。合同当事人可以在专用合同条款中协商确定有关事项。

9. 计日工

需要采用计日工方式的，经发包人同意后，由工程师通知承包人以计日工计价方式实施相应的工作，其价款按列入已标价工程量清单或预算书中的计日工计价项目及其单价进行计算；已标价工程量清单或预算书中无相应的计日工单价的，按照合理的成本与利润构成的原则，由合同当事人按照合同约定办法确定计日工的单价。

第 3 节　工程索赔管理

工程索赔是指在工程承包合同履行中，当事人一方因非己方的原因而遭受经济损失或工期延误，按照合同约定或法律规定，应由对方承担责任，而向对方提出工期和（或）费用补偿要求的行为。项目施工过程中，常因施工现场条件、气候条件的变化，施工进度、物价的变化，以及合同条款、规范、标准文件和施工图纸的变更、差异、延误等因素的影响，使得工程承包中不可避免地出现索赔。

7.3.1　工程索赔产生的原因

工程索赔是由于施工过程中发生了非己方能控制的干扰事件。这些干扰事件影响了合同的正常履行，造成了工期延长和（或）费用增加，成为工程索赔的理由。

1. 业主方（包括发包人和工程师）违约。在工程实施过程中，由于发包人或工程师没有尽到合同义务，导致索赔事件发生。例如，未按合同规定提供设计资料、图纸；未按合同规定的日期交付施工场地和行驶道路；未按合同规定按时支付工程款；下达错误指令，提供错误信息等。

2. 合同缺陷。合同缺陷表现为合同文件规定不严谨甚至矛盾，合同条款遗漏或错误，设计图纸错误造成设计修改、工程返工、窝工等。

3. 工程环境的变化。如材料价格和人工工日单价的大幅度上涨，国家法令的修改，货币贬值，外汇汇率变化等。

4. 不可抗力或不利的物质条件。不可抗力又可以分为自然事件和社会事件。自然事件主要是工程施工过程中不可避免发生并不能克服的自然灾害，包括地震、海啸、瘟疫、水灾等；社会事件则包括国家政策、法律、法令的变更，战争、罢工等。不利的物质条件通常是指承包人在施工现场遇到的不可预见的自然物质条件、非自然的物质障碍和污染物，包括地下和水文条件。

5. 合同变更。合同变更也有可能导致索赔事件发生，例如，发包人指令增加、减少工作量增加新的工程，提高设计标准、质量标准；由于非承包人原因，发包人指令中止工程施工；发包人要求承包人采取加速措施，其原因是非承包人责任的工程拖延，或发包人希望在合同工期前交付工程（合同变更是否导致索赔事件发生必须依据合同条款来判定）。

7.3.2 工程索赔的分类

工程索赔按不同的划分标准，可分为不同类型。

1. 按索赔的合同依据分类

工程索赔可分为合同中明示的索赔和合同中默示的索赔。

（1）合同中明示的索赔。是指承包人所提出的索赔要求，在该工程施工合同文件中有文字依据。这些在合同文件中有文字规定的合同条款，称为明示条款。

（2）合同中默示的索赔。是指承包人所提出的索赔要求，虽然在工程施工合同条款中没有专门的文字叙述，但可根据该合同中某些条款的含义，推论出承包人有索赔权。这种索赔要求，同样有法律效力，承包人有权得到相应的经济补偿。这种有经济补偿含义的条款，被称为"默示条款"或"隐含条款"。

2. 按索赔目的分类

工程索赔分为工期索赔和费用索赔。

（1）工期索赔。由于非承包人的原因导致施工进度拖延，要求批准延长合同工期的索赔，称为工期索赔。工期索赔形式上是对权利的要求，以避免在原定合同竣工日不能完工时，被发包人追究拖期违约责任。一旦获得批准合同工期延长后，承包人不仅可免除承担拖期违约赔偿费的严重风险，而且可因提前交工获得奖励，最终仍反映在经济收益上。

（2）费用索赔。费用索赔是承包人要求发包人补偿其经济损失。当施工的客观条件改变导致承包人增加开支时，要求对超出计划成本的附加开支给予补偿，以挽回不应由其承担的经济损失。

3. 按索赔事件的性质分类

根据索赔事件的性质不同，可以将工程索赔分为：

（1）工程延误索赔。因发包人未按合同要求提供施工条件，如未及时交付设计图纸、施工现场、道路等，或因发包人指令工程暂停或不可抗力事件等原因造成工期拖延的，承包人对此提出索赔。这是工程实施中常见的一类索赔。

（2）工程变更索赔。由于发包人或工程师指令增加或减少工程量或增加附加工程、修改设计、变更工程顺序等，造成工期延长和（或）费用增加，承包人对此提出索赔。

（3）合同被迫终止的索赔。由于发包人违约及不可抗力事件等原因造成合同非正常终止，承包人因其承受经济损失而向发包人提出索赔。

（4）赶工索赔。由于发包人或工程师指令承包人加快施工速度，缩短工期，引起承包人的人、财、物的额外开支而提出的索赔。

（5）意外风险和不可预见因素索赔。在工程施工过程中，因人力不可抗拒的自然灾害、特殊风险以及作为有经验的承包人通常不能合理预见的不利施工条件或外界障碍，如地下水、地质断层、溶洞、地下障碍物等引起的索赔。

（6）其他索赔。如因货币贬值、汇率变化、物价上涨、政策法令变化等原因引起的索赔。

4. 按照《建设工程工程量清单计价标准》GB/T 50500—2024 规定分类

《建设工程工程量清单计价标准》GB/T 50500—2024 对合同价款调整规定了工程量清单缺陷、暂列金额、暂估价、总承包服务费、计日工、物价变化、法律法规及政策性变化、工程变更、新增工程、工程索赔、发承包双方约定的其他调整事项共 11 种事项。

7.3.3　工程索赔的结果

引起索赔事件的原因不同，工程索赔的结果也不同，对一方当事人提出的索赔可能给予合理补偿工期、费用和利润的情况会有所不同。《建设工程施工合同（示范文本）》（GF-2017-0201）通用合同条款中，引起承包人索赔的事件以及可能得到的合理补偿内容如表 7-1 所示。

《建设工程施工合同（示范文本）》（GF-2017-0201）
中承包人的索赔事件及可补偿内容　　　　　　　　　　表 7-1

序号	条款号	索赔事件	可补偿内容		
			工期	费用	利润
1	1.6.1	延迟提供图纸	✓	✓	✓
2	1.9	施工中发现文物、古迹	✓	✓	
3	2.4.1	延迟提供施工场地	✓	✓	✓
4	7.6	施工中遇到不利物质条件	✓	✓	
5	8.1	提前向承包人提供材料、工程设备		✓	
6	8.3.1	发包人提供材料、设备不合格或延迟提供或变更交货地点	✓	✓	✓
7	7.4	承包人依据发包人提供的错误资料导致测量放线错误	✓	✓	✓
8	6.1.9.1	因发包人原因造成承包人人员工伤事故		✓	
9	7.5.1	因发包人原因造成工期延误	✓	✓	✓
10	7.7	异常恶劣的气候条件导致工期延误	✓		
11	7.9	承包人提前竣工		✓	
12	7.8.1	发包人暂停施工造成工期延误	✓	✓	✓

序号	条款号	索赔事件	可补偿内容		
			工期	费用	利润
13	7.8.6	工程暂停后因发包人原因无法按时复工	✓	✓	✓
14	5.1.2	因发包人原因导致承包人工程返工	✓	✓	✓
15	5.2.3	工程师对已经覆盖的隐蔽工程要求重新检查且检查结果合格	✓	✓	✓
16	5.4.2	因发包人提供的材料、工程设备造成工程不合格	✓	✓	✓
17	5.3.3	承包人应工程师要求对材料、工程设备和工程重新检验且检验结果合格	✓	✓	✓
18	11.2	基准日后法律的变化		✓	
19	13.4.2	发包人在工程竣工前提前占用工程	✓	✓	✓
20	13.3.2	因发包人的原因导致工程试运行失败		✓	✓
21	15.2.2	工程移交后因发包人原因出现新的缺陷或损坏的修复		✓	✓
22	13.3.2	工程移交后因发包人原因出现的缺陷修复后的试验和试运行		✓	
23	17.3.2（6）	因不可抗力停工期间应工程师要求照管、清理、修复工程		✓	
24	17.3.2（4）	因不可抗力造成工期延误	✓		
25	16.1.1（5）	因发包人违约导致承包人暂停施工	✓	✓	✓

7.3.4 工程索赔的依据和前提条件

1. 索赔的依据

提出索赔和处理索赔都要依据下列文件或凭证：

（1）工程施工合同文件。工程索赔中最关键和最主要的依据，工程施工期间，发承包双方关于工程的洽商、变更等书面协议或文件也是索赔的重要依据。

（2）国家法律法规。国家法律法规、工程项目所在地的地方性法规或地方政府规章也可以作为工程索赔的依据，但应当在施工合同专用条款中约定适用范围。

（3）国家、部门和地方有关的标准、规范和定额。对于工程建设的强制性标准是合同双方必须严格执行的；对于非强制性标准，必须在合同中有明确规定的情况下，才能作为索赔的依据。

（4）工程施工合同履行过程中与索赔事件有关的各种凭证。这是承包人因索赔事件所遭受费用或预期损失的事实依据，它反映了工程的计划情况和实际情况。

2. 索赔成立的条件

承包人工程索赔成立的基本条件包括：

（1）索赔事件已造成了承包人直接经济损失或工期延误等影响。

（2）造成费用增加或工期延误的索赔事件是非承包人的原因发生的。

（3）承包人已经按照工程施工合同规定的期限和程序提交了索赔意向通知、索赔报告及相关证明材料。

7.3.5　工程索赔的计算

1. 费用索赔的计算

（1）费用索赔的组成

对于不同原因引起的索赔，承包人可索赔的具体费用内容是不完全相同。但归纳起来，费用索赔的要素与工程造价的构成要素基本类似，一般可归结为人工费、材料费、施工机具使用费、施工管理费、利息、利润、保险费等。

（2）费用索赔的计算方法

费用索赔的计算应以赔偿实际损失为原则，包括直接损失和间接损失。费用索赔的计算方法最容易被发承包双方接受的是实际费用法（分项法），即根据索赔事件所造成的损失或成本增加，按费用项目逐项进行分析，按合同约定的计价原则计算索赔金额的方法。

针对市场价格波动引起的费用索赔，常见的方法有造价信息法。合同履行期间，因人工、材料、工程设备和机具台班价格波动影响合同价格时，人工、机具使用费按照国家或省、自治区、直辖市建设行政管理部门、行业建设管理部门或其授权的工程造价管理机构发布的人工、机具使用费系数进行调整；需要进行价格调整的材料，其单价和采购数量应由发包人审批，发包人确认需调整的材料单价及数量，作为调整合同价格的依据。

2. 工期索赔的计算

工期索赔，一般是指承包人依据合同对由于非自身原因导致的工期延误向发包人提出的工期顺延要求。

1）工期索赔中应当注意的问题

（1）划清施工进度拖延的责任。因承包人的原因造成施工进度滞后，属于不可原谅的延期；只有承包人不应承担任何责任的延误，才是可原谅的延期。有时工程延期的原因中可能包含有双方责任，此时工程师应进行详细分析，分清责任比例，只有可原谅延期部分才能批准顺延合同工期。

（2）被延误的工作应是处于施工进度计划关键线路上的施工内容。只有位于关键线路上工作内容的滞后，才会影响到竣工日期。但有时也应注意，既要看被延误的工作是否在批准进度计划的关键路线上，又要详细分析这一延误对后续工作的可能影响。因为若对非关键路线工作的影响时间较长，超过了该工作可用于自由支配的时间，也会导致进度计划中非关键路线转化为关键路线，其滞后将影响总工期的拖延。

2）工期索赔的具体依据

（1）合同约定或双方认可的施工总进度规划。

（2）合同双方认可的详细进度计划。

（3）合同双方认可的对工期的修改文件。

（4）施工日志、气象资料。

（5）业主或工程师的变更指令。

（6）影响工期的干扰事件。

（7）受干扰后的实际工程进度等。

3）工期索赔的计算方法

（1）直接法。如果某干扰事件直接发生在关键线路上，造成总工期的延误，可以直接将该干扰事件的实际干扰时间（延误时间）作为工期索赔值。

（2）比例计算法。如果某干扰事件仅仅影响某单项工程、单位工程或分部分项工程的工期，要分析其对总工期的影响，可以采用比例计算法。

（3）网络图分析法。网络图分析法是利用进度计划的网络图分析其关键线路。如果延误的工作为关键工作，则延误的时间为索赔的工期；如果延误的工作为非关键工作，当该工作由于延误超过时差限制而成为关键工作时，可以索赔延误时间与时差的差值；若该工作延误后仍为非关键工作，则不存在工期索赔问题。

4）共同延误的处理

在实际施工过程中，工期拖期很少是只由一方造成的，往往是两、三种原因同时发生（或相互作用）而形成的，故称为"共同延误"。在这种情况下，要具体分析哪一种情况延误是有效的，应依据以下原则：

（1）首先判断造成拖期的哪一种原因是最先发生的，即确定"初始延误"者，它应对工程拖期负责。在初始延误发生作用期间，其他并发的延误者不承担拖期责任。

（2）如果初始延误都是发包人原因，则在发包人原因造成的延误期内，承包人既可得到工期延长，又可得到经济补偿。

（3）如果初始延误者是客观原因，则在客观因素发生影响的延误期内，承包人可以得到工期延长，但很难得到费用补偿。

（4）如果初始延误都是承包人原因，则在承包人原因造成的延误期内，承包人既不能得到工期补偿，也不能得到费用补偿。

第 4 节 工程计量和支付

7.4.1 工程计量

发包人支付工程价款的前提是对承包人已经完成的合格工程进行计量并予以确认。因此工程计量不仅是发包人控制施工阶段工程造价的关键环节，也是约束承包人履行合同义务的重要手段。

1. 工程计量的原则与范围

1）工程计量的概念

工程计量是发承包双方根据合同约定，对承包人完成合同工程数量进行的计算和确认。具体地说，就是双方根据设计图纸、技术规范以及施工合同约定的计量方式和计算方式，对承包人已经完成的质量合格的工程实体数量进行测量与计算，并以计量单位或自然计量单位进行标识、确认的过程。

2）工程计量的原则

工程计量的原则包括下列三个方面：

（1）不符合合同文件要求的工程不予计量。即工程必须满足设计图纸、技术规范等合同文件的要求，满足合同文件对其在工程管理上的要求。

（2）按合同文件所规定的方法、范围、内容和单位计量。工程计量的方法、范围、内容和单位受合同文件所约束，在计量中要严格遵循这些文件的规定。

（3）因承包人原因造成超出合同工程范围施工或返工的工程量，发包人不予计量。

3）工程计量的范围与依据

（1）工程计量的范围。工程计量的范围包括：工程量清单及工程变更所修订的工程量清单的内容；合同文件中规定的各种费用支付项目，如费用索赔、各种预付款、价格调整、违约金等。

（2）工程计量的依据。工程计量的依据包括：合同文件、工程量清单、图纸、工程变更、合同条件、技术规范、有关计量的补充协议、质量合格证书等。

2. 工程计量的方法

工程量必须按照相关专业工程工程量计算规范规定的工程量计算规则计算。工程计量可选择按月或按工程形象进度分段计量，具体计量周期在合同中约定。

（1）单价合同计量

单价合同工程量必须以承包人完成合同工程应予计量的，按照专业工程工程量计算规范规定的工程量计算规则计算得到的工程量确定。施工中工程计量时，若发现招标工程量清单中出现缺项、工程量偏差，或因工程变更引起工程量的增减，应按承包人在履行合同义务中完成的工程量计算。

（2）总价合同计量

采用工程量清单方式招标形成的总价合同，工程量应按照与单价合同相同的方式计算。采用经审定批准的施工图纸及其预算方式发包形成的总价合同，除按照工程变更规定引起的工程量增减外，总价合同各项目的工程量是承包人用于结算的最终工程量。总价合同约定的项目计量应以合同工程经审定批准的施工图纸为依据，发承包双方应在合同中约定工程计量的形象目标或时间节点进行计量。

7.4.2　预付款及期中支付

1. 预付款

工程预付款是指由发包人按照合同约定，在正式开工前由发包人预先支付给承包人，用于购买工程施工所需的材料和组织施工机械和人员进场的价款。

工程预付款又称材料备料款或材料预付款，是建设工程施工合同订立后由发包人按照合同约定，在正式开工前预先支付给承包人的用于购买工程所需的材料和设备以及组织施工机械和人员进场所需的款项。

1）预付款的支付

对于工程预付款额度，各地区、各部门的规定不完全相同，主要是保证施工所需材料和构件的正常储备。工程预付款额度一般是根据施工工期、建筑安装工作量、主要材料和构件费用占建筑安装工程费的比例以及材料储备周期等因素经测算来确定。

（1）百分比法。发包人根据工程的特点、工期长短、市场行情、供求规律等因素，招标时在合同条件中约定工程预付款的百分比。根据《建设工程价款结算暂行办法》（财建〔2004〕369号）的规定，预付款的比例原则上不低于合同金额的10%，不高于合同金额的30%。

（2）公式计算法。公式计算法是根据主要材料（含结构件等）占年度承包工程总价的比重，材料储备定额天数和年度施工天数等因素，通过公式计算预付款额度的一种方法。

其计算公式为：

$$工程预付数额 = \frac{工程总价 \times 材料比例(\%)}{年度施工天数} \times 材料储备定额天数 \qquad (7\text{-}22)$$

其中，年度施工天数按 365 个日历天计算；材料储备定额天数由当地材料供应的在途天数、加工天数、整理天数、供应间隔天数、保险天数等因素决定。

2）预付款的扣回

发包人支付给承包人的工程预付款属于预支性质，随着工程的逐步实施后，原已支付的预付款应以充抵工程价款的方式陆续扣回，抵扣方式应当由双方当事人在合同中明确约定。扣款的方法主要有以下两种：

（1）按合同约定扣款。预付款的扣款方法由发包人和承包人通过洽商后在合同中予以确定，一般是在承包人完成金额累计达到合同总价的一定比例后，由承包人开始向发包人还款，发包方从每次应付给承包人的金额中扣回工程预付款，发包人至少在合同规定的完工期前将工程预付款的总金额逐次扣回。国际工程中的扣款方法一般为：当工程进度款累计金额超过合同价格的 10%～20%时开始起扣，每月从进度款中按一定比例扣回。

（2）起扣点计算法。从未施工工程尚需的主要材料及构件的价值相当于工程预付款数额时起扣，此后每次结算工程价款时，按材料所占比重扣减工程价款，至工程竣工前全部扣清。起扣点的计算公式如下：

$$T = P - \frac{M}{N} \qquad (7\text{-}23)$$

式中：T——起扣点（即工程预付款开始扣回时）的累计完成工程金额；

　　　P——承包工程合同总额；

　　　M——工程预付款总额；

　　　N——主要材料及构件所占比重。

该方法对承包人比较有利，最大限度地占用了发包人的流动资金，但是显然不利于发包人资金使用。

3）预付款担保

预付款担保是指承包人与发包人签订合同后领取预付款前，承包人正确、合理使用发包人支付的预付款而提供的担保。

预付款担保的主要形式为银行保函。预付款担保的担保金额通常与发包人的预付款是等值的。预付款一般逐月从工程预付款中扣除，预付款担保的担保金额也相应逐月减少。承包人在施工期间，应当定期从发包人处取得同意此保函减值的文件，并送交银行确认。承包人还清全部预付款后，发包人应退还预付款担保，承包人将其退回银行注销，解除担保责任。

4）安全生产措施费

根据《建设工程工程量清单计价标准》GB/T 50500—2024 约定，发包人应在工程开工后 28 天内预付不低于安全生产措施费总额的 50%给承包人，其余部分应按照提前安排的原则进行分解，并与工程进度款同期支付。对跨年度实施的重大工程，预付的安全生产措施费总额可按年度工程进度计划分解计算。发承包双方在计算应付工程进度款时，不应扣回预付的安全生产措施费。

发包人未按合同约定的时间支付安全生产措施费的，承包人可催告发包人支付；发包人在催告后的约定时间内仍未支付的，承包人有权暂停施工，发包人应承担违约责任。

2. 期中支付

合同价款的期中支付，是指发包人在合同工程施工过程中，按照合同约定对付款周期内承包人完成的合同价款给予支付的款项，也就是工程进度款的结算支付。发承包双方应按照合同约定的时间、程序和方法，根据工程计量结果，办理期中价款结算，支付进度款。进度款支付周期应与合同约定的工程计量周期一致。

1）期中支付价款的计算

（1）已完工程的结算价款。已标价工程量清单中的单价项目，承包人应按工程计量确认的工程量与综合单价计算。如综合单价发生调整的，以发承包双方确认调整的综合单价计算进度款。

已标价工程量清单中的总价项目，承包人应按合同中约定的进度款支付分解，分别列入进度款支付申请中的安全文明施工费和本周期应支付的总价项目的金额中。

（2）结算价款的调整。承包人现场签证和得到发包人确认的索赔金额列入本周期应增加的金额中。由发包人提供的材料、工程设备金额应按照发包人签约提供的单价和数量从进度款支付中扣除，列入本周期应扣减的金额中。

（3）进度款的支付比例。进度款的支付比例按照合同约定，按期中结算价款总额计，不低于 60%，不高于 90%。承包人对于合同约定的进度款付款比例较低的工程应充分考虑项目建设的资金流与融资成本。

2）期中支付的程序

（1）进度款支付申请。承包人应在每个计量周期到期后向发包人提交已完工程进度款支付申请一式四份，详细说明此周期认为有权得到的款额，包括分包人已完工程的价款。支付申请的内容包括：

①累计已完成的合同价款。

②累计已实际支付的合同价款。

③本周期合计完成的合同价款。

④本周期合计应扣减的金额。

⑤本周期实际应支付的合同价款。

（2）进度款支付证书。发包人应在收到承包人进度款支付申请后，根据计量结果和合同约定对申请内容予以核实，确认后向承包人出具进度款支付证书。若发承包双方对有的清单项目的计量结果出现争议，发包人应对无争议部分的工程计量结果向承包人出具进度款支付证书。

（3）支付证书的修正。发现已签发的任何支付证书有错漏或重复的数额，发包人有权予以修正，承包人也有权提出修正申请。经发承包双方复核同意修正的，应在本次到期的进度款中支付或扣除。

第 5 节　工程结算

工程结算是指发承包双方根据国家有关法律法规规定和合同约定，对合同工程实施中、终止时、已完工后的工程项目进行的合同价款计算、调整和确认。一般工程结算可以分为分段结算、年终结算和竣工结算等方式。

分段结算是指以单项（或单位）工程为对象，按其施工形象进度划分为若干施工阶段，按阶段进行工程价款结算；年终结算是指单位工程或单项工程不能在本年度竣工，为了正确统计施工企业本年度的经营成果和建设投资完成情况，对正在施工的工程进行已完成和未完成工程量盘点，结清本年度的工程价款。严格意义上讲，工程分段结算、年终结算都属于施工过程结算。

工程竣工结算是指工程项目完工并经竣工验收合格后，发承包双方按照施工合同的约定对所完成的工程项目进行的合同价款的计算、调整和确认。工程竣工结算分为建设项目竣工总结算、单项工程竣工结算和单位工程竣工结算。

7.5.1　工程竣工结算的编制和审核

单位工程竣工结算由承包人编制，发包人审查；实行总承包的工程，由具体承包人编制，在总包人审查的基础上，发包人审查。单项工程竣工结算或建设项目竣工总结算由总承包人编制，发包人可直接进行审查，也可以委托工程造价咨询机构进行审查。

1. 工程竣工结算的编制依据

工程竣工结算由承包人编制，由发包人或受其委托的工程造价咨询机构核对。工程竣工结算编制的主要依据有：

（1）《建设工程工程量清单计价标准》GB/T 50500—2024 以及各专业工程工程量清单计价规范。

（2）工程合同。

（3）发承包双方实施过程中已确认的工程量及其结算的合同价款。

（4）发承包双方实施过程中已确认调整后追加（减）的合同价款。

（5）建设工程设计文件及相关资料。

（6）投标文件。

（7）其他依据。

2. 工程竣工结算的计价原则

在采用工程量清单计价的方式下，工程竣工结算的编制应当规定的计价原则：

1）分部分项工程和措施项目中的单价项目应依据双方确认的工程量与已标价工程量清单的综合单价计算；如发生调整的，以发承包双方确认调整的综合单价计算。

2）措施项目中的总价项目应依据合同约定的项目和金额计算；如发生调整的，以发承包双方确认调整的金额计算，其中安全文明施工费必须按照国家或省级、行业建设主管部门的规定计算。

3）其他项目应按下列规定计价：

（1）计日工应按发包人实际签证确认的事项计算。

（2）暂估价，发承包双方应按照《建设工程工程量清单计价标准》GB/T 50500—2024 的相关规定计算。

（3）总承包服务费应依据合同约定金额计算，如发生调整的，以发承包双方确认调整的金额计算。

（4）施工索赔费用应依据发承包双方确认的索赔事项和金额计算。

（5）现场签证费用应依据发承包双方签证资料确认的金额计算。

（6）暂列金额应减去工程价款调整（包括索赔、现场签证）金额计算，如有余额归发包人。

4）增值税应按照国家或省级、行业建设主管部门的规定计算。

此外，发承包双方在合同工程实施过程中已经确认的工程计量结果和合同价款，在竣工结算办理中应直接进入结算。

采用总价合同的，应在合同总价基础上，对合同约定能调整的内容及超过合同约定范围的风险因素进行调整；采用单价合同的，在合同约定风险范围内的综合单价应固定不变，并应按合同约定进行计量，且应按实际完成的工程量进行计量。

3.竣工结算的审核

（1）国有资金投资建设工程的发包人，应当委托工程造价咨询机构对竣工结算文件进行审核，并在收到竣工结算文件后的约定期限内向承包人提出由工程造价咨询机构出具的竣工结算文件审核意见；逾期未答复的，按照合同约定处理，合同没有约定的，竣工结算文件视为已被认可。

（2）非国有资金投资的建筑工程发包人，应当在收到竣工结算文件后的约定期限内予以答复，逾期未答复的，按照合同约定处理，合同没有约定的，竣工结算文件视为已被认可。发包人对竣工结算文件有异议的，应当在答复期内向承包人提出，并可以在提出异议之日起的约定期限内与承包人协商；发包人在协商期内未与承包人协商或者经协商未能与承包人达成协议的，应当委托工程造价咨询机构进行竣工结算审核，并在协商期满后的约定期限内向承包人提出由工程造价咨询机构出具的竣工结算文件审核意见。

（3）发包人委托工程造价咨询机构核对竣工结算的，工程造价咨询机构应在规定期限内核对完毕，核对结论与承包人竣工结算文件不一致的，应提交给承包人复核，承包人应在规定期限内将同意核对结论或不同意见的说明提交工程造价咨询机构。工程造价咨询机构收到承包人提出的异议后，应再次复核，复核无异议的，发承包双方应在规定期限内在竣工结算文件上签字确认，竣工结算办理完毕；复核后仍有异议的，对于无异议部分办理不完全竣工结算；有异议部分由发承包双方协商解决，协商不成的，按照合同约定的争议解决方式处理。承包人逾期未提出书面异议的，视为工程造价咨询机构核对的竣工结算文件已经承包人认可。

（4）竣工结算审核的成果文件应包括竣工结算审核书封面、签署页、竣工结算审核报告、竣工结算审定表、竣工结算审核汇总对比表、单项工程竣工结算审核汇总对比表、单位工程竣工结算审核汇总对比表等。

（5）竣工结算审核应采用全面审核法，除委托咨询合同另有约定外，不得采用重点审核法、抽样审核法或类比审核法等其他方法。

发包人对工程质量有异议拒绝办理工程竣工结算时，应按以下规定执行：

（1）已经竣工验收或已竣工未验收但实际投入使用的工程，其质量争议按该工程保修合同执行，竣工结算按合同约定办理。

（2）已竣工未验收且未实际投入使用的工程以及停工、停建工程的质量争议，双方应就有争议的部分委托有资质的检测鉴定机构进行检测，根据检测结果确定解决方案，或按工程质量监督机构的处理决定执行后办理竣工结算，无争议部分的竣工结算按合同约定办理。

7.5.2 竣工结算款的支付

任一方不得就已生效的竣工结算文件委托工程造价咨询机构重复审核。发包方应当按照竣工结算文件及时支付竣工结算款。竣工结算文件应当由发包人报工程所在地县级以上地方人民政府住房城乡建设主管部门备案。

1. 承包人提交竣工结算款支付申请

承包人应根据办理的竣工结算文件，向发包人提交竣工结算款支付申请。该申请应包括下列内容：

（1）竣工结算合同价款总额。

（2）累计已实际支付的合同价款。

（3）应扣留的质量保证金。

（4）实际应支付的竣工结算款金额。

2. 发包人签发竣工结算支付证书

发包人应在收到承包人提交竣工结算款支付申请后约定期限内予以核实，向承包人签发竣工结算支付证书。

3. 支付竣工结算款

发包人签发竣工结算支付证书后的约定期限内，按照竣工结算支付证书列明的金额向承包人支付结算款。

发包人未按照规定的程序支付竣工结算款的，承包人可催告发包人支付，并有权获得延迟支付的利息。发包人在竣工结算支付证书签发后或者在收到承包人提交的竣工结算款支付申请规定时间仍未支付的，除法律另有规定外，承包人可与发包人协商将该工程折价，也可直接向人民法院申请将该工程依法拍卖。承包人就该工程折价或拍卖的价款优先受偿。

7.5.3 合同解除的价款结算与支付

发承包双方协商一致解除合同的，按照达成的协议办理结算和支付合同价款。

1. 不可抗力解除合同

由于不可抗力解除合同的，发包人除应向承包人支付合同解除之日前已完成工程但尚未支付的合同价款，还应支付下列金额：

（1）合同中约定应由发包人承担的费用。

（2）已实施或部分实施的措施项目应付价款。

（3）承包人为合同工程合理订购且已交付的材料和工程设备货款。发包人一经支付此项货款，该材料和工程设备即成为发包人的财产。

（4）承包人撤离现场所需的合理费用，包括员工遣送费和临时工程拆除、施工设备运离现场的费用。

（5）承包人为完成合同工程而预期开支的任何合理费用，且该项费用未包括在本款其他各项支付之内。

发承包双方办理结算合同价款时，应扣除合同解除之日前发包人应向承包人收回的价款。当发包人应扣除的金额超过了应支付的金额，则承包人应在合同解除后的约定期限内将其差额退还给发包人。

2. 违约解除合同

（1）承包人违约。因承包人违约解除合同的，发包人应暂停向承包人支付任何价款。发包人应在合同解除后规定时间内，核实合同解除时承包人已完成的全部合同价款以及按施工进度计划已运至现场的材料和工程设备货款，按合同约定核算承包人应支付的违约金以及造成损失的索赔金额，并将结果通知承包人。发承包双方应在规定时间内予以确认或提出意见，并办理结算合同价款。如果发包人应扣除的金额超过了应支付的金额，则承包人应在合同解除后的规定时间内将其差额退还给发包人。发承包双方不能就解除合同后的结算达成一致的，按照合同约定的争议解决方式处理。

（2）因发包人违约解除合同的，发包人除应按照有关不可抗力解除合同的规定向承包人支付各项价款外，还需按合同约定核算发包人应支付的违约金以及给承包人造成损失或损害的索赔金额费用。该笔费用由承包人提出，发包人核实后与承包人协商确定后的约定期限内向承包人签发支付证书。协商不能达成一致的，按照合同约定的争议解决方式处理。

7.5.4　最终结清

最终结清是指合同约定的缺陷责任期终止后，承包人已按合同规定完成全部剩余工作且质量合格的，发包人与承包人结清全部剩余款项的活动。

1.最终结清申请单

缺陷责任期终止证书，承包人可按合同约定的份数和期限向发包人提交最终结清申请单，并提供相关证明材料，详细说明承包人根据合同规定已经完成的全部工程价款金额以及承包人认为根据合同规定应进一步支付给他的其他款项。

2.最终支付证书

发包人收到承包人提交的最终结清申请单后。规定时间内予以核实，向承包人签发最终支付证书。发包人未在约定时间内核实，又未提出具体意见的，视为承包人提交的最终结清申请单已被发包人认可。

3.最终结清付款

发包人应在签发最终结清支付证书后的规定时间内，按照最终结清支付证书列明的金额向承包人支付最终结清款。最终结清付款后，承包人在合同内享有的索赔权利也自行终止。发包人未按期支付的，承包人可催告发包人在合理的期限内支付，并有权获得延迟支付的利息。最终结清时，如果承包人被扣留的质量保证金不足以抵减发包人工程缺陷修复费用的，承包人应承担不足部分的补偿责任。

7.5.5　工程质量保证金的处理

1.质量保证金的含义

根据《建设工程质量保证金管理办法》（建质〔2017〕138号）的规定，建设工程质量保证金是指发包人与承包人在建设工程承包合同中约定，从应付的工程款中预留，用以保证承包人在缺陷责任期内对建设工程出现的缺陷进行维修的资金。缺陷责任期是承包人对已交付使用的合同工程承担合同约定的缺陷修复责任的期限，一般为1年，最长不超过2年，由发承包双方在合同中约定。

在《建设工程质量保证金管理暂行办法》（建质〔2017〕138号）中规定，缺陷责任期从工程通过竣工验收之日起计算。由于承包人原因导致工程无法按规定期限进行竣工验收的，缺陷责任期从实际通过竣工验收之日起计算。由于发包人原因导致工程无法按规定期限竣工验收的，在承包人提交竣工验收报告90天后，工程自动进入缺陷责任期。

2.工程质量保修范围和内容

发承包双方在工程质量保修书中约定的建设工程的保修范围包括：地基基础工程、主体结构工程，屋面防水工程、有防水要求的卫生间、房间和外墙面的防渗漏，供热与供冷系统，电气管线、给水排水管道、设备安装和装修工程，以及双方约定的其他项目。

具体保修的内容，按照双方的工程质量保修书执行。

3. 工程质量保证金的预留及管理

《建设工程质量保证金管理暂行办法》（建质〔2017〕138号）规定，发包人应按照合同约定方式预留保证金，保证金总预留比例不得高于工程价款结算总额的3%。合同约定由承包人以银行保函替代预留保证金的，保函金额不得高于工程价款结算总额的3%。在工程项目竣工前，已经缴纳履约保证金的，发包人不得同时预留工程质量保证金。采用工程质量保证担保、工程质量保险等其他保证方式的，发包人不得再预留保证金。

缺陷责任期内，由承包人原因造成的缺陷，承包人应负责维修，并承担鉴定及维修费用。由他人原因造成的缺陷，发包人负责组织维修，承包人不承担费用，且发包人不得从保证金中扣除费用。

4. 质量保证金的返还

缺陷责任期内，承包人认真履行合同约定的责任，到期后，承包人向发包人申请返还保证金。

第 6 节　竣工决算

7.6.1　竣工决算的概念

竣工决算是指项目建设单位根据国家有关规定在项目竣工验收阶段为确定建设项目从筹建到竣工验收实际发生的全部建设费用（包括建筑工程费、安装工程费、设备及工器具购置费用、预备费等费用）而编制的财务文件。

竣工决算是工程造价管理的重要组成部分，做好竣工决算是全面完成工程造价管理目标的关键性因素之一。通过竣工决算，既能够正确反映建设工程的实际造价和投资结果，又可以通过竣工决算与概算、预算的对比分析，考核投资控制的工作成效，为工程建设提供重要的技术经济方面的基础资料，提高未来工程建设的投资效益。

7.6.2　竣工决算的内容

按照财政部、国家发展改革委和住房城乡建设部的有关文件规定，竣工决算由竣工财务决算说明书、竣工财务决算报表、工程竣工图和工程竣工造价对比分析四部分组成。其中竣工财务决算说明书和竣工财务决算报表两部分又称建设项目竣工财务决算，是竣工决算的核心内容。

1.竣工财务决算说明书

竣工财务决算说明书主要反映竣工工程建设成果和经验，是对竣工决算报表进行分析和补充说明的文件，是全面考核分析工程投资与造价的书面总结，其内容主要包括：

（1）建设项目概况。一般从进度、质量、安全和造价方面进行分析说明。

（2）会计账务的处理、财产物资清理及债权债务的清偿情况。

（3）项目建设资金计划及到位情况，财政资金支出预算、投资计划及到位情况。

（4）项目建设资金使用、项目结余资金等分配情况。

（5）项目概（预）算执行情况及分析，竣工实际完成投资与概算差异及分析。

（6）尾工工程情况。项目一般不得预留尾工工程，确需预留尾工工程的，尾工工程投资不得超过批准的项目概（预）算总投资的5%。

（7）历次审计、检查、审核、稽查意见及整改落实情况。

（8）主要技术经济指标的分析、计算情况。概算执行情况分析，根据实际投资完成额与概算进行对比分析；新增生产能力的效益分析，说明交付使用财产占总投资额的比例，不增加固定资产的造价占投资总额的比例，分析有机构成和成果。

（9）项目管理经验、主要问题和建议。

（10）预备费动用情况。

（11）项目建设管理制度执行情况、政府采购情况、合同履行情况。

（12）征地拆迁补偿情况、移民安置情况。

（13）需要说明的其他事项。

2.竣工财务决算报表

建设项目竣工决算报表包括：基本建设项目概况表，基本建设项目竣工财务决算表，基本建设项目资金使用情况明细表，基本建设项目交付使用资产总表，基本建设项目交付使用资产明细表，待摊投资明细表，待核销基建支出明细表，转出投资明细表等，具体报表格式在《基本建设项目竣工财务决算管理暂行办法》（财建〔2016〕503号）有明确要求。以下对其中4个主要报表进行简单介绍。

（1）基本建设项目概况表。该表综合反映基本建设项目的基本概况，内容包括该项目总投资、建设起止时间、新增生产能力、主要材料消耗、建设成本、完成主要工程量和主要技术经济指标，为全面考核和分析投资效果提供依据。

（2）基本建设项目竣工财务决算表。此表是用来反映建设项目的全部资金来源和资金占用情况，是考核和分析投资效果的依据。该表反映竣工的建设项目从筹建到竣工为止全部资金来源和资金运用的情况。它是考核和分析投资效果，落实结余资金，并作为报告上级核销基本建设支出和基本建设拨款的依据。

（3）基本建设项目交付使用资产总表。该表反映建设项目建成后新增固定资产、流动资产、无形资产和其他资产价值的情况和价值，作为财产交接、检查投资计划完成情况和分析投资效果的依据。

（4）基本建设项目交付使用资产明细表。该表反映交付使用的固定资产、流动资产、无形资产和其他资产及其价值的明细情况，是办理资产交接和接收单位登记资产账目的依据，是使用单位建立资产明细账和登记新增资产价值的依据。

3. 工程竣工图

各项新建、扩建、改建的基本建设工程，特别是基础、地下建筑、管线、结构、井巷、桥梁、隧道、港口、水坝以及设备安装等隐蔽部位都要编制竣工图。为确保竣工图质量，必须在施工过程中（不能在竣工后）及时做好隐蔽工程检查记录，整理好设计变更文件。

4. 工程造价对比分析

对控制工程造价所采取的措施、效果及其动态的变化需要进行认真的比较对比，总结经验教训。批准的概算是考核建设工程造价的依据。在分析时，可先对比整个项目的总概算，然后将建筑安装工程费、设备工器具费和其他工程费用逐一与竣工决算表中所提供的实际数据和相关资料及批准的概算、预算指标、实际的工程造价进行对比分析，以确定竣工项目总造价是节约还是超支，并在对比的基础上，总结先进经验，找出节约和超支的内容和原因，提出改进措施。

7.6.3　竣工决算的编制

根据《基本建设项目竣工财务决算管理暂行办法》（财建〔2016〕503号）的规定，基本建设项目完工可投入使用或者试运行合格后，应当在3个月内编报竣工财务决算，特殊情况确需延长的，中、小型项目不得超过2个月，大型项目不得超过6个月。

1. 建设项目竣工决算的编制条件

（1）经批准的初步设计所确定的工程内容已完成。

（2）单项工程或建设项目竣工结算已完成。

（3）收尾工程投资和预留费用不超过规定的比例。

（4）涉及法律诉讼、工程质量纠纷的事项已处理完毕。

（5）项目建设单位应当完成各项账务处理及财产物资的盘点核实，做到账账、账证、账实、账表相符。项目建设单位应当逐项盘点核实、填列各种材料、设备、工具、器具等清单并妥善保管，应变价处理的库存设备、材料以及应处理的自用固定资产要公开变价处理，不得侵占、挪用。

（6）其他影响工程竣工决算编制的重大问题已解决。

2. 竣工决算的编制依据

项目竣工财务决算的编制依据主要包括国家有关法律法规；经批准的可行性研究报告、初步设计、概算及概算调整文件；招标文件及招标投标书，施工、代建、勘察设计、监理及设备采购等合同，政府采购审批文件、采购合同；历年下达的项目年度财政资金投资计划、预算；工程结算资料；有关的会计及财务管理资料；其他有关资料。

3. 竣工决算的编制要求

为了严格执行建设项目竣工验收制度，正确核定新增固定资产价值，所有新建、扩建和改建等建设项目竣工后，都应及时、完整、正确地编制好竣工决算。建设单位要做好以下工作：

（1）按照规定组织竣工验收，保证竣工决算的及时性。对建设工程的全面考核，所有的建设项目（或单项工程）按照批准的设计文件所规定的内容建成后，具备了投产和使用条件的，都要及时组织验收。

（2）积累、整理竣工项目资料，保证竣工决算的完整性。积累、整理竣工项目资料是编制竣工决算的基础工作，它关系到竣工决算的完整性和编制质量的好坏。

（3）清理、核对各项账目，保证竣工决算的正确性。工程竣工后，建设单位要认真核实各项交付使用资产的建设成本；做好各项账务、物资以及债权的清理结余工作，应偿还的及时偿还，该收回的应及时收回，对各种结余的材料、设备、施工机械工具等要逐项清点核实，妥善保管，按照国家有关规定进行处理，不得任意侵占；对竣工后的结余资金要按规定上交财政部门或上级主管部门。

4. 竣工决算的编制程序

竣工决算的编制程序分为前期准备、实施、完成和资料归档四个阶段。

1）前期准备工作阶段的主要工作内容如下：

（1）了解编制工程竣工决算建设项目的基本情况，收集和整理基本的编制资料。

（2）确定项目负责人，配置相应的编制人员。

（3）制定切实可行，符合建设项目情况的编制计划。

（4）由项目负责人对成员进行培训。

2）实施阶段主要工作内容如下：

（1）收集完整的编制程序依据资料。

（2）协助建设单位做好各项清理工作。

（3）编制完成规范的工作底稿。

（4）对过程中发现的问题应与建设单位进行充分沟通，达成一致意见。

（5）与建设单位相关部门一起做好实际支出与批复概算的对比分析工作。

3）完成阶段主要工作内容如下：

（1）完成工程竣工决算编制咨询报告、基本建设项目竣工决算报表及附表、竣工财务决算说明书、相关附件等，清理、装订好竣工图，做好工程造价对比分析。

（2）与建设单位沟通工程竣工决算的所有事项。

（3）经工程造价咨询企业内部复核后，出具正式工程竣工决算编制成果文件。

4）资料归档阶段主要工作内容如下：

（1）工程竣工决算编制过程中形成的工作底稿应进行分类整理，与工程竣工决算编制成果文件一并形成归档纸质资料。

（2）对工作底稿、编制数据、工程竣工决算报告进行电子化处理，形成电子档案。

将上述编写的文字说明和填写的表格经核对无误后，装订成册，即建设工程竣工决算文件。将其上报主管部门审查，同时抄送有关设计单位。

7.6.4　竣工决算的审核

1. 审核程序

项目竣工决算经有关部门或单位进行项目竣工决算审核的，需附完整的审核报告及审核表，审核报告内容应当详细，主要包括审核说明、审核依据、审核结果、意见、建议。建设周期长、建设内容多的大型项目，单项工程竣工财务决算可单独报批，单项工程结余资金在整个项目竣工财务决算中一并处理。

2. 审核内容

财政部门和项目主管部门审核批复项目竣工财务决算时，应当重点审查以下内容：

（1）工程价款结算是否准确，是否按照合同约定和国家有关规定进行，有无多算和重复计算工程量、高估冒算建筑材料价格现象。

（2）待摊费用支出及其分摊是否合理、正确。

（3）项目是否按照批准的概算（预）算内容实施，有无超标准、超规模，超概（预）算建设现象。

（4）项目资金是否全部到位，核算是否规范，资金使用是否合理，有无挤占、挪用现象。

（5）项目形成资产是否全面反映，计价是否准确，资产接收单位是否落实。

（6）项目在建设过程中历次检查和审计所提的重大问题是否已经整改落实。

（7）待核销基建支出和转出投资有无依据，是否合理。

（8）竣工财务决算报表所填列的数据是否完整、清晰。

（9）尾工工程及预留费用是否控制在概算确定的范围内，预留的金额和比例是否合理。

（10）项目建设是否履行基本建设程序，是否符合国家有关建设管理制度要求等。

（11）决算的内容和格式是否符合国家有关规定。

（12）决算资料报送是否完整、决算数据间是否存在错误。

（13）相关主管部门或者第三方专业机构是否出具审核意见。

7.6.5　新增资产价值的确定

建设项目竣工后，造价工程师在竣工决算的一项重要工作是将所花费的总投资形成相应的资产。按照新的财务制度和企业会计准则，新增资产按资产性质可分为固定资产、流动资产、无形资产和其他资产四大类。

1. 新增固定资产价值的确定方法

1）新增固定资产价值的概念和范畴

新增固定资产价值是建设项目竣工投产后所增加的固定资产的价值，它是以价值形态表示的固定资产投资最终成果的综合性指标。新增固定资产价值是投资项目竣工投产后所增加的固定资产价值，即交付使用的固定资产价值，是以价值形态表示建设项目的固定资产最终成果的指标。

2）新增固定资产价值计算时应注意的问题

（1）对于为了提高产品质量、改善劳动条件、节约材料消耗、保护环境而建设的附属辅助工程，只要全部建成，正式验收交付使用后就要计入新增固定资产价值。

（2）对于单项工程中不构成生产系统，但能独立发挥效益的非生产性项目，如住宅、食堂、医务所、托儿所、生活服务网点等，在建成并交付使用后，也要计算新增固定资产价值。

（3）凡购置达到固定资产标准不需安装的设备、工器具，应在交付使用后计入新增固定资产价值。

（4）属于新增固定资产价值的其他投资，应随同受益工程交付使用的同时一并计入。

3）共同费用的分摊方法

新增固定资产的其他费用，如果是属于整个建设项目或两个以上单项工程的，在计算新增固定资产价值时，应在各单项工程中按比例分摊。一般情况下，建设单位管理费按建筑工程、安装工程、需安装设备价值总额作比例分摊，而土地征用费、地质勘察和建筑工程设计费等费用则按建筑工程造价比例分摊，生产工艺流程系统设计费按安装工程造价比例分摊。

2. 新增无形资产价值的确定方法

在财政部和国家知识产权局的指导下，中国注册会计师协会 2001 年制定了《资产评估准则——无形资产》（财会〔2001〕1051 号），自 2001 年 9 月 1 日起施行。根据上述准则规定，无形资产是特定主体所拥有或者控制的，不具有实物形态，能持续发挥作用且能带来经济利益的资源。无形资产分为可辨认无形资产和不可辨认无形资产。可辨认无形资产包括专利、商标权、著作权、专有技术、销售网络、客户关系、特许经营权、合同权益、域名，不可辨认无形资产是指商誉。

1）无形资产的计价原则

（1）投资者按无形资产作为资本金或者合作条件投入时，按评估确认或合同协议约定的金额计价。

（2）购入的无形资产，按照实际支付的价款计价。

（3）企业自创并依法申请取得的，按开发过程中的实际支出计价。

（4）企业接受捐赠的无形资产，按照发票账单所载金额或者同类无形资产市场价作价。

（5）无形资产计价入账后，应在其有效使用期内分期摊销，即企业为无形资产支出的费用应在无形资产的有效期内得到及时补偿。

2）无形资产的计价方法

（1）专利权的计价。专利权分为自创和外购两类。自创专利权的价值为开发过程中的实际支出，主要包括专利的研制成本和交易成本。

（2）专有技术的计价。专有技术具有使用价值和价值，使用价值是专有技术本身应具有的，专有技术的价值在于专有技术的使用所能产生的超额获利能力，应在研究分析其直接和间接的获利能力的基础上，准确计算出其价值。

（3）商标权的计价。如果商标权是自创的，一般不作为无形资产入账，而将商标设计、制作、注册、广告宣传等发生的费用直接作为销售费用计入当期损益。只有当企业购入或转让商标时，才需要对商标权计价。

（4）土地使用权的计价。根据取得土地使用权的方式不同，土地使用权可有以下 3 种计价方式：当建设单位向土地管理部门申请土地使用权并为之支付一笔出让金时，土地使用权作为无形资产核算；当建设单位获得土地使用权是通过行政划拨的，这时土地使用权就不能作为无形资产核算；在将土地使用权有偿转让、出租、抵押、作价入股和投资，按规定补交土地出让价款时，才作为无形资产核算。

3. 新增流动资产价值的确定方法

流动资产是指可以在一年内或者超过一年的一个营业周期内变现或者运用的资产，包括现金、各种存款以及其他货币资金、短期投资、存货、应收及预付款项以及其他流动资产等。

（1）货币性资金。货币性资金是指现金、各种银行存款及其他货币资金，其中，现金是指企业的库存现金，包括企业内部各部门用于周转使用的备用金；各种存款是指企业的各种不同类型的银行存款；其他货币资金是指除现金和银行存款以外的其他货币资金，根据实际入账价值核定。

（2）应收及预付款项。应收账款是指企业因销售商品、提供劳务等应向购货单位或受益单位收取的款项，预付款项是指企业按照购货合同预付给供货单位的购货定金或部分货款。应收及预付款项包括应收票据、应收款项、其他应收款、预付货款和待摊费用。

（3）短期投资包括股票、债券、基金。股票和债券根据是否可以上市流通分别采用市场法和收益法确定其价值。

（4）存货。存货是指企业的库存材料、在产品、成品等。各种存货应当按照取得时的实际成本计价。存货的形成主要有外购和自制两种途径。外购的存货按照买价加运输费、装卸费、保险费、途中合理损耗、入库前加工、整理及挑选费用以及缴纳的税金等计价，自制的存货按照制造过程中的各项实际支出计价。

4. 新增其他资产价值的确定方法

其他资产是指不能全部计入当年损益，应当在以后年度分期摊销的各种费用，包括开办费、租入固定资产改良支出等。

（1）开办费的计价。开办费是指筹建期间建设单位管理费中未计入固定资产的其他各项费用，如建设单位经费，包括筹建期间工作人员工资、办公费、差旅费、印刷费、生产职工培训费、样品样机购置费、农业开荒费、注册登记费等。

（2）租入固定资产改良支出的计价。租入固定资产改良支出是企业从其他单位或个人租入的固定资产，所有权属于出租人，但企业依合同享有使用权。通常双方在协议中规定，租入企业应按照规定的用途使用，并承担对租入固定资产进行修理和改良的责任，即发生的修理和改良支出全都由承租方负担。租入固定资产改良及大修理支出应当在租赁期内分期平均摊销。

真题训练

1. 成本计划的编制方法中，根据工程项目的合同价格扣除目标利润后得到目标总成本并进行分解的方法是（　　）。【单选题】

   A. 技术进步法　　　　　　　　　　　B. 比率估算法

   C. 目标利润法　　　　　　　　　　　D. 按实计算法

   【答案】C

2. 根据《建设工程工程量清单计价标准》GB/T 50500—2024，关于工程计量的说法中正确的是（　　）。【单选题】

   A. 合同文件中规定的各种费用支付项目应予计量

   B. 超出合同工程范围施工的工程量应予计量

   C. 成本加酬金合同应按照总价合同的计量规定进行计量

   D. 总价合同应按实际完成的工程量计算

   【答案】A

3. 施工成本管理流程涉及下列程序：①编制成本计划，确定成本实施目标；②进行成本控制；③进行施工过程成本核算；④进行施工过程成本分析；⑤进行施工过程成本考核。正确排序的是（　　）【单选题】

   A. ①②③④⑤　　　　　　　　　　　B. ①②④③⑤

   C. ①④②③⑤　　　　　　　　　　　D. ①④②⑤③

   【答案】A

4. 根据《建设工程工程量清单计价标准》GB/T 50500—2024，关于工程预付款的支付和扣回，下列说法中正确的是（　　）。【单选题】

   A. 预付款的比例原则上不低于合同金额的 10%，不高于合同金额的 20%

   B. 承发包双方签订合同后，发包人在正式开工后支付预付款

   C. 用起扣点计算法扣回预付款对承包人比较有利

   D. 发包人应在预付款扣完后 14 天内一次性将全额预付款保函退还给承包人

   【答案】C

5. 某土建工程实行按月结算和采用公式法结算预付备料款，施工合同总额为 1200 万元，主要材料金额的比重为 60%，预付备料款为 10%，当累计结算工程款为（　　）万元时，开始扣回备料款。【单选题】

A. 700　　　　　　　B. 800　　　　　　　C. 900　　　　　　　D. 1000

【答案】D

6. 根据《建设工程工程量清单计价标准》GB/T 50500—2024，采用工程量清单计价的原则下，关于工程竣工结算的说法正确的是（　　）。【多选题】

A. 计日工按发包人实际签证确认的事项计算

B. 总承包服务费依据合同约定金额计算，不得调整

C. 暂列金额应减去工程价款调整金额计算，余额归发包人

D. 增值税应按国家或省级、行业建设主管部门的规定计算

E. 总价措施项目应依据合同约定的项目和金额计算，不得调整

【答案】ACD

7. 根据《标准施工招标文件》（2007 年版），工程变更的情形有（　　）。【多选题】

A. 改变合同中某项工作的质量　　　　B. 改变合同工程原定的位置

C. 改变合同中已批准的施工顺序　　　D. 为完成工程需要追加的额外工作

E. 取消某项工作，改由建设单位自行完成

【答案】ABCD

8. 下列不属于成本控制方法的是（　　）。【多选题】

A. 成本分析表法　　　　　　　　　　B. 工期－成本同步分析法

C. 赢得值法（挣值法）　　　　　　　D. 成本分析法

E. 价值工程方法

【答案】ABCE

9. 承包人索赔成立的基本条件包括（　　）。【多选题】

A. 索赔事件已造成了承包人直接经济损失或工期延误

B. 承包人违反了国家对于工程建设的强制性标准

C. 索赔事件由非承包人原因发生的

D. 承包人违反了工程项目所在地的地方性法规

E. 承包人已经按照合同规定提交了索赔意向通知、索赔报告及相关证明材料

【答案】ACE

10. 大、中型建设项目竣工决算内容有（　　　）。【多选题】

　　A. 竣工验收总表

　　B. 竣工财务决算表

　　C. 建设项目概况表

　　D. 交付使用资产明细表

　　E. 交付使用资产总表

【答案】BCDE